国家级线上线下混合式一流课程配套教材

物理化学学习指导

第二版

黄永清　邵　谦　主编

化学工业出版社

·北京·

内容简介

本书是与邵谦等主编的"十二五"普通高等教育本科国家级规划教材《物理化学简明教程》(第三版)配套的参考书。与教材相对应,全书共9章,即热力学基本原理、多组分系统热力学、化学平衡、相平衡、电化学、统计热力学、界面现象、化学动力学和胶体化学。每章均由基本知识点归纳及总结、例题分析、思考题、概念题和习题解答五部分组成,旨在帮助读者掌握知识要点,学会分析问题和解决问题的方法与技巧,提高学习能力。此外,为避免学生对物理化学公式多、抽象的一贯印象,本书涉及的题目尽可能取材于实际或科研工作,以利于培养读者的独立工作能力,帮助读者理解物理化学理论知识在实际生产、科研中的应用。

《物理化学学习指导》(第二版)可作为工科院校化学、化工类及相关专业物理化学课程的参考书,也可作为研究生入学考试的复习资料。

图书在版编目(CIP)数据

物理化学学习指导 / 黄永清,邵谦主编. — 2 版 .
北京:化学工业出版社,2025. 5. —(国家级线上线下混合式一流课程配套教材). — ISBN 978-7-122-47731
-6

Ⅰ. O64

中国国家版本馆 CIP 数据核字第 20251AH858 号

责任编辑:宋林青   文字编辑:刘志茹
责任校对:宋 夏   装帧设计:关 飞

出版发行:化学工业出版社(北京市东城区青年湖南街 13 号   邮政编码 100011)
印　　装:大厂回族自治县聚鑫印刷有限责任公司
787mm×1092mm   1/16   印张 13½   字数 339 千字   2025 年 8 月北京第 2 版第 1 次印刷

购书咨询:010-64518888   售后服务:010-64518899
网　　址:http://www.cip.com.cn
凡购买本书,如有缺损质量问题,本社销售中心负责调换。

定　　价:35.00 元

第二版前言

《物理化学学习指导》是与"十二五"普通高等教育本科国家级规划教材、国家级线上线下混合式一流课程配套教材《物理化学简明教程》（邵谦主编，第三版）同步修订的教学参考书，旨在助力学生扎实掌握物理化学核心知识，突破学习难点。本次修订以提升内容的准确性和教学实用性为核心，针对前版中的疏漏与表述不当之处进行了全面梳理与修正，同时优化例题与习题的解析逻辑，确保与主教材的严谨性高度一致。

本次修订重点如下：

1. 内容纠错与优化

系统修订第一版中存在的公式书写疏漏、数据偏差及表述模糊之处，确保解题步骤的严密性与结果的准确性。同时，对部分习题的题干表述进行优化，避免歧义，增强题目指导性。

2. 例题与习题的深度解析

知识总结：保留原版对章节核心定义、定律及公式的提炼，进一步优化逻辑框架，突出知识点间的内在联系，帮助学生构建清晰的知识体系。

例题分析：强化解题过程的规范性，培养严谨的科学思维。

习题解答：针对前版解答中的部分简略步骤进行扩展，增加中间推导细节，确保学生能够逐步理解复杂问题的解决思路，拓宽思维深度。

3. 与主教材的同步更新

结合主教材第三版中更新的学科前沿案例，同步修订本书相关例题与习题的参考答案，强化理论与实际应用的结合。

本书延续主教材"重应用、强工科"的特色，由山东科技大学修订，既可作为《物理化学简明教程》的配套辅导书，亦可独立用于考研复习与课后自学。本次修订过程中，邵谦、杨静、黄永清、孔霞、步琦璟、葛瑞翔等教师针对第一版中存在的问题提供了宝贵修改建议，确保了修订内容的科学性与教学适用性。

我们力求通过本次修订，为学生提供一本内容精准、逻辑严密的物理化学学习工具书。然水平有限，书中不足之处，仍望广大师生不吝指正，以待后续完善。

编者

2025 年 3 月

第一版前言

《物理化学学习指导》是与"十二五"普通高等教育本科国家级规划教材《物理化学简明教程》（邵谦主编）配套的教学参考书，旨在帮助学生解决学习物理化学课程中经常遇到的困难。

本书以教材内容为依据，对教材的主要内容、基本公式进行了归纳和总结，并对教材所列出的思考题、概念题和习题进行了详细解答。此外，为了提高学生利用所学知识分析问题和解决问题的能力，本书在每一章中均选取了部分典型例题，并对其进行全面的分析和解答。本书除了有传统辅导书的解题过程外，主要有以下特点。

知识总结：运用定义、定律及公式来点明知识点。

例题分析：例题典型，详细阐述习题解题过程，阐明逻辑关系。

习题解答：概念清晰、解答全面、数据准确、附图齐全。

"知识总结"、"例题分析"、"习题解答"三者有机衔接，在学生熟练掌握主要知识点的情况下，在解题思路和解题技巧上进行精炼分析和引导，巩固所学，达到举一反三的效果。

"知识总结"是本书精华所在，是编者在多年的教学经验基础上，对物理化学基础知识进行的全面、简洁概括，能使学生在短时间内厘清概念、抓住重点。"例题分析"注重培养学生抓住题目核心知识，了解出题者意图，旨在培养学生科学的思维方法，即掌握解题的逆向思维技巧；在此基础上提供详细的解题过程，使学生熟悉解题过程。"习题解答"全面、详细，旨在解决学生在初学过程中的疑惑，培养学生的解题能力。

本书层次分明，内容精炼，适用面广，既可与山东科技大学邵谦主编的《物理化学简明教程》配套，也可作为物理化学学习参考书独立使用，可供工科院校应用化学、化工类及相关专业本科生学习物理化学课程时参考，也可供考研学生及教师使用。

由于编者水平有限且编写时间仓促，书中不妥、疏漏之处在所难免，恳请广大读者批评指正。

编者
2014 年 9 月

目 录

第**1**章

热力学基本原理

基本知识点归纳及总结

一、重要概念及定义

1. 状态函数及其特征

状态函数具有以下几个重要特征:

(1) 状态函数是系统状态的单值函数;

(2) 如果系统变化的始、终态确定,则某状态函数 X 的改变量 ΔX 为定值,与系统变化的具体途径无关;

(3) 状态函数的微小变化在数学上具有全微分形式。

凡是状态函数都具有上述特征。反之,某物理量只要满足其中一条,就说明它是状态函数。

2. 可逆过程

可逆过程是热力学中一种极为重要的过程。从宏观上来看,可逆过程强调"系统和环境都能恢复原状且未留下其他变化";从微观角度看,它强调"过程进行时的推动力和阻力始终相差无限小"。

3. 功

功分为体积功和非体积功。

体积功定义式

$$\delta W = -p_{ex}dV \quad 或 \quad W = -\int p_{ex}dV$$

非体积功为除体积功以外的功,如电功、表面功、机械功等。

4. 热容

$$C \xlongequal{def} \frac{\delta Q}{dT}$$

(1) 等压热容

$$C_p \xlongequal{def} \frac{\delta Q_p}{dT}, \; C_{p,m} \xlongequal{def} \frac{\delta Q_{p,m}}{dT}$$

(2) 等容热容

$$C_V \xlongequal{def} \frac{\delta Q_V}{dT}, \; C_{V,m} \xlongequal{def} \frac{\delta Q_{V,m}}{dT}$$

（3）理想气体的热容

$$C_{p,m} - C_{V,m} = R$$

常温下单原子分子

$$C_{V,m} = \frac{3}{2}R$$

常温下双原子分子

$$C_{V,m} = \frac{5}{2}R$$

5. 焓

$$H \xlongequal{def} U + pV$$

6. 亥姆霍兹函数

$$A \xlongequal{def} U - TS$$

7. 吉布斯函数

$$G \xlongequal{def} H - TS$$

二、热力学第一定律

解决系统在变化过程中其内能的变化与环境交换的热（Q）与传递的功（W）的关系问题。

$$\Delta U = Q + W \quad 或 \quad dU = \delta Q + \delta W$$

适用于封闭系统的一切过程。

三、不同过程中体积功的计算

1. 等容过程（$dV = 0$）

$$W = 0$$

2. 等压过程（$p = p_{ex} = $ 常数）

$$W = -p\Delta V$$

3. 自由膨胀（向真空膨胀）（$p_{ex} = 0$）

$$W = 0$$

4. 理想气体等温可逆膨胀（压缩）过程

$$W = -nRT\ln\frac{V_2}{V_1} = nRT\ln\frac{p_2}{p_1}$$

5. 理想气体绝热可逆膨胀（压缩）过程

$$W = \Delta U = nC_{V,m}(T_2 - T_1)$$

四、不同过程中热的计算

1. 简单状态变化中热的计算

$$\delta Q = nC_m dT$$

适用于无相变化、化学变化且无非体积功的过程。

（1）等容过程

$$Q_V = \Delta U = n\int C_{V,m} dT$$

（2）等压过程

$$Q_p = \Delta H = n\int C_{p,m} dT$$

2. 化学变化及相变化中热的计算

（1）等温、等压、非体积功为零的化学变化：$Q_p = \Delta_r H_m$

298K，标准状态下，有：

$$Q_p = \Delta_r H_m^\ominus(298\text{K}) = \sum_B \nu_B \Delta_f H_{m,B}^\ominus(298\text{K}) = -\sum_B \nu_B \Delta_c H_{m,B}^\ominus(298\text{K})$$

其他温度时，利用基希霍夫公式

$$Q_p = \Delta_r H_m^\ominus(T_2) = \Delta_r H_m^\ominus(298\text{K}) + \int_{298\text{K}}^{T_2} \Delta_r C_{p,m}\,dT$$

其中

$$\Delta_r C_{p,m} = \sum_B \nu_B C_{p,m}(B)$$

（2）等温、等容非体积功为零的化学变化

$$Q_V = \Delta U$$

$$Q_V = Q_p - \Delta n_g RT$$

（3）可逆相变化（在相平衡温度 T 压力 p 下的相变）

$$Q_p = \Delta_{相变} H = n\Delta_{相变} H_m$$

（4）不可逆相变化

通常设计一条等压下包括可逆相变步骤在内的途径，然后利用基希霍夫公式，由已知温度下可逆相变的热，求出实际温度下相变的热。

五、热力学第一定律对理想气体的应用

1. 理想气体的内能和焓

理想气体的内能和焓只是温度的函数。

2. 理想气体绝热可逆过程的过程方程

$$pV^\gamma = 常数$$

$$TV^{\gamma-1} = 常数$$

$$p^{1-\gamma}T^\gamma = 常数$$

从同一个始态出发，经绝热可逆和绝热不可逆两个过程，不可能到达相同的终态。

六、节流膨胀

焦耳-汤姆逊实验　　　　　　　$$\mu_{\text{J-T}} = \left(\frac{\partial T}{\partial p}\right)_H$$

节流膨胀的特点：绝热、恒焓、降压、变温。

七、卡诺循环和卡诺定理

卡诺循环是理想气体在卡诺热机中进行等温可逆膨胀、绝热可逆膨胀、等温可逆压缩、绝热可逆压缩 4 个过程后回到始态的一个可逆循环过程。卡诺热机效率 η_R：

$$\eta_R = \frac{T_h - T_c}{T_h}$$

其中，T_h 和 T_c 分别为高温热源和低温热源的温度。

卡诺定理：若高温热源和低温热源温度确定，则在其间工作的热机效率不会超过卡诺热机效率。

推论：若高温热源和低温热源温度确定，则在其间工作的任意可逆热机效率都等于卡诺

热机效率。

由卡诺定理可以得到一个不等式，这个不等式是热力学第二定律表达式的基础。

八、热力学第二定律

主要解决过程的方向和限度问题。其数学表达式为克劳修斯不等式：

$$dS \begin{cases} = \delta Q/T, \text{可逆过程} \\ > \delta Q/T, \text{不可逆过程} \end{cases}$$

对于隔离系统，$\delta Q = 0$，隔离系统发生的过程若不可逆，则必是自发过程；若可逆，则必是平衡过程。上式可进一步写为：

$$\Delta S_{iso} = \Delta S_{sys} + \Delta S_{sur} \begin{cases} = 0, \text{可逆，平衡} \\ > 0, \text{不可逆，自发} \end{cases}$$

其中环境熵变：$\Delta S_{sur} = \dfrac{Q_{sur}}{T_{sur}} = -\dfrac{Q_{sys}}{T_{sur}}$

熵增原理：在隔离系统中，一切自发的过程都是向熵增大的方向进行。

九、热力学判据

（1）熵判据　$\Delta S_{iso} \geqslant 0$

（2）亥姆霍兹函数变判据　$\Delta A_{T,V,W'=0} \leqslant 0$

（3）吉布斯函数变判据　$\Delta G_{T,p,W'=0} \leqslant 0$

十、系统熵变的计算

1. 简单状态变化中熵变的计算

（1）等温过程

$$\Delta S = \int_1^2 \frac{\delta Q_R}{T} = \frac{Q_R}{T}$$

理想气体等温过程

$$\Delta S = nR \ln \frac{V_2}{V_1} = nR \ln \frac{p_1}{p_2}$$

（2）等容变温过程（非体积功 W' 为零）

$$\Delta S = \int_{T_1}^{T_2} \frac{nC_{V,m} dT}{T} \xrightarrow{C_{V,m} \text{常数}} \Delta S_{sys} = nC_{V,m} \ln \frac{T_2}{T_1}$$

（3）等压变温过程（非体积功 W' 为零）

$$\Delta S = \int_{T_1}^{T_2} \frac{nC_{p,m} dT}{T} \xrightarrow{C_{p,m} \text{常数}} \Delta S_{sys} = nC_{p,m} \ln \frac{T_2}{T_1}$$

（4）理想气体的任意 p、V、T 变化

$$\Delta S = nC_{V,m} \ln \frac{T_2}{T_1} + nR \ln \frac{V_2}{V_1}$$

$$\Delta S = nC_{p,m} \ln \frac{T_2}{T_1} - nR \ln \frac{p_2}{p_1}$$

$$\Delta S = nC_{p,m} \ln \frac{V_2}{V_1} + nC_{V,m} \ln \frac{p_2}{p_1}$$

2. 相变化中熵变的计算

（1）可逆相变（在相平衡温度 T、压力 p 下的相变）

$$\Delta S_{相变} = \frac{n \Delta_{相变} H_m}{T}$$

（2）不可逆相变

通常设计一条要包括可逆相变步骤在内的可逆途径，此可逆途径的热温熵才是该不可逆过程的熵变。

3. 化学变化中熵变的计算

（1）298K 时

$$\Delta_r S_m^{\ominus} = \sum_B \nu_B S_m^{\ominus}(B)(298K)$$

（2）其他温度时

$$\Delta_r S_m^{\ominus}(T_2) = \Delta_r S_m^{\ominus}(298K) + \int_{298K}^{T_2} \frac{\Delta_r C_{p,m}}{T} dT$$

十一、亥姆霍兹函数变 ΔA 的计算

1. 简单状态变化中 ΔA 的计算

（1）等温、非体积功为零的任意过程

$$\Delta A = \Delta U - T \Delta S$$

（2）等温、非体积功为零的可逆过程

由热力学基本状态方程得　$dA = -p dV$

由始态 1 到终态 2 积分得　$\Delta A = \int_1^2 dA = -\int_{V_1}^{V_2} p dV$

理想气体等温可逆过程

$$\Delta A = \int_1^2 dA = -\int_{V_1}^{V_2} p dV = -\int_{V_1}^{V_2} \frac{nRT}{V} dV = -nRT \ln \frac{V_2}{V_1}$$

2. 可逆相变化中 ΔA 的计算

由于可逆相变是在等温等压下进行的，所以

$$\Delta A = p(V_1 - V_2)$$

3. 化学变化中 ΔA 的计算

（1）等温、等容且不做非体积功的化学反应

$$\Delta_r A_m = \Delta_r U_m - T \Delta_r S_m$$

（2）其他温度下则利用吉布斯-亥姆霍兹方程

$$\left[\frac{\partial (\Delta_r A_m / T)}{\partial T} \right]_V = -\frac{\Delta U}{T^2}$$

十二、吉布斯函数变 ΔG 的计算

1. 简单状态变化中 ΔG 的计算

（1）等温、非体积功为零的过程

$$\Delta G = \Delta H - T \Delta S$$

（2）等温、非体积功为零的可逆过程

由热力学基本状态方程得　$dG = V dp$

由始态 1 到终态 2 积分得 $\qquad \Delta G = \int_1^2 \mathrm{d}G = \int_{p_1}^{p_2} V \mathrm{d}p$

对理想气体的等温可逆过程

$$\Delta G = \int_1^2 \mathrm{d}G = \int_{p_1}^{p_2} V \mathrm{d}p = \int_{p_1}^{p_2} \frac{nRT}{p} \mathrm{d}p = nRT \ln \frac{p_2}{p_1}$$

2. 可逆相变化中 ΔG 的计算

由于可逆相变是在等温等压下进行的，即 $\mathrm{d}p = 0$，所以

$$\Delta G = 0$$

3. 化学变化中 ΔG 的计算

（1）等温、等压且无非体积功的化学反应

$$\Delta_r G_m = \Delta_r H_m - T \Delta_r S_m$$

（2）298K 时

$$\Delta_r G_m^{\ominus}(298K) = \sum \nu_B \Delta_f G_{m,B}^{\ominus}(298K)$$

（3）其它温度下则利用吉布斯-亥姆霍兹方程

$$\left[\frac{\partial (\Delta_r G_m / T)}{\partial T} \right]_p = -\frac{\Delta H}{T^2}$$

十三、热力学关系式

1. 热力学基本方程

$$\mathrm{d}U = T\mathrm{d}S - p\mathrm{d}V \qquad\qquad \mathrm{d}H = T\mathrm{d}S + V\mathrm{d}p$$
$$\mathrm{d}A = -S\mathrm{d}T - p\mathrm{d}V \qquad\qquad \mathrm{d}G = -S\mathrm{d}T + V\mathrm{d}p$$

2. 微分导出式

$$\left(\frac{\partial U}{\partial S}\right)_V = T; \quad \left(\frac{\partial U}{\partial V}\right)_S = -p; \quad \left(\frac{\partial H}{\partial S}\right)_p = T; \quad \left(\frac{\partial H}{\partial p}\right)_S = V$$

$$\left(\frac{\partial A}{\partial T}\right)_V = -S; \quad \left(\frac{\partial A}{\partial V}\right)_T = -p; \quad \left(\frac{\partial G}{\partial T}\right)_p = -S; \quad \left(\frac{\partial G}{\partial p}\right)_T = V$$

3. 麦克斯韦（Maxwell）关系式

$$-\left(\frac{\partial p}{\partial S}\right)_V = \left(\frac{\partial T}{\partial V}\right)_S; \quad \left(\frac{\partial V}{\partial S}\right)_p = \left(\frac{\partial T}{\partial p}\right)_S; \quad \left(\frac{\partial S}{\partial V}\right)_T = \left(\frac{\partial p}{\partial T}\right)_V; \quad -\left(\frac{\partial S}{\partial p}\right)_T = \left(\frac{\partial V}{\partial T}\right)_p$$

在学习和应用这些关系式做题的过程中，千万不要沉迷于数学推导变换的迷宫中，应该明白进行各种推导变换最终目的是将未知的或不可测的量与已知的或可测的量联系起来，建立关系式。

十四、一些基本过程的 ΔU，ΔH，W，Q，ΔS，ΔG，ΔA 的运算公式

一些基本过程的 ΔU，ΔH，W，Q，ΔS，ΔG，ΔA 的运算公式列于表 1-1。

表 1-1　一些基本过程的 ΔU，ΔH，W，Q，ΔS，ΔG，ΔA 的运算公式

基本过程	W	Q	ΔU	ΔH
理想气体,自由膨胀过程	0	0	0	0
理想气体,等温可逆过程	$nRT\ln(V_1/V_2)$	$-nRT\ln(V_1/V_2)$	0	0
理想气体,等压过程	$-p\Delta V$	$\int nC_{p,m}\mathrm{d}T$	$\int nC_{V,m}\mathrm{d}T$	$\int nC_{p,m}\mathrm{d}T$
任意物质,等压过程	$-p\Delta V$	$\int nC_{p,m}\mathrm{d}T$	$Q_p - p\Delta V$	Q_p

续表

基本过程	W	Q	ΔU	ΔH
理想气体,等容过程	0	$\int nC_{V,\mathrm{m}}\mathrm{d}T$	$\int nC_{V,\mathrm{m}}\mathrm{d}T$	$\int nC_{p,\mathrm{m}}\mathrm{d}T$
任意物质,等容过程	0	$\int nC_{V,\mathrm{m}}\mathrm{d}T$	Q_V	$Q_V+V\Delta p$
理想气体,绝热可逆过程	$nC_{V,\mathrm{m}}(T_2-T_1)$	0	$\int nC_{V,\mathrm{m}}\mathrm{d}T$	$\int nC_{p,\mathrm{m}}\mathrm{d}T$
理想气体,任意 pVT 变化过程	$-\sum p_{\mathrm{ex}}\mathrm{d}V$	$\sum nC_{\mathrm{m}}\mathrm{d}T$	$\int nC_{V,\mathrm{m}}\mathrm{d}T$	$\int nC_{p,\mathrm{m}}\mathrm{d}T$
等温、等压可逆相变	$-p_{\mathrm{ex}}\Delta V$	$\mathrm{d}(\Delta H)=\Delta nC_{p,\mathrm{m}}\mathrm{d}T$	Q_p+W	$\mathrm{d}(\Delta H)=\Delta nC_{p,\mathrm{m}}\mathrm{d}T$
等温、等压化学反应	$\Delta_{\mathrm{r}}U-Q_p$	$\mathrm{d}(\Delta_{\mathrm{r}}H)=\Delta nC_{p,\mathrm{m}}\mathrm{d}T$	$\Delta_{\mathrm{r}}H-\Delta n_{\mathrm{g}}RT$	$\mathrm{d}(\Delta_{\mathrm{r}}H)=\Delta nC_{p,\mathrm{m}}\mathrm{d}T$

基本过程	ΔS	ΔG	ΔA
理想气体,自由膨胀过程	$nR\ln(V_2/V_1)$	$nRT\ln(V_1/V_2)$	$nRT\ln(V_1/V_2)$
理想气体,等温可逆过程	$nR\ln(V_2/V_1)$	$nRT\ln(p_2/p_1)$	$nRT\ln(V_1/V_2)$
理想气体,等压过程	$nC_{p,\mathrm{m}}\ln(T_2/T_1)$	$\int S(T)\mathrm{d}T$	$\Delta U-\Delta(TS)$
任意物质,等压过程	$\int (nC_{p,\mathrm{m}}/T)\mathrm{d}T$	$\Delta H-\Delta(TS)$	$\Delta U-\Delta(TS)$
理想气体,等容过程	$nC_{V,\mathrm{m}}\ln(T_2/T_1)$	$\Delta H-\Delta(TS)$	$-\int S(T)\mathrm{d}T$
任意物质,等容过程	$\int (nC_{V,\mathrm{m}}/T)\mathrm{d}T$	$\Delta H-\Delta(TS)$	$\Delta U-\Delta(TS)$
理想气体,绝热可逆过程	0	$\Delta H-S\Delta T$	$\Delta U-S\Delta T$
理想气体,任意 pVT 变化过程	$\begin{cases}nR\ln(V_2/V_1)+nC_{V,\mathrm{m}}\ln(T_2/T_1)\\ nR\ln(p_1/p_2)+nC_{p,\mathrm{m}}\ln(T_2/T_1)\\ nC_{V,\mathrm{m}}\ln(p_2/p_1)+nC_{p,\mathrm{m}}\ln(V_2/V_1)\end{cases}$	$\Delta H-\Delta(TS)$	$\Delta U-\Delta(TS)$
等温、等压可逆相变	$\Delta_{\text{相变}}H/T$	0	W_{R}
等温、等压化学反应	$\mathrm{d}(\Delta_{\mathrm{r}}S)=\Delta_{\mathrm{r}}(nC_{p,\mathrm{m}}/T)\mathrm{d}T$	$\Delta_{\mathrm{r}}H-T\Delta_{\mathrm{r}}S$	$\Delta_{\mathrm{r}}U-T\Delta_{\mathrm{r}}S$

例题分析

例题 1.1　某双原子分子理想气体从 $1.5\mathrm{dm}^3$、300kPa、300K 的初态过程经绝热可逆膨胀到 $3\mathrm{dm}^3$。计算：(1) 终态的温度与压力；(2) 该过程的 Q、W、ΔU 和 ΔH。

解：(1) 过程如下

$$\begin{cases}T_1=300\mathrm{K}\\ p_1=300\mathrm{kPa}\\ V_1=1.5\mathrm{dm}^3\end{cases}\xrightarrow{\text{绝热可逆}}\begin{cases}T_2=?\\ p_2=?\\ V_2=3\mathrm{dm}^3\end{cases}$$

$$n=\frac{p_1V_1}{RT_1}=\frac{300\times10^3\times1.5\times10^{-3}}{8.314\times300}\mathrm{mol}=0.180\mathrm{mol}$$

因是双原子分子理想气体，所以有

$$C_{V,\mathrm{m}}=\frac{5}{2}R;\ C_{p,\mathrm{m}}=\frac{7}{2}R;\ \gamma=\frac{C_{p,\mathrm{m}}}{C_{V,\mathrm{m}}}=1.4$$

由过程方程式 $TV^{\gamma-1}=$ 常数，得

$$T_2=T_1\left(\frac{V_1}{V_2}\right)^{\gamma-1}=\left[300\times\left(\frac{1.5}{3}\right)^{1.4-1}\right]\mathrm{K}=227.4\mathrm{K}$$

$$p_2=\frac{p_1V_1}{T_1}\times\frac{T_2}{V_2}=\left(\frac{300\times10^3\times1.5\times10^{-3}\times227.4}{300\times3\times10^{-3}}\right)\mathrm{Pa}=113.7\mathrm{kPa}$$

（2）因过程绝热，所以 $Q=0$

$$W = \Delta U = nC_{V,m}(T_2 - T_1)$$
$$= \left[0.180 \times \frac{5}{2} \times 8.314 \times (227.4 - 300)\right] J = -271.6 J$$
$$\Delta H = nC_{p,m}(T_2 - T_1)$$
$$= \left[0.180 \times \frac{7}{2} \times 8.314 \times (227.4 - 300)\right] J = -380.3 J$$

例题 1.2 在 25℃和 100kPa 下，将 15g 的萘置于氧弹量热计中，充以足够的氧气，完全燃烧后，放热 602.6kJ，求萘在 25℃时的标准摩尔燃烧焓 $\Delta_c H_m^\ominus$。

解： 萘的燃烧反应为：

$$C_{10}H_8(s) + 12O_2(g) \longrightarrow 10CO_2(g) + 4H_2O(l)$$

萘的摩尔质量 $\quad M = 128.17 g \cdot mol^{-1}$

物质的量 $\quad n = \dfrac{15}{128.17} mol = 0.117 mol$

因为氧弹量热计中的反应为等容反应，故等容燃烧焓按如下方法计算

$$\Delta_c U_m^\ominus = \frac{Q_V}{n} = \frac{-602.6}{0.117} kJ \cdot mol^{-1} = -5150 kJ \cdot mol^{-1}$$
$$\Delta_c H_m^\ominus = \Delta_c U_m^\ominus + \Delta n_g RT$$
$$= \left[-5150 + (-2) \times 8.314 \times 298.2 \times 10^{-3}\right] kJ \cdot mol^{-1}$$
$$= -5155 kJ \cdot mol^{-1}$$

例题 1.3 有 10mol CO_2（视为理想气体）由 25℃、1013.25kPa 膨胀到 25℃、101.325kPa。计算下列过程中系统的 ΔS，环境的 ΔS_{sur}，以及隔离系统的 ΔS_{iso} 熵变。假定过程是：（1）可逆膨胀；（2）自由膨胀；（3）对抗外压 101.325 kPa 膨胀。

解： 因题给三过程的初终态相同，即 10mol $CO_2(g)$

$$\begin{cases} T_1 = 298.2K \\ p_1 = 1013.25kPa \\ V_1 = ? \end{cases} \longrightarrow \begin{cases} T_2 = 298.2K \\ p_2 = 101.325kPa \\ V_2 = ? \end{cases}$$

因熵是状态函数，所以三过程中系统的 ΔS 应相同，现由过程（1）求出系统的 ΔS。可逆膨胀为等温过程，故有

$$\Delta S = nR \ln \frac{p_1}{p_2} = \left(10 \times 8.314 \times \ln \frac{1013.25}{101.325}\right) J \cdot K^{-1} = 191.4 J \cdot K^{-1}$$

下面分别计算各过程的 ΔS_{sur} 与 ΔS_{iso}。

（1）是理想气体的等温可逆过程，故有

$$\Delta U = 0, \quad Q_R = -W_R = nRT \ln \frac{p_1}{p_2}$$

所以 $\qquad \Delta S_{环} = \dfrac{-Q_R}{T} = nR \ln \dfrac{p_2}{p_1} = -191.4 J \cdot K^{-1}$

$$\Delta S_{iso} = \Delta S + \Delta S_{sur} = 0$$

（2）因为理想气体等温自由膨胀，故有

$$W = 0, \quad \Delta U = 0, \quad Q = 0, \quad \Delta S_{sur} = 0$$
$$\Delta S_{iso} = \Delta S + \Delta S_{sur} = 191.4 J \cdot K^{-1}$$

（3）因为理想气体等温等外压过程，即 $T_1 = T_2 = T_{ex} = $ 常数，$p_2 = p_{ex} = $ 常数，故有：

$$\Delta U = 0, \quad -W = Q$$

$$W = -p_{ex}\left(\frac{nRT_2}{p_2} - \frac{nRT_1}{p_1}\right)$$

$$\Delta S_{sur} = -\frac{Q}{T} = -nR\left(\frac{p_{ex}}{p_2} - \frac{p_{ex}}{p_1}\right)$$

$$= \left[-10 \times 8.314 \times \left(\frac{101.325}{101.325} - \frac{101.325}{1013.25}\right)\right] J \cdot K^{-1}$$

$$= -74.8 J \cdot K^{-1}$$

$$\Delta S_{iso} = \Delta S + \Delta S_{sur} = 116.6 J \cdot K^{-1}$$

从计算结果可看出：过程(1)为可逆的，过程(2)与(3)为不可逆的，且过程(2)的不可逆性比过程(3)的大。

例题 1.4　有 5mol 过冷的水在 $-5℃$、100kPa 结成冰，请在下列两种不同的条件下分别计算此过程的 ΔG。(1) 已知在 0℃、100kPa 下的冰的熔化焓 $\Delta_{fus}H_m = 6009 J \cdot mol^{-1}$，又知水与冰的平均等压热容分别为 $\overline{C}_{p,m}(l) = 75.3$ 和 $\overline{C}_{p,m}(s) = 36.0 J \cdot K^{-1} \cdot mol^{-1}$。(2) 已知 $-5℃$ 时水与冰的饱和蒸气压分别为 $p^*(l) = 421 Pa$，$p^*(s) = 401 Pa$。两条件下均假设体积 $V(l) = V(s)$。

解：这是一等温等压的不可逆相变过程。计算 ΔG 时，必须设计一条始终态与此相同的可逆途径。根据 (1) 与 (2) 的不同条件，需设计不同的可逆途径。

(1) 对 5mol 水，假设一条等压变温的四步循环如下

$$
\begin{array}{ccc}
H_2O(l, -5℃) & \xrightarrow{\Delta G} & H_2O(s, -5℃) \\
① \downarrow & \boxed{等压\ 100kPa} & \uparrow ③ \\
H_2O(l, 0℃) & \xrightarrow{②} & H_2O(s, 0℃)
\end{array}
$$

由

$$\Delta G = \Delta H - T\Delta S$$

$$\Delta H = \Delta H_1 + \Delta H_2 + \Delta H_3$$

$$= n\overline{C}_{p,m}(l)\Delta T + n(-\Delta_{fus}H_m) + n\overline{C}_{p,m}(s)(-\Delta T)$$

$$= [5 \times 75.3 \times 5 + 5 \times (-6009) + 5 \times 36.0 \times (-5)] J$$

$$= -29062.5 J$$

$$\Delta S = \Delta S_1 + \Delta S_2 + \Delta S_3$$

$$= n\overline{C}_{p,m}(l)\ln\frac{T_2}{T_1} + \frac{n(-\Delta_{fus}H_m)}{T_2} + n\overline{C}_{p,m}(s)\ln\frac{T_1}{T_2}$$

$$= -106.4 J \cdot K^{-1}$$

得　$\Delta G = \Delta H - T\Delta S = [-29062.5 - 268.2 \times (-106.4)] J = -526.0 J$

(2) 在此条件下对 5mol 水假设一等温变压的六步循环如下

$$
\begin{array}{ccc}
H_2O(l, 100kPa) & \xrightarrow{\Delta G} & H_2O(s, 100kPa) \\
① \downarrow & & \uparrow ⑤ \\
H_2O(l, p_l^*)\ (等温\ -5℃) & & H_2O(s, p_s^*) \\
② \downarrow & & \uparrow ④ \\
H_2O(g, p_l^*) & \xrightarrow{③} & H_2O(g, p_s^*)
\end{array}
$$

因 G 是状态函数，故

$$\Delta G = \Delta G_1 + \Delta G_2 + \Delta G_3 + \Delta G_4 + \Delta G_5$$

因过程②与④均为等温等压可逆相变，且 $W' = 0$ 故由吉布斯函数判据可知，$\Delta G_2 = 0$，

$\Delta G_4 = 0$。

过程①与⑤可用式 $\Delta G = \int_{p_1}^{p_2} V \mathrm{d}p$ 计算，即

$$\Delta G_1 = \int_{100}^{p_1^*} V(\mathrm{l})\,\mathrm{d}p < 0, \Delta G_5 = \int_{p_s^*}^{100} V(\mathrm{s})\,\mathrm{d}p > 0$$

因 $V(\mathrm{l})$ 与 $V(\mathrm{s})$ 数值不大，且有 $V(\mathrm{l}) = V(\mathrm{s})$，另外 p_1^* 与 p_s^* 相差很小，故 ΔG_1 与 ΔG_5 的绝对值都不大，而且二者近似相等。由此可得：$\Delta G_1 + \Delta G_5 \approx 0$。

对过程③，当将水蒸气视为理想气体时，此过程为理想气体的等温可逆膨胀过程，可用下式计算 ΔG，即

$$\Delta G_3 = nRT\ln\frac{p_s^*}{p_1^*} = \left(5 \times 8.314 \times 268.2 \times \ln\frac{401}{421}\right)\mathrm{J} = -542.6\mathrm{J}$$

得 $\Delta G = \Delta G_3 = -542.6\mathrm{J}$

例题 1.5 1mol 水在 100℃，100kPa 时向真空蒸发成同温同压下的水蒸气。（1）求此过程的 ΔS 与 $\Delta S_{隔}$，并判断过程的可逆性；（2）求此过程的 ΔG 与 ΔA，并判断过程的可逆性。已知在此 100℃，100kPa 下水的汽化焓 $Q_{汽化} = 40.64\mathrm{kJ \cdot mol^{-1}}$。

解：（1）水向真空蒸发为不可逆相变过程，为计算 ΔS 需设计一初终态与此相同的可逆途径如下：

$$
\begin{array}{ccc}
\mathrm{H_2O(l,100℃,100kPa)} & \xrightarrow[\Delta S, \Delta G]{向真空汽化} & \mathrm{H_2O(g,100℃,100kPa)} \\
\Big\downarrow ① & & ③\Big\uparrow \\
\mathrm{H_2O(l,100℃,100kPa)} & \xrightarrow[②]{等温、等压} & \mathrm{H_2O(g,100℃,100kPa)}
\end{array}
$$

由以上过程可知，第①、③两步系统状态无任何改变。而第②步为等温等压可逆相变，且 $W' = 0$。故

$$\Delta S = \Delta S_1 + \Delta S_2 + \Delta S_3 = 0 + \frac{Q_{汽化}}{T} + 0 = \frac{40.64 \times 10^3}{373.2}\mathrm{J \cdot K^{-1}} = 108.9\mathrm{J \cdot K^{-1}}$$

在计算 $\Delta S_{环}$ 时，要用到系统与环境在过程中实际交换的热量 $Q_{实际}$。由于此过程是向真空膨胀，系统在此过程中实际上没有做功，$W_{实际} = 0$。故由第一定律可得：

$$Q_{实际} = \Delta U - W_{实际} = \Delta U$$

又 $\quad Q_{汽化} = \Delta H = \Delta U + \Delta(pV) = Q_{实际} + \Delta(pV)$

则 $\quad Q_{实际} = Q_{汽化} - \Delta(pV) \approx Q_{汽化} - pV(\mathrm{g}) = Q_{汽化} - nRT$

所以 $\quad \Delta S_{环} = \frac{-Q_{实际}}{T} = \frac{-Q_{汽化}}{T} + nR$

由计算可知此为不可逆过程。

（2）由所设计的可逆过程知：

$$\Delta G = \Delta G_1 + \Delta G_2 + \Delta G_3 = 0 + 0 + 0 = 0$$

虽然算的 $\Delta G = 0$，但因原过程不等压，故不能由此作为判别过程的依据。

因原过程是等温的，所以

$$\Delta A = \Delta U - T\Delta S = Q_{实际} - Q_{汽化} = -nRT = -3.103\mathrm{kJ}$$

即 $\quad -\Delta A > -W_{实际}$

由此可知此过程为不可逆过程。

例题 1.6 计算向绝热容器内 1mol、−20℃ 的冰块上加入 1mol、80℃ 水后的 ΔS。已知，0℃ 时冰的熔化焓 $\Delta_{\mathrm{fus}} H_{\mathrm{m}} = 6009\mathrm{J \cdot mol^{-1}}$。水与冰的平均热容分别为：$\bar{C}_{p,\mathrm{m}}(\mathrm{l}) = 75.3\mathrm{J \cdot K^{-1} \cdot mol^{-1}}$ 和 $\bar{C}_{p,\mathrm{m}}(\mathrm{s}) = 36.0\mathrm{J \cdot K^{-1} \cdot mol^{-1}}$。

解：要计算 ΔS，必须知道系统终态时的状况，如冰是否熔化完，以及最终温度。现用能量衡算来确定终态状况。

若 1mol、$-20℃$ 的冰全部融化，需吸热

$$\Delta H_1 = \bar{C}_{p,m}(s) \times 20 + \Delta_{fus}H_m = 6729J$$

若 1mol、$80℃$ 水降温到 $0℃$，则放热

$$\Delta H_2 = \bar{C}_{p,m}(l) \times 80 = 6024J$$

由以上的计算可知，1mol、$-20℃$ 的冰不可能全部融化。终态状况为 $0℃$ 时的冰、水两相平衡共存的系统。

设有 x mol 的 $-20℃$ 的冰融化。则有：

$$\bar{C}_{p,m}(l) \times 80 = \bar{C}_{p,m}(s) \times 20 + x\Delta_{fus}H_m$$
$$75.3 \times 80 - 36.0 \times 20 = 6009x$$

即

$$x = \frac{5304}{6009}mol = 0.8827mol$$

由计算可知，系统中实际进行以下几个过程：

(1) 1mol、$80℃$ 水 $\xrightarrow{\Delta S_1}$ 1mol、$0℃$ 水

(2) 1mol、$-20℃$ 冰 $\xrightarrow{\Delta S_2}$ 1mol、$0℃$ 冰

(3) 0.8827mol、$0℃$ 冰 $\xrightarrow{\Delta S_3}$ 0.8827mol、$0℃$ 水

整个过程中 $\Delta S = \Delta S_1 + \Delta S_2 + \Delta S_3$

$$\Delta S = \bar{C}_{p,m}(l)\ln\frac{273.2}{353.2} + \bar{C}_{p,m}(s)\ln\frac{273.2}{253.2} + \frac{0.8827\Delta_{fus}H_m}{273.2}$$
$$= (-19.34 + 2.74 + 19.41)J \cdot K^{-1}$$
$$= 2.81J \cdot K^{-1}$$

例题 1.7　有一绝热容器，中间有一隔板将容器分成相同体积的两部分，在两侧分别装有不同温度但等量的两种理想气体，如图。计算抽去隔板后，两种混合过程的 ΔS。

1mol O_2	1mol N_2
$10℃$、V_1	$20℃$、V_2

解：此两种气体的混合过程不符合等温等压条件，故不能用式 $\Delta_{mix}S = -nR\sum y_i\ln y_i$ 直接计算 ΔS。

先由能量衡算求最终温度。O_2 与 N_2 均为双原子分子理想气体，故均有 $C_{V,m} = \frac{5}{2}R$，设终温为 T，则

$$C_{V,m}(T - 283.3K) = C_{V,m}(293.2K - T)$$

解得　$T = 288.2$ K

整个混合过程可分为以下三个过程进行

①1mol, O_2, 283.2K $\xrightarrow{\text{等容 }\Delta S_1}$ 1mol, O_2, T $\left.\vphantom{\begin{matrix}1\\2\end{matrix}}\right\}\begin{matrix}\Delta S_3\\ \\ \xrightarrow{\text{③在等温等压下混合达终态}}\end{matrix}$

②1mol, N_2, 293.2K $\xrightarrow{\text{等容 }\Delta S_2}$ 1mol, N_2, T

当过程①与②进行后，容器两侧气体物质的量相同，温度与体积也相同，故压力也必然相同，即可进行过程③。三步的熵变分别为

$$\Delta S_1 = C_{V,m}\ln\frac{288.2}{283.2} = \left(\frac{5}{2} \times 8.314 \times \ln\frac{288.2}{283.2}\right)J \cdot K^{-1} = 0.364J \cdot K^{-1}$$

$$\Delta S_2 = C_{V,m} \ln \frac{288.2}{293.2} = \left(\frac{5}{2} \times 8.314 \times \ln \frac{288.2}{293.2}\right) J \cdot K^{-1} = -0.358 J \cdot K^{-1}$$

$$\Delta S_3 = -nR[y(O_2)\ln y(O_2) + y(N_2)\ln y(N_2)]$$
$$= [-2 \times 8.314 \times (0.5 \times \ln 0.5 + 0.5 \times \ln 0.5)] J \cdot K^{-1}$$
$$= 11.53 J \cdot K^{-1}$$

故　　　　　$\Delta S = \Delta S_1 + \Delta S_2 + \Delta S_3 = 11.53 J \cdot K^{-1}$

例题 1.8　有 1mol 理想气体，初态为 $T_1 = 298.2K$、$p_1 = 100kPa$，经下列三种过程达终态 $p_2 = 600kPa$。计算下列各过程的 Q、W、ΔU、ΔH、ΔA、ΔG 与 $\Delta S_隔$。（1）等温可逆过程；（2）绝热可逆压缩；（3）自始至终用 $p_2 = 600kPa$ 的外压等温压缩。已知系统的 $C_{p,m} = \frac{7}{2}R$，初态的标准熵 $S_m^\ominus(298K) = 205.3 J \cdot mol \cdot K^{-1}$。

解： 过程（1）与（3）均有如下的初终态

① $T_1 = 298.2K \rightarrow T_2 = 298.2K$

② $p_1 = 100kPa \rightarrow p_2 = 600kPa$

（1）因是理想气体的等温过程，故 $\Delta U_1 = 0$，$\Delta H_1 = 0$

$$W_1 = -nRT \ln \frac{p_1}{p_2} = \left(-1 \times 8.314 \times 298.2 \times \ln \frac{100}{600}\right) J = 4442 J$$

$$\Delta S_1 = nR \ln \frac{p_1}{p_2} = \left(1 \times 8.314 \times \ln \frac{100}{600}\right) J \cdot K^{-1} = -14.90 J \cdot K^{-1}$$

$$\Delta A_1 = \Delta U_1 - T\Delta S_1 = 4443 J$$

$$\Delta G_1 = \Delta H_1 - T\Delta S_1 = 4443 J$$

$$\Delta S_环 = \frac{-Q_系}{T} = \frac{4443}{298.2} J \cdot K^{-1} = 14.90 J \cdot K^{-1}$$

$$\Delta S_隔 = \Delta S_1 + \Delta S_环 = 0$$

（2）因过程为 1mol 理想气体，故

$$T_1 = 298.2K, \quad p_1 = 100kPa \rightarrow T_2, \quad p_2 = 600kPa$$

因过程为可逆绝热，故有

$$Q = 0, \quad \Delta S_系 = 0, \quad \Delta S_环 = 0, \quad \Delta S_隔 = 0$$

先求 T_2，由 $C_{p,m} = \frac{7}{2}R$ 与 $C_{p,m} - C_{V,m} = R$ 可知，绝热指数

$$\gamma = \frac{C_{p,m}}{C_{V,m}} = \frac{7R/2}{5R/2} = 1.4$$

故

$$T_2 = T_1 \left(\frac{p_2}{p_1}\right)^{\frac{\gamma-1}{\gamma}} = \left[298.2 \times \left(\frac{600}{100}\right)^{\frac{1.4-1}{1.4}}\right] K = 497.5 K$$

$$\Delta U_2 = nC_{V,m}(T_2 - T_1) = \left[1 \times \frac{5}{2} \times 8.314 \times (497.5 - 298.2)\right] J = 4142 J$$

$$\Delta H_2 = nC_{p,m}(T_2 - T_1) = \left[1 \times \frac{7}{2} \times 8.314 \times (497.5 - 298.2)\right] J = 5799 J$$

$$W_2 = \Delta U_2 = 4142.4 J$$

$$\Delta A_2 = \Delta U_2 - \Delta(TS) = \Delta U_2 - S_1 \Delta T$$
$$= [4142 - 205.3 \times (497.5 - 298.2)] J$$
$$= -36773.9 J \approx -36.77 kJ$$

$$\Delta G_2 = \Delta H_2 - \Delta(TS) = \Delta H_2 - S_1 \Delta T = -35.12 \text{kJ}$$

（3）因此过程初终态与过程（1）相同，故所有状态函数的改变量也与过程（1）相等，即

$$\Delta U_3 = \Delta U_1 = 0, \Delta H_3 = \Delta H_1 = 0, \Delta S_3 = \Delta S_1 = -14.90 \text{J} \cdot \text{K}^{-1}$$

$$\Delta A_3 = \Delta A_1 = 4443 \text{J}, \quad \Delta G_3 = \Delta G_1 = 4443 \text{J}$$

$$W_3 = -p_{ex}(V_2 - V_1) = -p_{ex}\left(\frac{nRT_2}{p_2} - \frac{nRT_1}{p_1}\right) = -nRT\left(\frac{p_{ex}}{p_2} - \frac{p_{ex}}{p_1}\right)$$

$$= \left[-1 \times 8.314 \times 298.2 \times \left(\frac{600}{600} - \frac{600}{100}\right)\right] \text{kJ} = 12.40 \text{kJ}$$

$$Q_3 = -W_3 = -12.40 \text{kJ}$$

$$\Delta S_{环} = \frac{-Q_{系}}{T} = \frac{12.40 \times 10^3}{298.2} \text{J} \cdot \text{K}^{-1} = 41.58 \text{J} \cdot \text{K}^{-1}$$

$$\Delta S_{隔} = \Delta S_3 + \Delta S_{环} = 26.67 \text{J} \cdot \text{K}^{-1}$$

例题 1.9 对 1mol 理想气体，初态为 298.2K、600kPa，当反抗恒定外压 $p_{ex} = 100\text{kPa}$ 膨胀至体积为原来的 6 倍，压力等于外压时，请计算过程的 Q、W、ΔU、ΔH、ΔS、ΔA、ΔG 与 $\Delta S_{隔}$。

解： 从题给条件知，此过程初终态正好与例题 1.8 中（3）的初终态相反，且过程也为它的反向过程，因此，对 1mol 理想气体，有

$$\begin{cases} T_1 = 298.2\text{K} \\ p_1 = 600\text{kPa} \\ V_1 = ? \end{cases} \longrightarrow \begin{cases} T_2 = ? \\ p_2 = 100\text{kPa} \\ V_2 = 6V_1 \end{cases}$$

因为 $p_1 V_1 = p_2 V_2$，故 $T_2 = T_1 = 298.2\text{K}$，对理想气体，有

$$\Delta U = 0, \quad \Delta H = 0$$

$$W = -p_{ex}(V_2 - V_1) = -p_2 \times 5V_1 = -\frac{p_1}{6} \times 5V_1$$

$$= -\frac{5}{6} p_1 V_1 = -\frac{5}{6} RT_1 = -\frac{5}{6} \times 8.314 \times 298.2 = -2066.0 \text{J}$$

$$Q = -W = 2066.0 \text{J}$$

$$\Delta S = nR \ln \frac{p_1}{p_2} = \left(1 \times 8.314 \ln \frac{600}{100}\right) \text{J} \cdot \text{K}^{-1} = 14.90 \text{J} \cdot \text{K}^{-1}$$

$$\Delta A = \Delta U - T\Delta S = -T\Delta S = (-298.2 \times 14.90) \text{J} = -4443.2 \text{J}$$

$$\Delta G = \Delta H - T\Delta S = -T\Delta S = -4443.2 \text{J}$$

$$\Delta S = \frac{-Q}{T} = \frac{-2066.0}{298.2} \text{J} \cdot \text{K}^{-1} = -6.93 \text{J} \cdot \text{K}^{-1}$$

$$\Delta S_{隔} = \Delta S_{系} + \Delta S_{环} = 7.97 \text{J} \cdot \text{K}^{-1}$$

将计算结果与例题 1.8 中的第（3）问比较可知，二者状态函数的改变量相同，只是结果相反。但与过程有关的量如 Q、W、$\Delta S_{环}$、$\Delta S_{隔}$ 二者的值均不同，而且 $\Delta S_{隔}$ 的值为压缩过程大于膨胀过程，这说明压缩的不可逆性大于它的反过程膨胀过程。

思 考 题

1. 下列说法是否正确，为什么？

（1）状态函数改变，状态一定改变；状态改变，所有状态函数都改变。

答："状态函数改变，状态一定改变"正确，因为状态函数是状态的单值函数。"状态改变，所有状态函数都改变"错误，状态改变，不需要所有状态函数都变，但必须至少一个状态函数改变。

（2）根据热力学第一定律，能量不能无中生有，所以一个系统要对外做功，必须从外界吸收热量。

答：错误，通过系统的内能的降低也可实现对外做功。

（3）物体温度越高，其热量（热能）越大；热力学能也越大。

答：热是过程量，必须在一个变化过程中才有意义，所以"物体（系统）有多少热量（热能）"这种说法就是错误的。热力学能是状态量，是系统的状态函数，但热力学能不仅是温度的函数，还与压力、体积、物质的量等有关，所以"物体温度越高，热力学能也越大"这种说法也不对。

（4）系统温度升高，则一定吸热；如果温度不变，则既不吸热也不放热。

答：两种说法都不对。反例：即使不吸热，环境对系统做功也可以引起系统的温度升高；而系统吸热同时对外做相同能量的功，温度可不变。

（5）气体反抗一定外压做绝热膨胀，则有 $\Delta H = Q = 0$。

答：错误。"反抗一定外压"属于等外压过程，不是等压过程，所以 $\Delta H \neq Q$。

（6）绝热过程有 $Q = 0$，$W = \Delta U$，绝热过程有可逆和不可逆之分，但 ΔU 只有一个值，所以功 W 也只有一个值，即 $W_R = W_{IR} = \Delta U$。

答：错误。"ΔU 只有一个值"这个说法是在"绝热可逆和不可逆过程有相同的始态和终态"这一前提下才能成立的，但是根据熵增原理，从同一始态出发，经历绝热可逆过程熵值不变，经历绝热不可逆过程熵值增加，所以两过程的终态肯定不同。由此看来，"ΔU 只有一个值"这个说法是错误的，后面的推论也就不成立了。

（7）自发过程一定是不可逆过程，不可逆过程也一定是自发的。

答：自发过程的共同特征就是"不可逆性"，所以"自发过程一定是不可逆过程"是正确的。但反之不成立，不可逆过程不一定是自发的，环境对系统做功而进行的不可逆过程就不是自发的。

（8）不可逆过程的熵值永不减少。

答：错误。必须加上绝热或隔离系统这个条件才可以。

（9）在一个绝热系统中，发生了不可逆过程，则无论用什么方法都不能使系统恢复到原来的状态了。

答：正确。根据熵增原理，绝热系统的不可逆过程导致熵值增加，设始态熵值 S_1，终态熵值 S_2，则有 $S_2 > S_1$。若保持系统绝热，从此终态开始，无论经历任何可逆或不可逆过程，到达另一终态，熵值为 S_3，则必有 $S_3 \geqslant S_2$，所以无法回到原来的熵值 S_1 的状态了。

（10）熵增加的过程一定是不可逆过程；熵增加的过程一定是自发过程。

答：错误。反例：水可逆相变为水蒸气即为熵增加的可逆过程。

（11）冷冻机可以从低温热源吸热放给高温热源，这与 Clausius 的说法不符。

答：错误。Clausius 的说法是"不可能把热从低温物体传到高温物体，而不引起其他变化"，必须有"不引起其他变化"这个条件。冷冻机消耗电能实现热从低温物体传到高温物体，有了其他变化，所以与 Clausius 说法不矛盾。

（12）由于 $\mathrm{d}U = \left(\dfrac{\partial U}{\partial T}\right)_V \mathrm{d}T + \left(\dfrac{\partial U}{\partial V}\right)_T \mathrm{d}V = C_V \mathrm{d}T + \left(\dfrac{\partial U}{\partial V}\right)_T \mathrm{d}V = \delta Q + \left(\dfrac{\partial U}{\partial V}\right)_T \mathrm{d}V$，与

$dU = \delta Q - p_{ex} dV$ 相比较，可得 $\left(\dfrac{\partial U}{\partial V}\right)_T = -p_{ex}$。

答：错误。第一式中 δQ 应为等容热，而第二式是从热力学第一定律 $dU = \delta Q + \delta W$ 来的，该式中热没有限定等容，因此两式的 δQ 不能直接相等；同理，第二式中用 $-p_{ex} dV$ 代替 δW，需要不做非体积功这个条件，而第一式中也不包含这一条件，所以两式的第二项 $\left(\dfrac{\partial U}{\partial V}\right)_T dV$ 与 $-p_{ex} dV$ 也不能直接相等。

2. 在一绝热箱中装有水，连接电阻丝，由蓄电池供应电流，试问在下列情况下，系统的 Q、W 及 ΔU 的值是大于零，小于零，还是等于零？（假定电池放电时无热效应）

系统	电池	电阻丝	水	水＋电阻丝	电池＋电阻丝
环境	水＋电阻丝	水＋电池	电池＋电阻丝	电池	水

答：

系统	电池	电阻丝	水	水＋电阻丝	电池＋电阻丝
环境	水＋电阻丝	水＋电池	电阻丝＋电池	电池	水
Q	$=0$	<0	>0	$=0$	<0
W	<0	>0	$=0$	>0	$=0$
ΔU	<0	>0	>0	>0	<0

3. 试回答下列问题。

（1）在一个绝热的房间里放置一台电冰箱，将冰箱门打开，并接通电源使其工作，过一段时间之后室内的平均气温将如何变化？为什么？

答：升高。可以将房间、房间里的空气以及冰箱整体看作一个刚性绝热封闭系统，接通电源后，环境对系统做电功，系统与环境之间没有其他形式的能量交换，根据热力学第一定律，系统内能将增大，故房间内气温升高。

（2）用 N_2 和 H_2（摩尔比为 1∶3）反应合成 NH_3，实验测得在温度 T_1 和 T_2 时反应放出的热分别为 $Q_p(T_1)$ 和 $Q_p(T_2)$，当用此数据来验证基希霍夫公式时，与下述公式的计算结果不符，这是为什么？

$$\Delta_r H_m(T_2) - \Delta_r H_m(T_1) = \int_{T_1}^{T_2} \sum_B \nu_B C_{p,m}(B) dT$$

答：这是因为基希霍夫公式中 $\Delta_r H_m$ 定义为反应进度为 1mol 时的热效应，而实验测得的 Q_p 是反应达平衡时的热效应，两者发生反应物质的量不同，所以数值上不同。

（3）在玻璃瓶中发生如下反应

$$H_2(g) + Cl_2(g) \xrightarrow{h\nu} 2HCl(g)$$

将所有气体都看作理想气体，反应前后系统 p、V、T 均未发生变化，因为理想气体的 U 仅是温度的函数，所以该反应的 $\Delta_r U = 0$。这个结论对不对，为什么？

答：不对。理想气体的 U 仅是温度的函数，前提是无相变，无化学变化。

（4）用盖斯定律进行热化学计算时，必须满足什么条件？

答：各分步反应所处条件应与总反应条件相同，各方程式中同一物质应处于同一状态。

（5）一隔板将一个绝热刚性容器分为左右两室，两室内气体温度相等，压力不等。现将隔板抽去，当容器内气体达到平衡后，若以全部气体作为系统，则 Q、W、ΔU、ΔS 为正，为负，还是为零？

答：Q、W、ΔU 都为 0。$\Delta S > 0$，因对每一种气体来说都相当于体积增大了，混乱度也随之增大。

（6）如右图，圆筒壁内侧装有很多个排列的几乎无限紧密的销钉，活塞无质量无摩擦。当自右而左逐个拔出销钉时，活塞几乎无限缓慢地左移，气体几乎无限缓慢地膨胀。这一过程是否可逆，为什么？

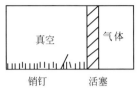

答：不是可逆过程。因为系统外部是真空，不符合与系统压力相差无限小这一条件。另外从宏观角度，如果将系统压缩恢复原状，环境有功的损失，无法恢复原状。

（7）在 298K、100kPa 时，反应 $2H_2O(l) \longrightarrow 2H_2(g) + O_2(g)$ 的 $\Delta_r G_m > 0$，说明该反应不能自发进行。但实验室内常用电解水的方法制备氢气，这两者有无矛盾？

答：不矛盾。$\Delta_r G_m > 0$，说明反应不能自发进行，其适用条件是等温等压不做非体积功。电解水时做了电功，就可以使反应向非自发方向进行。

4. 在下面 p-V 图中，一定量理想气体由 A 点出发，分别经过等温可逆和绝热可逆过程到达相同的压力或体积（图中 BC 线）。

（1）指出各图上的等温线和绝热线。

（2）若由 A 点出发，经过绝热不可逆过程到达上述相同的压力或体积（图中 BC 线），则压力或体积落在 BC 线的什么位置上？

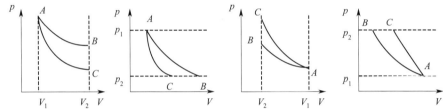

答：（1）各图中 AB 线都是等温线，AC 线都是绝热线。从等温可逆和绝热可逆过程做功的大小，可判断等温线和可逆线。

（2）各图中压力或体积落在 BC 线上，但前两个从 A 点经绝热不可逆膨胀的终点落在 B 点和 C 点之间；而后两个从 A 点经绝热不可逆压缩的终点将落在 BC 线段的延长线上。由绝热可逆和绝热不可逆过程做功转化为热力学能变化，比较两过程终态温度的大小，从而确定终态点的位置。

5. 请给出下列公式的适用条件。

$W = -p\Delta V$；$W = nRT\ln(p_2/p_1)$；$Q_p = \Delta H$；$\Delta H = nC_{p,m}\Delta T$；$pV^\gamma =$ 常数；

$dU = TdS - pdV$；$\Delta S = nR\ln(V_2/V_1)$；$\Delta S = nC_{p,m}\ln(T_2/T_1)$；$\Delta G = \Delta H - T\Delta S$；

$\Delta G = \int Vdp$；$\Delta A = W$。

答：都为封闭系统。

（1）等压过程；

（2）理想气体等温可逆过程；

（3）不做非体积功的等压过程；

（4）不做非体积功，$C_{p,m}$ 为定值的简单 p、V、T 变化的任意过程，或理想气体简单 p、V、T 变化的任意过程；

（5）理想气体绝热可逆过程；

（6）不做非体积功，纯物质单相系统或组成恒定的多组分单相系统任意过程；

（7）理想气体等温过程；

(8) $C_{p,m}$ 一定，任意物质的等压过程；

(9) 等温过程；

(10) 不做非体积功，纯物质单相系统或组成恒定的多组分单相系统等温过程；

(11) 等温可逆过程；

6. 下列关系中，哪些正确，哪些不正确？

(1) $\Delta_c H_m^{\ominus}(S,正交) = \Delta_f H_m^{\ominus}(SO_3, g)$（正交硫是硫的最稳定单质）；

(2) $\Delta_c H_m^{\ominus}(金刚石, s) = \Delta_f H_m^{\ominus}(CO_2, g)$；

(3) $\Delta_f H_m^{\ominus}(CO_2, g) = \Delta_f H_m^{\ominus}(CO, g) + \Delta_c H_m^{\ominus}(CO, g)$；

(4) $\Delta_c H_m^{\ominus}(H_2, g) = \Delta_f H_m^{\ominus}(H_2O, g)$；

(5) $\Delta_c H_m^{\ominus}(N_2, g) = \Delta_f H_m^{\ominus}(2NO_2, g)$；

(6) $\Delta_c H_m^{\ominus}(SO_2, g) = 0$；

(7) $\Delta_f H_m^{\ominus}(C_2H_5OH, g) = \Delta_f H_m^{\ominus}(C_2H_5OH, l) + \Delta_{vap} H_m^{\ominus}(C_2H_5OH)$；

(8) $\Delta_c H_m^{\ominus}(C_2H_5OH, g) = \Delta_c H_m^{\ominus}(C_2H_5OH, l) + \Delta_{vap} H_m^{\ominus}(C_2H_5OH)$。

答：（1）不正确。（2）不正确。（3）正确。（4）不正确。

　　（5）不正确。（6）正确。（7）正确。（8）不正确。

解决本题的思路是：严格按照生成焓和燃烧焓的定义和规定，写出等式两边的焓值对应的反应式，若两边的反应式一致，则等式成立，反之则不成立。

7. 指出下列过程中 ΔU、ΔH、ΔS、ΔA、ΔG 何者为零？

(1) 理想气体不可逆等温压缩；

(2) 理想气体节流膨胀；

(3) 实际流体节流膨胀；

(4) 实际气体可逆绝热膨胀；

(5) 实际气体不可逆循环过程；

(6) 氢气和氧气在绝热钢瓶中反应生成水；

(7) 绝热等容没有非体积功时发生化学反应；

(8) 绝热等压没有非体积功时发生化学反应。

答：（1）ΔU、ΔH；（2）ΔU、ΔH；（3）ΔH；（4）ΔS；

　　（5）ΔU、ΔH、ΔS、ΔA、ΔG；（6）ΔU；（7）ΔU；（8）ΔH。

8. 分别说明在什么条件下，下列各等式成立。

(1) $\Delta U = 0$；(2) $\Delta H = 0$；(3) $\Delta S = 0$；(4) $\Delta A = 0$；(5) $\Delta G = 0$。

答：（1）理想气体等温过程；

（2）理想气体等温过程；

（3）隔离系统可逆，或封闭系统绝热可逆过程；

（4）封闭系统等温等容不做非体积功的可逆过程；

（5）封闭系统等温等压不做非体积功的可逆过程。

9. 根据熵的统计意义定性地判断下列过程中系统熵变的正负。

(1) 水蒸气冷凝成水；

(2) $CaCO_3(s) \longrightarrow CaO(s) + CO_2(g)$；

(3) 乙烯聚合成聚乙烯；

(4) 气体在固体表面吸附。

答：（1）$\Delta S < 0$；　　（2）$\Delta S > 0$；　　（3）$\Delta S < 0$；　　（4）$\Delta S < 0$。

概 念 题

1. 将硫酸铜水溶液置于绝热箱中，插入两个铜电极，以蓄电池为电源进行电解，下列哪个系统可以看作封闭系统？

（A）绝热箱中所有物质　　　　　　　（B）两个铜电极

（C）蓄电池和铜电极　　　　　　　　（D）硫酸铜水溶液

2. 下面的说法不符合热力学第一定律的是

（A）在隔离系统内发生的任何过程中，系统的内能不变

（B）在任何等温过程中系统的内能不变

（C）在任一循环过程中都有 $W = -Q$

（D）在理想气体自由膨胀过程中，$Q = \Delta U = 0$

3. 理想气体由相同的初态 A 分别经历两过程：一个到达终态 B，另一个到达终态 C。过程表示在 $p-V$ 图中（如右图），其中 B 和 C 刚好在同一条等温线上，则

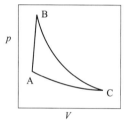

（A）$\Delta U(A \to C) > \Delta U(A \to B)$

（B）$\Delta U(A \to C) = \Delta U(A \to B)$

（C）$\Delta U(A \to C) < \Delta U(A \to B)$

（D）无法判断两者大小

4. 关于焓的说法，哪一项正确？

（A）系统的焓等于等压热　　　　　　（B）系统焓的改变值等于等压热

（C）系统的焓等于系统的含热量　　　（D）系统的焓等于 U 与 pV 之和

5. 一定量的理想气体由同一始态出发，分别经等温可逆和绝热可逆两个过程压缩到相同压力的终态，以 H_1 和 H_2 分别表示两个过程终态的焓值，则

（A）$H_1 > H_2$　　　（B）$H_1 < H_2$　　　（C）$H_1 = H_2$　　　（D）二者关系不确定

6. 一定量的单原子理想气体，从始态 A 变化到终态 B，变化过程未知。若 A 态与 B 态的压力与温度都已确定，那么可以求出

（A）气体膨胀所做的功　　　　　　　（B）气体热力学能的变化

（C）气体分子的质量　　　　　　　　（D）气体的热容

7. 等容条件下，一定量的理想气体，当温度升高时内能将

（A）降低　　　　（B）升高　　　　（C）不变　　　　（D）不确定

8. 一定量理想气体在绝热条件下对外做功，则内能的变化是

（A）降低　　　　（B）升高　　　　（C）不变　　　　（D）不确定

9. 下列公式适用于理想气体封闭系统任意 p、V、T 变化过程的为

（A）$\Delta U = Q_V$　　　　　　　　　　（B）$W = -nRT\ln(p_1/p_2)$

（C）$\Delta U = n\int_1^2 C_{V,m}dT$　　　　　（D）$\Delta H = \Delta U + p\Delta V$

10. 实际气体的节流膨胀过程，下列哪一种描述是正确的？

（A）$Q = 0$、$\Delta H > 0$、$\Delta T > 0$　　　　（B）$Q > 0$、$\Delta H = 0$、$\Delta T < 0$

(C) $Q=0$、$\Delta H=0$、$\Delta p>0$　　　　(D) $Q=0$、$\Delta H=0$、$\Delta p<0$

11. $2C(石墨)+O_2(g)\longrightarrow 2CO(g)$ 的反应热 $\Delta_r H_m^{\ominus}$ 等于

(A) $\Delta_c H_m^{\ominus}(石墨)$　　　　　　　(B) $2\Delta_f H_m^{\ominus}(CO)$

(C) $2\Delta_c H_m^{\ominus}(石墨)$　　　　　　　(D) $\Delta_f H_m^{\ominus}(CO)$

12. 关于热力学第二定律，下列说法不正确的是

(A) 第二类永动机是不可能制造出来的

(B) 把热从低温物体传到高温物体，不引起其他变化是不可能的

(C) 一切实际过程都是热力学不可逆过程

(D) 功可以完全转化为热，而热不能全部转化为功

13. 在 $100℃$ 和 $25℃$ 之间工作的热机最大效率为

(A) 100%　　　(B) 75%　　　(C) 25%　　　(D) 20%

14. 理想气体与温度为 T 的大热源接触，进行等温膨胀，吸热 Q，所做的功为最大功的 20%，则系统的熵变应是

(A) $\dfrac{Q}{T}$　　　(B) $-\dfrac{Q}{T}$　　　(C) $\dfrac{Q}{5T}$　　　(D) $\dfrac{5Q}{T}$

15. 下列过程中，满足 $\Delta S_{sys}>0$、$\Delta S_{sur}=0$ 的是

(A) $273.15K$、$100kPa$ 下，冰在空气中升华为水蒸气

(B) 氮气与氧气的混合气体的绝热可逆膨胀过程

(C) 理想气体的自由膨胀过程

(D) 绝热条件下的化学反应

16. 理想气体等压膨胀，其熵值如何变化？

(A) 不变　　　(B) 增大　　　(C) 减小　　　(D) 不能确定

17. 实际气体经节流膨胀后，其熵变为

(A) $\Delta S=nR\ln\dfrac{V_2}{V_1}$　　　　　　(B) $\Delta S=-\displaystyle\int_{p_1}^{p_2}\dfrac{V}{T}dp$

(C) $\Delta S=\displaystyle\int_{T_1}^{T_2}\dfrac{C_p}{T}dT$　　　　　　(D) $\Delta S=\displaystyle\int_{T_1}^{T_2}\dfrac{C_V}{T}dT$

18. 一个由气相变为凝聚相的化学反应在等温等容条件下自发进行，则下列各组熵变中，哪一组是正确的？

(A) $\Delta S_{sys}>0$，$\Delta S_{sur}<0$　　　　(B) $\Delta S_{sys}<0$，$\Delta S_{sur}>0$

(C) $\Delta S_{sys}<0$，$\Delta S_{sur}=0$　　　　(D) $\Delta S_{sys}>0$，$\Delta S_{sur}=0$

19. 对于封闭系统，下列各组关系中正确的是

(A) $A>U$　　　(B) $A<U$　　　(C) $G<U$　　　(D) $H<A$

20. 吉布斯函数的含义应该是：

(A) 是体系能对外做非体积功的能量

(B) 是在可逆条件下体系能对外做非体积功的能量

(C) 是等温等压可逆条件下体系能对外做非体积功的能量

(D) 按定义 $G=H-TS$ 理解

21. 标准压力、$273.15K$ 下水凝结为冰，系统的下列热力学量何者为零？

(A) ΔU　　　(B) ΔH　　　(C) ΔS　　　(D) ΔG

22. 理想气体等温过程的 ΔA

（A）$>\Delta G$　　　　　（B）$<\Delta G$　　　　　（C）$=\Delta G$　　　　　（D）与 ΔG 关系不确定

23. 下列偏微分中，大于零的是

（A）$\left(\dfrac{\partial U}{\partial V}\right)_S$　　　（B）$\left(\dfrac{\partial H}{\partial S}\right)_p$　　　（C）$\left(\dfrac{\partial A}{\partial T}\right)_V$　　　（D）$\left(\dfrac{\partial G}{\partial T}\right)_p$

24. 下列为强度性质的是：

（A）S　　　　　（B）$\left(\dfrac{\partial G}{\partial p}\right)_T$　　　（C）$\left(\dfrac{\partial U}{\partial V}\right)_T$　　　（D）C_V

答案：

1. A	2. B	3. B	4. D	5. B	6. B
7. B	8. A	9. C	10. D	11. B	12. D
13. D	14. D	15. C	16. B	17. B	18. B
19. B	20. D	21. D	22. C	23. B	24. C

提示：

1. A　该题考察的是封闭系统的概念。显然，绝热箱整体作为系统，与环境蓄电池仅有能量的交换，其他选项都有物质的量的改变。

2. B　这 4 个选项都是考察某过程是否有 $\Delta U=0$，A 是热力学第一定律的广义表述，C 是状态函数基本性质"周而复始，值变为零"，D 是焦耳实验的结论，B 的结论对理想气体封闭系统适用，一般系统不适用。

3. B　理想气体等温变化过程中热力学能不变，终态 B、C 在同一等温线上，则 B、C 的热力学能相等。

5. B　理想气体等温可逆过程是等熵过程，而在绝热可逆压缩过程中，外界对系统做功，内能增加，温度升高，熵也增加。

12. D　热可以全部转化为功，但需消耗环境的功。热力学第二定律强调的是不引起其他变化。

14. D　最大功由等温可逆膨胀计算，$W_R=-nRT\ln\dfrac{V_2}{V_1}=-5Q$（因为是等温膨胀），而熵是状态函数，故也可以用等温可逆膨胀计算，$\Delta S=nR\ln\dfrac{V_2}{V_1}=\dfrac{5Q}{T}$。

15. C　自由膨胀过程是外界为真空的过程，实际交换的热为零。

17. B　节流膨胀是一种维持一定压力差的绝热等焓膨胀过程。$\mathrm{d}H=T\mathrm{d}S+V\mathrm{d}p=0$，变形可得：$\Delta S=-\displaystyle\int\dfrac{V}{T}\mathrm{d}p$。

18. B　定性分析：反应由气相变为凝聚相熵减少，$\Delta S_{sys}<0$；自发过程的总熵变 $\Delta S_{iso}=\Delta S_{sys}+\Delta S_{sur}$ 应大于零，故 $\Delta S_{sur}>0$。

习题解答

1.1　1mol 理想气体由 350K、100kPa 的始态，先绝热压缩到 450K、200kPa，环境做功 2.5kJ；然后恒容冷却到压力为 100kPa 的终态，系统放热 4.5kJ。试求整个过程的热力学能变化 ΔU。

解：
$$\Delta U_1 = Q_1 + W_1 = (0 + 2.5)\text{kJ} = 2.5\text{kJ}$$
$$\Delta U_2 = Q_2 + W_2 = (-4.5 + 0)\text{kJ} = -4.5\text{kJ}$$
$$\Delta U = \Delta U_1 + \Delta U_2 = (2.5 - 4.5)\text{kJ} = -2.0\text{kJ}$$

1.2　求 1mol 理想气体在等压下升温 1K 时所做的体积功。

解： 等压 $p_1 = p_2 = p_{ex}$
$$W = -p_{ex}(V_2 - V_1) = p_1 V_1 - p_2 V_2 = nR(T_1 - T_2)$$
$$= [1 \times 8.314 \times (-1)]\text{J} = -8.314\text{J}$$

1.3　10mol 理想气体，压力为 1000kPa，温度为 27℃，试求出下列等温过程的功：

(1) 反抗恒定外压 100kPa，体积膨胀 1 倍；

(2) 反抗恒定外压 100kPa，等温膨胀至平衡终态；

(3) 等温可逆膨胀到气体的压力为 100kPa。

解：（1）据理想气体状态方程 $pV = nRT$，得

$$V = \frac{nRT}{p} = \frac{10 \times 8.314 \times 300}{1000 \times 10^3}\text{m}^3 = 24.94 \times 10^{-3}\text{m}^3$$

外压始终维持恒定，系统对环境做功

$$W = -p_{ex}\Delta V = -(100 \times 10^3 \times 24.942 \times 10^{-3})\text{J} = -2.49\text{kJ}$$

(2)

10mol，300K，1000kPa，V_1	→	10mol，300K，100kPa，V_2
始态		终态

$$W = -p_{ex}\Delta V = -p_{ex}(V_2 - V_1)$$
$$= -p_{ex}\left(\frac{nRT_2}{p_2} - \frac{nRT_2}{p_1}\right) = -nRT_2 p_{ex}\left(\frac{1}{p_2} - \frac{1}{p_1}\right)$$
$$= \left[-10 \times 8.314 \times 300 \times 100 \times 10^3\left(\frac{1}{100 \times 10^3} - \frac{1}{1000 \times 10^3}\right)\right]\text{J}$$
$$= -22.5\text{kJ}$$

(3) 等温可逆膨胀：

$$W = -\int_{V_1}^{V_2} p\,\mathrm{d}V = -nRT\ln\frac{V_2}{V_1} = -nRT\ln\frac{p_1}{p_2}$$
$$= \left(-10 \times 8.314 \times 300 \times \ln\frac{1000 \times 10^3}{100 \times 10^3}\right)\text{J} = -57.4\text{kJ}$$

1.4　已知冰和水的密度分别为 $0.92 \times 10^3\ \text{kg·m}^{-3}$ 和 $1 \times 10^3\ \text{kg·m}^{-3}$，现有 1mol 水发生如下变化：

(1) 在 0℃、100 kPa 下变为冰；

(2) 在 100℃、100 kPa 下变为水蒸气（可视为理想气体）；

试求各过程的功。

解：（1）$W = -p_{ex}(V_s - V_1) = p_{ex}m(1/\rho_1 - 1/\rho_s)$
$$= \{10^5 \times 1 \times 18 \times 10^{-3} \times [1/(1 \times 10^3) - 1/(0.92 \times 10^3)]\}\text{J} = -0.157\text{J}$$

(2)　$W = -p_{ex}(V_g - V_1) = pm/\rho_1 - pV_g = pnM/\rho_1 - nRT$
$$= [10^5 \times 1 \times 18 \times 10^{-3}/(1 \times 10^3) - 1 \times 8.314 \times 373.15]\text{J} = -3101\text{J}$$

1.5 求 1mol 水蒸气由 100kPa、100℃等压加热至 400℃所需吸收的热。

（1）按照水蒸气平均热容 $C_{p,m}(H_2O,g) = 35J\cdot mol^{-1}\cdot K^{-1}$ 计算；

（2）按照附录表Ⅵ中水蒸气 $C_{p,m}$ 与 T 的关系式进行计算。

解：（1）$Q = nC_{p,m}(H_2O,g)(T_2-T_1)$

$$= [1\times35\times(673.15-373.15)]J = 10.50kJ$$

（2）$Q = n\int_{T_1}^{T_2}C_{p,m}dT = n\int_{T_1}^{T_2}(a+bT+cT^2)dT$

$$= n\left[a(T_2-T_1)+\frac{1}{2}b(T_2^2-T_1^2)+\frac{1}{3}c(T_2^3-T_1^3)\right]$$

$$= 1\times\left[29.16\times(673.15-373.15)+\frac{1}{2}\times14.49\times10^{-3}\times(673.15^2-373.15^2)-\right.$$

$$\left.\frac{1}{3}\times2.002\times10^{-6}\times(673.15^3-373.15^3)\right]kJ$$

$$= 10.85kJ$$

1.6 在一容积为 20dm³ 的刚性容器内装有氢气，在 17℃时压力为 1.2×10^5Pa。现对容器加热，使内部氢气压力升高至 6×10^5Pa，则此时氢气温度为多少 K？此过程吸热多少 J？氢气可看作理想气体。

解：因为 $p_1V = nRT_1$，$p_2V = nRT_2$

所以 $T_2 = \dfrac{p_2}{p_1}\times T_1 = \dfrac{6.0\times10^5}{1.2\times10^5}\times290.15K = 1451K$

$Q_V = \Delta U = nC_{V,m}(T_2-T_1)$

$$= \frac{p_1V}{RT_1}\times C_{V,m}(T_2-T_1) = \frac{p_1V}{R}\times C_{V,m}\left(\frac{T_2}{T_1}-1\right)$$

$$= \left[\frac{1.2\times10^5\times20\times10^{-3}}{R}\times2.5R\left(\frac{1451}{290.15}-1\right)\right]J$$

$$= 2.4\times10^4J$$

1.7 1mol 单原子分子理想气体经历以下两条途径由始态 0℃、22.4dm³ 变为终态 273℃、11.2dm³，试分别计算各途径的 Q、W、ΔU、ΔH。

（1）先等压，再等容；

（2）先等温可逆，再等压。

解：经过计算，列出下列方框图

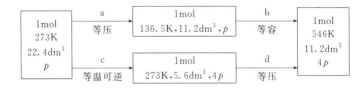

（1）过程(1)=a+b

过程 a 为等压过程，计算得

$$p = \frac{nRT_1}{V_1} = \frac{1\times8.314\times273.15}{22.4\times10^{-3}}Pa = 101325Pa$$

$$W_a = -p(V_2-V_1)$$

$$= [-101325 \times (11.2 - 22.4) \times 10^{-3}] J = 1135 J$$

$$\Delta U_a = n C_{V,m} (T_2 - T_1) = 1 \times \frac{3}{2} R (T_2 - T_1)$$

$$= \left[1 \times \frac{3}{2} \times 8.314 \times (136.5 - 273) \right] J$$

$$= -1702 J$$

$$Q_a = \Delta H_a = n C_{p,m} (T_2 - T_1) = 1 \times \frac{5}{2} R (T_2 - T_1)$$

$$= \left[1 \times \frac{5}{2} \times 8.314 \times (136.5 - 273) \right] J$$

$$= -2837 J$$

或 $Q_a = \Delta H_a = \Delta U_a - W_a = -2837 J$

过程 b 为等容过程

$$W_b = 0$$

$$\Delta U_b = Q_b = n C_{V,m} (T_2 - T_1)$$

$$= \left[1 \times \frac{3}{2} \times 8.314 \times (546 - 136.5) \right] J = 5107 J$$

$$\Delta H_b = n C_{p,m} (T_2 - T_1)$$

$$= \left[1 \times \frac{5}{2} \times 8.314 \times (546 - 136.5) \right] J = 8511 J$$

所以

$$W_1 = W_a + W_b = 1135$$

$$Q_1 = Q_a + Q_b = 2270 J$$

$$\Delta U_1 = \Delta U_a + \Delta U_b = 3405 J$$

$$\Delta H_1 = \Delta H_a + \Delta H_b = 5674 J$$

（2）过程（2）＝c＋d

过程 c 为等温过程

$$\Delta U_c = 0, \quad \Delta H_c = 0$$

$$Q_c = -W_c = n R T_1 \ln \frac{V_2}{V_1} = \left(1 \times 8.314 \times 273 \times \ln \frac{5.6}{22.4} \right) J = -3147 J$$

过程 d 为等压过程

$$W_d = -4 p (V_2 - V_1) = [-4 \times 101325 \times (11.2 - 5.6) \times 10^{-3}] J = -2270 J$$

$$Q_d = \Delta H_d = n C_{p,m} (T_2 - T_1) = \left[1 \times \frac{5}{2} \times 8.314 \times (546 - 273) \right] J = 5674 J$$

$$\Delta U_d = Q_d + W_d = 3405 J$$

所以

$$W_2 = W_c + W_d = 877 J$$

$$Q_2 = Q_c + Q_d = 2527 J$$

$$\Delta U_2 = Q_2 + W_2 = 3404 J$$

$$\Delta H_2 = \Delta H_c + \Delta H_d = 5674 J$$

比较两过程数据，有 $Q_1 \neq Q_2$，$W_1 \neq W_2$，$\Delta U_1 = \Delta U_2$，$\Delta H_1 = \Delta H_2$，说明 Q 和 W 是途径函数，而 U，H 是状态函数。

1.8 1mol 理想气体于 27℃、101.325kPa 状态下受某恒定外压等温压缩到平衡，再由该状态下等容升温至 97℃，则压力升到 1013.25kPa。求整个过程的 Q、W、ΔU、ΔH。已知该气体的 $C_{V,m}=20.92\,\text{J·mol}^{-1}\text{·K}^{-1}$，且不随温度变化。

解：

$$
\boxed{\begin{array}{l} t_1=27℃ \\ p_1=101.325\text{kPa} \\ V_1 \end{array}} \xrightarrow{\text{等温,等外压}} \boxed{\begin{array}{l} t_2=27℃ \\ p_2=p_{ex} \\ V_2 \end{array}} \xrightarrow{\text{等容}} \boxed{\begin{array}{l} t_3=97℃ \\ p_3=1013.25\text{kPa} \\ V_3=V_2 \end{array}}
$$

$$p_{ex}=p_2=p_3\times\frac{T_2}{T_3}=\left[1013250\times\frac{300.15}{370.15}\right]\text{Pa}=821632\text{Pa}$$

$$W_1=-p_{ex}\Delta V=-p_2(V_2-V_1)=-(p_2V_2-p_2V_1)$$

$$=-\left(nRT_2-p_2\frac{nRT_1}{p_1}\right)$$

$$=-nRT_2\left(1-\frac{p_2}{p_1}\times\frac{T_1}{T_2}\right)$$

$$=-nRT_2\left(1-\frac{p_3}{p_1}\times\frac{T_1}{T_3}\right)$$

$$=\left[-1\times8.314\times300.15\times\left(1-\frac{1013250}{101325}\times\frac{300.15}{370.15}\right)\right]\text{J}$$

$$=17.74\text{kJ}$$

$$W_2=0$$

$$W=W_1+W_2=17.74\text{kJ}$$

$$\Delta U=nC_{V,m}(t_3-t_1)=(1\times20.92\times70)\text{J}=1464\text{J}$$

$$\Delta H=nC_{p,m}(t_3-t_1)=(1\times29.23\times70)\text{J}=2046\text{J}$$

$$Q=\Delta U-W=(1464-17740)\text{J}=-16.28\text{kJ}$$

1.9 气体氦自 0℃、5×10^5 Pa、10dm^3 的始态经（1）绝热可逆膨胀；（2）对抗恒定外压 10^5 Pa 做绝热不可逆膨胀，使气体终态压力为 10^5 Pa，求两种情况的 ΔU、ΔH、W 各为多少。

解： $n=\dfrac{pV}{RT}=\dfrac{5\times10^5\times10\times10^{-3}}{8.314\times273.15}\text{mol}=2.20\text{mol}$

（1）绝热可逆过程 $Q=0$，$p_1^{1-\gamma}T_1^{\gamma}=p_2^{1-\gamma}T_2^{\gamma}$，则

$$T_2=T_1(p_1/p_2)^{\frac{1-\gamma}{\gamma}}=273.15\text{K}\times(5\times10^5\text{Pa}/10^5\text{Pa})^{\frac{1-\frac{5}{3}}{\frac{5}{3}}}=143.49\text{K}$$

$$W=\Delta U=nC_{V,m}(T_2-T_1)=[2.20\times1.5\times8.314\times(143.49-273.15)]\text{J}$$

$$=-3557\text{J}$$

$$\Delta H=nC_{p,m}(T_2-T_1)=[2.2\times2.5\times8.314\times(143.49-273.15)]\text{J}$$

$$=-5929\text{J}$$

（2）对抗恒外压绝热不可逆膨胀 $Q=0$，$W=\Delta U$，即

$$nC_{V,m}(T_2-T_1)=-p_{ex}(V_2-V_1)=-p_2\left(\frac{nRT_2}{p_2}-\frac{nRT_1}{p_1}\right)$$

$$n\times1.5R(T_2-T_1)=-nR\left(T_2-\frac{p_2}{p_1}T_1\right)$$

$$1.5(T_2 - T_1) = -\left(T_2 - \frac{1}{5}T_1\right)$$

$$T_2 = \frac{17}{25}T_1 = \frac{17}{25} \times 273.15\text{K} = 185.74\text{K}$$

$$W = \Delta U = nC_{V,m}(T_2 - T_1) = [2.20 \times 1.5 \times 8.314 \times (185.74 - 273.15)]\text{J}$$
$$= -2398\text{J}$$

$$\Delta H = nC_{p,m}(T_2 - T_1) = [2.20 \times 2.5 \times 8.314 \times (185.74 - 273.15)]\text{J}$$
$$= -3997\text{J}$$

1.10 100g 氮气，温度为 0℃，压力为 101kPa，分别进行下列过程：

(1) 等容加热到 $p = 1.5 \times 101\,\text{kPa}$；

(2) 等压膨胀至体积等于原来的二倍；

(3) 等温可逆膨胀至压力等于原来的一半；

(4) 绝热反抗恒外压膨胀至体积等于原来的二倍，压力等于外压。

求各过程的 ΔU、ΔH、Q、W。（设 N_2 为理想气体，且 $C_{p,m} = 3.5R$）

解： $V_1 = \dfrac{nRT_1}{p_1} = \dfrac{(100/28) \times 8.314 \times 273.15}{101000}\text{m}^3 = 0.0803\text{m}^3$

(1) 等容加热 $T_2 = T_1 \dfrac{p_2}{p_1} = 273.15\text{K} \times \dfrac{1.5 \times 101000\text{Pa}}{101000\text{Pa}} = 409.73\text{K}$

$$W = 0$$

$$Q = \Delta U = nC_{V,m}\Delta T = \left[\frac{100}{28} \times 2.5R \times (409.73 - 273.15)\right]\text{J} = 10.1\text{kJ}$$

$$\Delta H = nC_{p,m}\Delta T = \left[\frac{100}{28} \times 3.5R \times (409.73 - 273.15)\right]\text{J} = 14.2\text{kJ}$$

(2) 等压膨胀 $T_2 = T_1 \dfrac{V_2}{V_1} = 273.15\text{K} \times 2 = 476.30\text{K}$

$$W = -p_{ex}\Delta V = -101000\text{Pa} \times 0.0803\text{m}^3 = -8110\text{J}$$

$$Q = \Delta H = nC_{p,m}\Delta T = \left[\frac{100}{28} \times 3.5R \times (476.30 - 273.15)\right]\text{J} = 28.4\text{kJ}$$

$$\Delta U = nC_{V,m}\Delta T = \left[\frac{100}{28} \times 2.5R \times (476.3 - 273.15)\right]\text{J} = 20.3\text{kJ}$$

(3) 等温可逆膨胀 $\Delta U = 0$，$\Delta H = 0$

$$W = -Q = -nRT\ln\frac{p_1}{p_2}$$

$$= \left(-\frac{100}{28} \times 8.314 \times 273.15 \times \ln 2\right)\text{J} = -5.62\text{kJ}$$

(4) 绝热，恒外压 $Q = 0$，$W = \Delta U$

$$-p_{ex}(V_2 - V_1) = nC_{V,m}(T_2 - T_1)$$

$$-\frac{\frac{100}{28} \times R \times T_2}{2V_1} \times V_1 = \frac{100}{28} \times 2.5R \times (T_2 - 273.15) \Rightarrow T_2 = 227.63\text{K}$$

$$W = \Delta U = nC_{V,m}\Delta T = \left[\frac{100}{28} \times 2.5R \times (227.63 - 273.15)\right]\text{J} = -3.38\text{kJ}$$

$$\Delta H = nC_{p,m}\Delta T = \left[\frac{100}{28} \times 3.5R \times (227.7 - 273.15)\right]J = -4.73kJ$$

1.11 1mol 单原子分子理想气体，始态为 25℃、2×10^5 Pa，现分别经历下列过程使其体积增大至原来的两倍，试计算每种过程的末态压力以及 Q、W 和 ΔU。

（1）等温可逆膨胀；

（2）绝热可逆膨胀；

（3）沿 $p = 0.1V_m + b$ 的可逆过程膨胀，式中 b 为常数，p 以 10^5 Pa、V_m 以 dm³·mol⁻¹ 为单位。

解：

1mol 单原子理气	1mol 单原子理气
$p_1 = 2 \times 10^5$ Pa	$p_2 = ?$
$T_1 = 298.15$ K	$T_2 = ?$
$V_1 = 12.39$ dm³	$V_2 = 2V_1$

$$V_1 = \frac{nRT_1}{p_1} = \frac{1 \times 8.314 \times 298.15}{2 \times 10^5}m^3 = 12.39 \times 10^{-3}m^3 = 12.39dm^3$$

（1）等温可逆膨胀

$$p_2 = \frac{p_1V_1}{V_2} = \frac{p_1}{2} = 10^5 Pa$$

因为理想气体只是温度的函数，所以 $\Delta U = 0$

由热力学第一定律可知

$$W = -Q = -nRT\ln\frac{V_2}{V_1} = (-1 \times 8.314 \times 298.15 \times \ln2)J = -1718J$$

（2）因为绝热可逆膨胀，所以 $Q = 0$

已知 $\gamma = C_{p,m}/C_{V,m} = \frac{5}{3}$

理想气体绝热可逆方程 $T_1V_1^{\gamma-1} = T_2V_2^{\gamma-1}$，得

$$T_2 = T_1\left(\frac{V_1}{V_2}\right)^{\gamma-1} = 298.15K \times \left(\frac{1}{2}\right)^{\frac{2}{3}} = 187.82K$$

$$\Delta U = W = nC_{V,m}(T_2 - T_1)$$
$$= \left[1 \times \frac{3}{2} \times 8.314 \times (187.82 - 298.15)\right]J$$
$$= -1376J$$

（3）沿 $p = 0.1V_m + b$ 的可逆途径膨胀

由题意可知：$p_1/(10^5 Pa) = 0.1[V_{m,1}/(dm^3 \cdot mol^{-1})] + b$

将 $p_1 = 2 \times 10^5$ Pa，$V_1 = 12.39$ dm³ 代入上式，得

$b = (2 \times 10^5 Pa/10^5 Pa) - 0.1 \times [12.39dm^3 \cdot mol^{-1}/(dm^3 \cdot mol^{-1})] = 0.761$

将 $V_2 = 24.78$ dm³，$b = 0.761$ 代入上式，得

$$p_2/(10^5 Pa) = 0.1[V_2/(dm^3 \cdot mol^{-1})] + b$$
$$= 0.1 \times 24.78 + 0.761 = 3.239$$

解得 $p_2 = 3.239 \times 10^5$ Pa

$$T_2 = \frac{p_2V_2}{nR} = \frac{3.239 \times 10^5 \times 24.78 \times 10^{-3}}{1 \times 8.314}K = 965.4K$$

$$\Delta U = nC_{V,m}(T_2 - T_1)$$
$$= \left[1 \times \frac{3}{2} \times 8.314 \times (965.4 - 298.15)\right] J$$
$$= 8321 J$$

$$W = -\int_1^2 p \, dV = -\int_1^2 \{0.1[V_m/(dm^3 \cdot mol^{-1})] + b\} \times 10^5 \, Pa \, dV$$
$$= -\left[0.1 \times \frac{1}{2} \times (24.78^2 - 12.39^2) + 0.761 \times (24.78 - 12.39)\right] \times 10^5 \times 10^{-3} J$$
$$= -3245.9 J$$

$$Q = \Delta U - W = 8321 J - (-3245.9 J) = 11566.9 J$$

1.12 CO_2 气体通过一节流孔膨胀，压力由 $50 \times 100 kPa$ 降至 $100 kPa$，相应地温度由 $25℃$ 降至 $-39℃$，试计算 μ_{J-T}。若 CO_2 的沸点为 $-78.5℃$，当 $25℃$ 的 CO_2 经过一步节流膨胀使其温度降至其沸点（此时压力假定为 $100 kPa$），试计算 $25℃$ 时 CO_2 的压力。

解： $\mu_{J-T} = (\partial T/\partial p)_H = (\Delta T/\Delta p)_H$
$$= \left[\frac{-39 - 25}{(100 - 5000) \times 10^3}\right] K \cdot Pa^{-1} = 1.31 \times 10^{-5} K \cdot Pa^{-1}$$

$$\mu_{J-T} = 1.31 \times 10^{-5} K \cdot Pa^{-1} = \left[\frac{-78.5 - 25}{(100 - p_1) \times 10^3}\right] K \cdot Pa^{-1}$$

解得 $p_1 = 80 \times 100 kPa$

1.13 在等压条件下将 $2 mol$、$0℃$ 的冰加热，使之变成 $100℃$ 的水蒸气，求该过程的 ΔU、ΔH、W 和 Q。已知：冰的 $\Delta_{fus}H_m = 6.02 kJ \cdot mol^{-1}$，$\Delta_{vap}H_m = 40.64 kJ \cdot mol^{-1}$，液态水的 $C_{p,m} = 75.3 J \cdot K^{-1} \cdot mol^{-1}$。

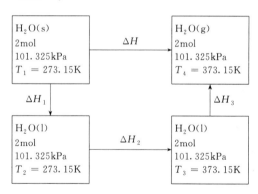

解： 设计过程如上。由于焓是状态函数，所以 $\Delta H = \Delta H_1 + \Delta H_2 + \Delta H_3$。
$$\Delta H_1 = n\Delta_{fus}H_m = (2 \times 6020) J = 12040 J$$
$$\Delta H_2 = nC_{p,m}(T_3 - T_2) = (2 \times 75.3 \times 100) J = 15060 J$$
$$\Delta H_3 = n\Delta_{vap}H_m = (2 \times 40640) J = 81280 J$$
$$\Delta H = \Delta H_1 + \Delta H_2 + \Delta H_3 = (12040 + 15060 + 81280) J = 108.38 kJ$$
整个过程是等压，所以
$$Q_p = \Delta H = 108.38 kJ$$
$$W = -p_{ex}(V_g - V_s) \approx -pV_g = -nRT$$
$$= (-2 \times 373.15 \times 8.314) J = -6.20 kJ$$
$$\Delta U = Q + W = (108.38 - 6.20) kJ = 102.18 kJ$$

1.14 方解石形态的 $CaCO_3(s)$ 转化为多晶文石形态时，热力学能变化为 $0.21kJ \cdot mol^{-1}$。计算当压力为 $100kPa$ 时 $1mol$ 方解石转化为多晶文石过程的焓变和热力学能变化的差。已知方解石和多晶文石的密度分别为 $2.71g \cdot cm^{-3}$ 和 $2.93g \cdot cm^{-3}$。

解： $CaCO_3(方解石,s) \Longleftrightarrow CaCO_3(多晶文石,s)$

设方解石 $CaCO_3(s)$ 为晶型 I，多晶文石 $CaCO_3(s)$ 为晶型 II，则

$$\Delta H_m = H_m(II) - H_m(I)$$
$$= [U_m(II) + pV_m(II)] - [U_m(I) + pV_m(I)]$$
$$= \Delta U_m + p[V_m(II) - V_m(I)]$$

所以 $\Delta H_m - \Delta U_m = p[V_m(II) - V_m(I)]$

$$\Delta H_m - \Delta U_m = p\left[\frac{M}{\rho(II)} - \frac{M}{\rho(I)}\right]$$
$$= 1.0 \times 10^5 Pa \times \left(\frac{100.09g \cdot mol^{-1}}{2.93g \cdot cm^{-3}} - \frac{100.09g \cdot mol^{-1}}{2.71g \cdot cm^{-3}}\right)$$
$$= -0.28Pa \cdot m^3 \cdot mol^{-1} = -0.28J \cdot mol^{-1}$$

1.15 试分别由生成焓和燃烧焓数据计算反应 $3C_2H_2(g) \longrightarrow C_6H_6(l)$ 在 $298.15K$ 时的 $\Delta_r H_m^{\ominus}$ 和 $\Delta_r U_m^{\ominus}$。

解： 查表得 $\Delta_f H_m^{\ominus}(C_2H_2,g) = 226.73kJ \cdot mol^{-1}$，$\Delta_f H_m^{\ominus}(C_6H_6,l) = 49.00kJ \cdot mol^{-1}$，$\Delta_c H_m^{\ominus}(C_2H_2,g) = -1300kJ \cdot mol^{-1}$，$\Delta_c H_m^{\ominus}(C_6H_6,l) = -3268kJ \cdot mol^{-1}$。

$$\Delta_r H_m^{\ominus} = \sum_B \nu_B \Delta_f H_m^{\ominus}(B)$$
$$= \Delta_f H_m^{\ominus}(C_6H_6,l) - 3\Delta_f H_m^{\ominus}(C_2H_2,g)$$
$$= (49.00 - 226.73 \times 3)kJ \cdot mol^{-1}$$
$$= -631.19kJ \cdot mol^{-1}$$
$$\Delta_r U_m^{\ominus} = \Delta_r H_m^{\ominus} - \Delta n_g RT$$
$$= (-631.19 + 3 \times 8.314 \times 298.15 \times 10^{-3})kJ \cdot mol^{-1}$$
$$= -623.8kJ \cdot mol^{-1}$$
$$\Delta_r H_m^{\ominus} = -\sum_B \nu_B \Delta_c H_m^{\ominus}(B)$$
$$= 3\Delta_c H_m^{\ominus}(C_2H_2,g) - \Delta_c H_m^{\ominus}(C_6H_6,l)$$
$$= [3 \times (-1300) - (-3268)]kJ \cdot mol^{-1}$$
$$= -632kJ \cdot mol^{-1}$$
$$\Delta_r U_m^{\ominus} = \Delta_r H_m^{\ominus} - \Delta n_g RT$$
$$= (-632 + 3 \times 8.314 \times 298.15 \times 10^{-3})kJ \cdot mol^{-1}$$
$$= -624.6kJ \cdot mol^{-1}$$

1.16 已知乙酸和乙醇的标准摩尔燃烧焓分别为 $-874.54kJ \cdot mol^{-1}$ 和 $-1366kJ \cdot mol^{-1}$，$CO_2(g)$ 和 $H_2O(l)$ 的标准摩尔生成焓分别为 $-393.51kJ \cdot mol^{-1}$ 和 $-285.83kJ \cdot mol^{-1}$。反应 $CH_3COOH(l) + C_2H_5OH(l) \longrightarrow CH_3COOC_2H_5(l) + H_2O(l)$ 的 $\Delta_r H_m^{\ominus} = -9.20kJ \cdot mol^{-1}$。所有数据都是 $298.15K$ 下的。试计算乙酸乙酯的标准摩尔生成焓。

解： 先求出 $CH_3COOH(l)$ 和 $C_2H_5OH(l)$ 的标准摩尔生成焓。

$$CH_3COOH(l) + 2O_2(g) \Longrightarrow 2CO_2(g) + 2H_2O(l)$$

$$\Delta_r H_m^{\ominus} = \Delta_c H_m^{\ominus}(CH_3COOH) = \sum_B \nu_B \Delta_f H_m^{\ominus}$$

$$= [2 \times (-393.51) + 2 \times (-285.83) - 0] kJ \cdot mol^{-1} - \Delta_f H_m^{\ominus}(CH_3COOH)$$

$$= -874.54 kJ \cdot mol^{-1}$$

所以　$\Delta_f H_m^{\ominus}(CH_3COOH) = -484.14 kJ \cdot mol^{-1}$

$$C_2H_5OH(l) + 3O_2(g) == 2CO_2(g) + 3H_2O(l)$$

$$\Delta_r H_m^{\ominus} = \Delta_c H_m^{\ominus}(CH_3CH_2OH) = \sum_B \nu_B \Delta_f H_m^{\ominus}$$

$$= [2 \times (-393.51) + 3 \times (-285.83) - 0] kJ \cdot mol^{-1} - \Delta_f H_m^{\ominus}(CH_3COOH)$$

$$= -1366 kJ \cdot mol^{-1}$$

所以　$\Delta_f H_m^{\ominus}(CH_3COOH) = -278.51 kJ \cdot mol^{-1}$

$$CH_3COOH(l) + C_2H_5OH(l) \longrightarrow CH_3COOC_2H_5(l) + H_2O(l)$$

$$\Delta_r H_m^{\ominus} = \sum_B \nu_B \Delta_f H_m^{\ominus}$$

$$= \Delta_f H_m^{\ominus}(CH_3COOC_2H_5) + [(-285.83) - (-484.14) - (-278.51)] kJ \cdot mol^{-1}$$

$$= -9.20 kJ \cdot mol^{-1}$$

所以　$\Delta_f H_m^{\ominus}(CH_3COOC_2H_5) = -486.02 kJ \cdot mol^{-1}$

1.17　298.15K 时,根据下列反应的标准摩尔反应焓,计算 AgCl(s)的标准摩尔生成焓。

(1)　$Ag_2O(s) + 2HCl(g) \longrightarrow 2AgCl(s) + H_2O(l)$　　　$\Delta_r H_m^{\ominus} = -324.9 kJ \cdot mol^{-1}$

(2)　$H_2(g) + Cl_2(g) \longrightarrow 2HCl(g)$　　　$\Delta_r H_m^{\ominus} = -184.62 kJ \cdot mol^{-1}$

(3)　$H_2(g) + 1/2O_2(g) \longrightarrow H_2O(l)$　　　$\Delta_r H_m^{\ominus} = -285.83 kJ \cdot mol^{-1}$

(4)　$4Ag(s) + O_2(g) \longrightarrow 2Ag_2O(s)$　　　$\Delta_r H_m^{\ominus} = -61.14 kJ \cdot mol^{-1}$

解：AgCl(s) 的标准摩尔生成焓是反应 $Ag(s) + 1/2Cl_2(g) \longrightarrow AgCl(s)$ 的焓变。

上式可由(1)×1/2+(2)×1/2−(3)×1/2+(4)×1/4 得,由盖斯定律可得

$$\Delta_f H_m^{\ominus} = \left(-324.9 \times \frac{1}{2} - 184.62 \times \frac{1}{2} + 285.83 \times \frac{1}{2} - 61.14 \times \frac{1}{4}\right) kJ \cdot mol^{-1}$$

$$= -127.13 kJ \cdot mol^{-1}$$

1.18　已知 CO(g) 和 CO_2(g) 的标准摩尔生成焓 $\Delta_f H_m^{\ominus}$ 分别为 −110.53kJ·mol^{-1} 和 −393.51kJ·mol^{-1}；在 298～500K 温度范围内, O_2(g)、CO(g)、CO_2(g) 的平均等压摩尔热容分别为 30.56J·mol^{-1}·K^{-1}、29.4J·mol^{-1}·K^{-1} 和 41.29J·mol^{-1}·K^{-1}。试求在 500K、100kPa 时,反应 $CO(g) + \frac{1}{2}O_2(g) \longrightarrow CO_2(g)$ 的 $\Delta_r H_m^{\ominus}(500K)$ 和 $\Delta_r U_m^{\ominus}(500K)$。假定气体为理想气体。

解：$\Delta_r H_m^{\ominus}(298K) = \Delta_f H_m^{\ominus}(CO_2) - \Delta_f H_m^{\ominus}(CO)$

$$= [-393.51 - (-110.53)] kJ \cdot mol^{-1} = -282.98 kJ \cdot mol^{-1}$$

$$\Delta_r C_p = \sum \nu_B C_{p,B} = [41.29 - 29.41 - 1/2 \times 30.56] J \cdot K^{-1} \cdot mol^{-1} = -3.40 J \cdot K^{-1} \cdot mol^{-1}$$

$$\Delta_r H_m^{\ominus}(500K) = \Delta_r H_m^{\ominus}(298K) + \Delta_r C_p(500K - 298K)/1000$$

$$= [-282.98 - 3.40 \times 0.202] kJ \cdot mol^{-1} = -283.67 kJ \cdot mol^{-1}$$

$$\Delta_r U_m^{\ominus}(500K) = \Delta_r H_m^{\ominus}(500K) - \sum \nu_{B,g} RT$$

$$= [-283.67 - (1-1-1/2) \times 8.314 \times 500/1000] kJ \cdot mol^{-1}$$

$$= -281.59 kJ \cdot mol^{-1}$$

1.19 已知 $I_2(s)$ 的熔点为 $113.5℃$，熔化热为 $16.74kJ·mol^{-1}$，沸点为 $184.3℃$，汽化热为 $42.68kJ·mol^{-1}$；$I_2(s)$ 和 $I_2(l)$ 的平均等压摩尔热容分别为 $55.64J·K^{-1}·mol^{-1}$ 和 $62.76J·K^{-1}·mol^{-1}$；$H_2(g)$、$I_2(g)$ 和 $HI(g)$ 的平均等压摩尔热容均为 $3.5R$。

反应 $H_2(g)+I_2(s)\longrightarrow 2HI(g)$ $\Delta_r H_m^{\ominus}(18℃)=49.45kJ·mol^{-1}$

求此反应在 $200℃$ 时的等压反应焓。

解： 设计过程如下

$$\begin{array}{ccc} H_2(g)+I_2(g) & \xrightarrow{\Delta H(473K)} & 2HI(g) \\ \Big\uparrow\Delta H_1 \quad \Big\uparrow\Delta H_2 & & \Big\downarrow\Delta H_3 \\ H_2(g)+I_2(s) & \xrightarrow{\Delta H(291K)} & 2HI(g) \end{array}$$

根据状态函数的性质：

$$\Delta H_1+\Delta H_2+\Delta H(473K)+\Delta H_3=\Delta H(291K)$$
$$\Delta H(473K)=\Delta H(291K)-(\Delta H_1+\Delta H_2+\Delta H_3)$$

其中，ΔH_2 可按如下过程计算

$$I_2(s),291K \xrightarrow{\Delta H_1^2} I_2(s),386.7K \xrightarrow{\Delta H_2^2} I_1(l),386.7K \xrightarrow{\Delta H_3^2}$$
$$I_2(l),457.5K \xrightarrow{\Delta H_4^2} I_2(g),457.5K \xrightarrow{\Delta H_5^2} I_2(g),473K$$

所以

$$\Delta H_2=\Delta H_1^2+\Delta H_2^2+\Delta H_3^2+\Delta H_4^2+\Delta H_5^2$$
$$=[1\times55.64\times(113.5-18)+1\times16740+1\times62.76\times(184.3-113.5)+1\times42680+1\times3.5R\times(200-184.3)]J·mol^{-1}$$
$$=69.63kJ·mol^{-1}$$

所以

$$\Delta H(473K)=\Delta H(291K)-(\Delta H_1+\Delta H_2+\Delta H_3)$$
$$=\left\{49.45\times10^3-\left[\frac{7}{2}\times8.314\times(200-18)+69.63\times10^3+2\times\frac{7}{2}\times8.314\times(18-200)\right]\right\}kJ·mol^{-1}$$
$$=-14.88kJ·mol^{-1}$$

1.20 在 $298.15K$ 和标准压力下，$1mol$ 甲烷与过量 100% 的空气（氧气与氮气摩尔比为 $1:4$）的燃烧反应瞬间完成，求系统的最高火焰温度。所需数据可查附录。

解： 乙烷燃烧反应为 $CH_4(g)+2O_2(g)\longrightarrow CO_2(g)+2H_2O(g)$

$$\begin{array}{ccc} \boxed{\begin{array}{c}T_1=298.15K,p^{\ominus}\\ CH_4(g)+4O_2(g)+16N_2(g)\end{array}} & \xrightarrow[Q=0]{\Delta H} & \boxed{\begin{array}{c}T_2=?,p^{\ominus}\\ CO_2(g)+2H_2O(g)+2O_2(g)+16N_2(g)\end{array}} \\ \Delta H_1 \searrow & & \nearrow \Delta H_2 \\ & \boxed{\begin{array}{c}T_1=298.15K,p^{\ominus}\\ CO_2(g)+2H_2O(g)+2O_2(g)+16N_2(g)\end{array}} & \end{array}$$

所以有 $\Delta H_1+\Delta H_2=\Delta H=Q=0$

其中 $\Delta H_1=\Delta_r H_m^{\ominus}(298.15K)=\sum\limits_B \nu_B\Delta_f H_m^{\ominus}(B,298.15K)$

查表，有 $\Delta_f H_m^{\ominus}(CO_2,g)=-393.5kJ·mol^{-1}$，

$\Delta_f H_m^{\ominus}(H_2O,g)=-241.8kJ·mol^{-1}$，$\Delta_f H_m^{\ominus}(CH_4,g)=-74.81kJ·mol^{-1}$

所以 $\Delta H_1=(-393.5-241.8\times2+74.81)kJ=-802.29kJ$

另查得各物质的 $C_{p,m}$ 与温度的关系式（为便于计算，舍去第三项）

$$C_{p,m}(CO_2,g)=(26.75+42.26\times10^{-3}T/K)J\cdot mol^{-1}\cdot K^{-1}$$
$$C_{p,m}(H_2O,g)=(29.16+14.49\times10^{-3}T/K)J\cdot mol^{-1}\cdot K^{-1}$$
$$C_{p,m}(O_2,g)=(28.17+6.30\times10^{-3}T/K)J\cdot mol^{-1}\cdot K^{-1}$$
$$C_{p,m}(N_2,g)=(27.32+6.23\times10^{-3}T/K)J\cdot mol^{-1}\cdot K^{-1}$$

$$\Delta H_2=\int_{298.15K}^{T_2}\Big[(26.75+2\times29.16+2\times28.17+16\times27.32)+$$
$$(42.26+2\times14.49+2\times6.30+16\times6.23)\times10^{-3}T\Big]dT$$
$$=\Big[578.53(T_2-298.15)+\frac{1}{2}\times183.52\times10^{-3}(T_2^2-298.15^2)\Big]J$$
$$=(91.76\times10^{-3}T_2^2+578.53T_2-180646)J$$

由 $\Delta H_1+\Delta H_2=0$ 得

$$-802290+(91.76\times10^{-3}T_2^2+578.53T_2-180646)=0$$
$$91.76\times10^{-3}T_2^2+578.53T-982936=0$$

解得　$T_2=1392K$

1.21　某一热机的低温热源温度为 40℃，若高温热源温度为：

（1）100℃（100kPa 下水的沸点）；

（2）265℃（5MPa 下水的沸点）。

试分别计算卡诺热机的效率。

解：（1）$\eta_R=\dfrac{T_h-T_c}{T_h}=\dfrac{100-40}{100+273.15}=16.1\%$

（2）$\eta_R=\dfrac{T_h-T_c}{T_h}=\dfrac{265-40}{265+273.15}=41.8\%$

1.22　现有工作于 800K 和 300K 两热源间的不可逆热机和可逆热机各一台，当从高温热源吸收相同的热量 800kJ 后，不可逆热机对外做功 300kJ。试计算两台热机的热机效率和可逆热机对外所做的功。

解：不可逆热机的效率 $\eta_{IR}=-W_1/Q_1=300/800=37.5\%$

可逆热机的效率 $\eta=(T_1-T_2)/T_1=(800-300)/800=62.5\%$

可逆热机所做的功 $W=-Q_1\eta=-800kJ\times0.625=-500kJ$

1.23　在 298K 时，将 2mol、200kPa 的某单原子理想气体分别恒温可逆膨胀和恒温对抗恒外压膨胀到终态平衡压力为 100kPa。分别计算两个过程的 Q、W、ΔS_{sys}、ΔS_{sur} 和 ΔS_{iso}，并判断过程的可逆性。

解：（1）恒温可逆膨胀

$$Q_R=-W_R=nRT\ln(p_1/p_2)$$
$$=[2\times8.314\times298\times\ln(200/100)]J$$
$$=3435J$$

$$\Delta S_{sys}=Q_R/T=(3435/298)J\cdot K^{-1}=11.5J\cdot K^{-1}$$

$$\Delta S_{sur}=-Q_R/T=-(3435/298)J\cdot K^{-1}=-11.5J\cdot K^{-1}$$

$$\Delta S_{iso}=\Delta S_{sys}+\Delta S_{sur}=0$$

故：过程可逆。

（2）恒温对抗恒外压膨胀

$$Q=-W=p_2(V_2-V_1)=p_2V_2-1/2p_1V_1=(1-1/2)nRT$$
$$=1/2\times(2\times8.314\times298)\mathrm{J}=2478\mathrm{J}$$

$$\Delta S_{sys}=nR\ln(p_1/p_2)$$
$$=[2\times8.314\times\ln(200/100)]\mathrm{J\cdot K^{-1}}$$
$$=11.5\mathrm{J\cdot K^{-1}}$$

$$\Delta S_{sur}=-Q/T=-(2478/298)\mathrm{J\cdot K^{-1}}=-8.32\mathrm{J\cdot K^{-1}}$$

$$\Delta S_{iso}=\Delta S_{sys}+\Delta S_{sur}$$
$$=(11.5-8.32)\mathrm{J\cdot K^{-1}}=3.18\mathrm{J\cdot K^{-1}}>0$$

故：过程不可逆。

1.24 在 0.1MPa 下，1mol $NH_3(g)$ 由 $-25℃$ 变为 $0℃$，试计算此过程中 NH_3 的熵变。已知 NH_3 的 $C_{p,m}/(\mathrm{J\cdot K^{-1}\cdot mol^{-1}})=24.77+37.49\times10^{-3}(T/K)$。若热源的温度为 $0℃$，试判断此过程的可逆性。

解： 这是一个等压变温过程，所以

$$\Delta S=\int_{248.15}^{273.15}\frac{nC_{p,m}dT}{T}=\int_{248.15}^{273.15}\frac{1\times(24.77+37.49\times10^{-3}T)dT}{T}$$
$$=\left[1\times24.77\times\ln\frac{273.15}{248.15}+1\times37.49\times10^{-3}\times(273.15-248.15)\right]\mathrm{J\cdot K^{-1}}$$
$$=3.31\mathrm{J\cdot K^{-1}}$$

$$Q_p=\int_{248.15}^{273.15}nC_{p,m}dT=\int_{248.15}^{273.15}1\times(24.77+37.49\times10^{-3}T)dT$$
$$=\left[1\times24.77\times(273.15-248.15)+\frac{1}{2}\times1\times37.49\times10^{-3}\times(273.15^2-248.15^2)\right]\mathrm{J}$$
$$=863.54\mathrm{J}$$

热温商 $\quad\dfrac{Q_p}{T_{sur}}=\dfrac{863.54\mathrm{J}}{273.15\mathrm{K}}=3.16\mathrm{J\cdot K^{-1}}$

因为 $\Delta S>\dfrac{Q_p}{T_{sur}}$，所以该过程为不可逆过程。

1.25 5mol He(g)，可看作理想气体，已知 $C_{V,m}=1.5R$，从始态 273K、100kPa 变到终态 298K、1000kPa，计算该过程的熵变。

解：

$$\Delta S=\Delta S_1+\Delta S_2$$
$$=\int_{273}^{298}\frac{nC_{p,m}dT}{T}+nR\ln\frac{100}{1000}$$

$$= \left(5\times2.5\times8.314\times\ln\frac{298}{273}+5\times8.314\times\ln\frac{100}{1000}\right)\text{J}\cdot\text{K}^{-1}$$

$$= -86.61\text{J}\cdot\text{K}^{-1}$$

1.26　有 5mol 某双原子理想气体，已知其 $C_{V,m}=2.5R$，从始态 400K、200kPa，经绝热可逆压缩至 400kPa 后，再真空膨胀至 200kPa，求整个过程的 Q、W、ΔU、ΔH、ΔS。

$T_1 = 400$K $p_1 = 200$kPa 5mol	绝热可逆 Ⅰ	T_2 $p_2 = 400$kPa	真空膨胀 Ⅱ	T_3 $p_3 = 200$kPa

解：绝热可逆压缩和真空膨胀过程均没有热的交换，所以

$$Q=Q_1+Q_2=0\text{J}$$

对理想气体，热力学能只是温度的函数，再利用热力学第一定律

$$W=\Delta U=nC_{V,m}(T_3-T_1)$$

理想气体在真空膨胀过程中温度不变，所以 $T_3=T_2$，利用绝热可逆方程

$$p_1^{1-\gamma}T_1^\gamma=p_2^{1-\gamma}T_2^\gamma\Rightarrow T_2=T_1\left(\frac{p_1}{p_2}\right)^{\frac{1-\gamma}{\gamma}}$$

代入数据，得

$$T_3=T_2=T_1\left(\frac{p_1}{p_2}\right)^{\frac{1-\gamma}{\gamma}}=400\text{K}\times2^{\frac{7/5-1}{7/5}}=487.61\text{K}$$

$$W=\Delta U=nC_{V,m}(T_3-T_1)=[5\times2.5\times8.314\times(487.61-400)]\text{J}=9105\text{J}$$

$$\Delta H=nC_{p,m}(T_3-T_1)=[5\times3.5\times8.314\times(487.61-400)]\text{J}=12747\text{J}$$

始态 1 到终态 3 可以设计绝热可逆压缩和等温可逆压缩两个过程，故

$$\Delta S=\Delta S_1+\Delta S_2=0+nR\ln\frac{p_2}{p_3}=(5\times8.314\times\ln2)\text{J}\cdot\text{K}^{-1}=28.81\text{J}\cdot\text{K}^{-1}$$

1.27　0℃、0.2MPa 的 1mol 理想气体沿着 $p/V=$ 常数的可逆途径到达压力为 0.4MPa 的终态。已知 $C_{V,m}=2.5R$，求过程的 Q、W、ΔU、ΔH、ΔS。

解：由理想气体状态方程得

$$V_1=\frac{nRT_1}{p_1}=\frac{1\times8.314\times273.15}{200000}\text{m}^3=11.35\text{dm}^3$$

$$V_2=V_1\frac{p_2}{p_1}=11.35\text{dm}^3\times\frac{0.4\text{MPa}}{0.2\text{MPa}}=22.70\text{dm}^3$$

将 p_2、V_2 代入理想气体状态方程得 $T_2=4T_1=1092.6$K

$$\Delta U=nC_{V,m}(T_2-T_1)$$
$$=[1\times2.5\times8.314\times(1092.6-273.15)]\text{J}$$
$$=17.03\text{kJ}$$

$$\Delta H=nC_{p,m}(T_2-T_1)$$
$$=[1\times3.5\times8.314\times(1092.60-273.15)]\text{J}$$
$$=23.84\text{kJ}$$

$$W=-\int_{V_1}^{V_2}p\,\text{d}V=-\int_{V_1}^{V_2}1.76\times10^7V\,\text{d}V$$
$$=\left[-\frac{1}{2}\times1.76\times10^7\times(2.27^2-1.135^2)\times10^{-4}\right]\text{J}$$

$$=-3.40\text{kJ}$$

$$Q=\Delta U-W=(17.03+3.40)\text{kJ}=20.43\text{kJ}$$

$$\Delta S=nC_{p,\text{m}}\ln\frac{T_2}{T_1}+nR\ln\frac{p_1}{p_2}$$

$$=1\times3.5\times R\times\ln4-1\times R\times\ln2$$

$$=6R\ln2$$

$$=34.58\text{J}\cdot\text{K}^{-1}$$

1.28 3.45mol 理想气体从始态 100kPa、15℃ 出发，先在一等熵过程中压缩到 700kPa，然后在等容过程中降温至 15℃。求整个变化过程的 Q、W、ΔU、ΔH、ΔS。已知 $C_{V,\text{m}}=20.785\text{J}\cdot\text{K}^{-1}\cdot\text{mol}^{-1}$。

解：

$$t_1=15℃ \atop p_1=100\text{kPa}\xrightarrow[\text{压缩}]{\text{等熵}}\underset{(1)}{p_1=700\text{kPa}}\xrightarrow[\text{降温}]{\text{等容}}\underset{(2)}{t_2=15℃}$$

由题意可知过程 1 必为绝热可逆过程，所以 $Q_1=0$。

另外据理想气体绝热可逆方程 $p_1^{1-\gamma}T_1^{\gamma}=p_2^{1-\gamma}T_2^{\gamma}$，得

$$T_2=T_1\left(\frac{p_1}{p_2}\right)^{\frac{1-\gamma}{\gamma}}=288.15\text{K}\times\left(\frac{100}{700}\right)^{\frac{1-C_{p,\text{m}}/C_{V,\text{m}}}{C_{p,\text{m}}/C_{V,\text{m}}}}$$

$$=288.15\text{K}\times\left(\frac{100}{700}\right)^{\frac{C_{V,\text{m}}-C_{p,\text{m}}}{C_{p,\text{m}}}}$$

$$=288.15\text{K}\times\left(\frac{100}{700}\right)^{\frac{-8.314}{20.785+8.314}}$$

$$=502.42\text{K}$$

$$Q_2=\Delta U_2=nC_{V,\text{m}}(T_3-T_2)$$

$$=[3.45\times20.785\times(288.15-502.42)]\text{J}$$

$$=-15.36\text{kJ}$$

$$Q=Q_1+Q_2=Q_2=-15.36\text{kJ}$$

因为始终态的温度相同，且理想气体的热力学能和焓只是温度的函数，所以 $\Delta U=0$，$\Delta H=0$

$$W=-Q=15.36\text{kJ}$$

$$\Delta S=\Delta S_1+\Delta S_2=0+\int_{T_2}^{T_3}\frac{nC_{V,\text{m}}\text{d}T}{T}$$

$$=\left(3.45\times20.785\times\ln\frac{288.15}{502.42}\right)\text{J}\cdot\text{K}^{-1}$$

$$=-39.87\text{J}\cdot\text{K}^{-1}$$

1.29 在 300K、100kPa 下，2mol A 和 2mol B 的理想气体等温、等压混合后，再等容加热到 600K。求整个过程的熵变。已知 $C_{V,\text{m}}(\text{A})=1.5R$，$C_{V,\text{m}}(\text{B})=2.5R$。

解： 本题第一步的 ΔS 为理想气体等温等压下的混合熵，相当于发生混合的气体分别在等温条件下的降压过程，第二步可视为两种理想气体分别进行定容升温过程，计算本题的关键是掌握理想气体各种变化过程熵变的计算公式。

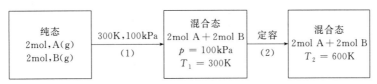

$$\Delta S = \Delta S_1 + \Delta S_2 , \quad n = 2\text{mol}$$

$$\Delta S_1 = 2nR\ln(2V/V) = 2nR\ln 2$$

$$\Delta S_2 = (1.5nR + 2.5nR)\ln(T_2/T_1) = 4nR\ln 2$$

所以 $\Delta S = 6nR\ln 2 = (6 \times 2 \times 8.314 \times 0.693)\text{J·K}^{-1}$

$$= 69.14\text{J·K}^{-1}$$

1.30 一容器被隔板隔成左右两室，左边装有 1dm^3、10^5Pa、$25℃$的理想气体 A，右边装有 3dm^3、$2 \times 10^5\text{Pa}$、$25℃$的理想气体 B，抽出隔板，使两气体均匀混合达到平衡态，求混合过程的熵变。

解：

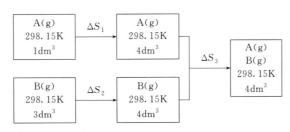

$$n_A = \frac{p_A V_A}{RT} = \frac{1 \times 10^5 \times 1 \times 10^{-3}}{8.314 \times 298.15}\text{mol} = 0.0403\text{mol}$$

$$n_B = \frac{p_B V_B}{RT} = \frac{2 \times 10^5 \times 3 \times 10^{-3}}{8.314 \times 298.15}\text{mol} = 0.242\text{mol}$$

$$\Delta S_1 = nR\ln\frac{V_2}{V_1} = \left(0.0403 \times 8.314 \times \ln\frac{4}{1}\right)\text{J·K}^{-1} = 0.464\text{J·K}^{-1}$$

$$\Delta S_2 = \left(0.242 \times 8.314 \times \ln\frac{4}{3}\right)\text{J·K}^{-1} = 0.579\text{J·K}^{-1}$$

$$\Delta S_3 = 0$$

$$\Delta S = \Delta S_1 + \Delta S_2 + \Delta S_3 = 1.043\text{J·K}^{-1}$$

1.31 （1）在 10^5Pa 下，1mol $100℃$的氮气与 0.5mol $0℃$的氦气混合；（2）在 10^5Pa下，1mol $100℃$的氮气与 0.5mol $100℃$的氦气混合。设上述气体均为理想气体，试求以上两过程的 ΔS 各为什么？

解：（1）

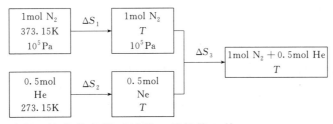

由题意可知，过程 1 放的热必等于过程 2 吸的热，故

$$n_{N_2} C_{p,m}(N_2)(T_{N_2} - T) = n_{He} C_{p,m}(He)(T - T_{He})$$

$$1 \times 3.5R \times (373.15 - T) = 0.5 \times 2.5R(T - 273.15)$$
$$T = 346.83\text{K}$$

$$\Delta S_1 = n_{N_2} C_{p,m}(N_2) \times \ln \frac{T}{T_{N_2}}$$
$$= \left(1 \times \frac{7}{2} \times 8.134 \times \ln \frac{346.83}{373.15}\right) J \cdot K^{-1}$$
$$= -2.13 J \cdot K^{-1}$$

$$\Delta S_2 = n_{He} C_{p,m}(He) \ln \frac{T}{T_{He}}$$
$$= \left(0.5 \times \frac{5}{2} \times 8.134 \times \ln \frac{346.83}{273.15}\right) J \cdot K^{-1}$$
$$= 2.48 J \cdot K^{-1}$$

$$\Delta S_3 = -n_{N_2} R \ln x_{N_2} - n_{He} R \ln x_{He}$$
$$= \left(-1 \times 8.314 \times \ln \frac{2}{3} - 0.5 \times 8.314 \times \ln \frac{1}{3}\right) J \cdot K^{-1}$$
$$= 7.94 J \cdot K^{-1}$$
$$\Delta S = \Delta S_1 + \Delta S_2 + \Delta S_3 = 8.29 J \cdot K^{-1}$$

（2）为等温等压同种理想气体混合过程，根据 $\Delta S = -R \sum_i n_i \ln x_i$，因为 $x = 1$，所以 $\Delta S = 0$

1.32 在绝热容器中，将 0.10kg、283K 的水与 0.20kg、313K 的水混合，求混合过程的熵变。设水的平均比热容为 4.184J·K⁻¹·g⁻¹。

解： $Q_p = Q_{p,1} + Q_{p,2} = m_1 C_p(T - T_1) + m_2 C_p(T - T_2)$
$$= [0.1 \times 4.184 \times (T - 283) + 0.2 \times 4.184 \times (T - 313)] J$$
$$= 0 J$$

所以 $T = 303K$

$$\Delta S_1 = m_1 C_p \ln \frac{T}{T_1} = 28.57 J \cdot K^{-1}$$

$$\Delta S_2 = m_2 C_p \ln \frac{T}{T_2} = -27.17 J \cdot K^{-1}$$

$$\Delta S = \Delta S_1 + \Delta S_2 = 1.40 J \cdot K^{-1}$$

1.33 两块质量相同的铁块，温度分别为 T_1 和 T_2，二者通过彼此热传导达到相同的温度，将它们看作一个系统，设此过程没有热的损失。试证明系统的熵变为下式，并利用此式说明该过程为自发的不可逆过程。

$$\Delta S = C_p \ln \frac{(T_1 + T_2)^2}{4 T_1 T_2}$$

解： 根据能量守恒，有 $C_p(T - T_1) + C_p(T - T_2) = 0$

解得
$$T = \frac{T_1 + T_2}{2}$$

二者的熵变分别是 $\Delta S_1 = C_p \ln\left(\frac{T_1 + T_2}{2 T_1}\right)$　$\Delta S_2 = C_p \ln\left(\frac{T_1 + T_2}{2 T_2}\right)$，则

$$\Delta S = \Delta S_1 + \Delta S_2 = C_p \ln \frac{(T_1 + T_2)^2}{4 T_1 T_2}$$

因为 $(T_1 + T_2)^2 - 4 T_1 T_2 = (T_1 - T_2)^2 > 0 \, (T_1 \neq T_2)$

所以 $\Delta S = C_p \ln \dfrac{(T_1 + T_2)^2}{4 T_1 T_2} > 0$

对绝热的隔离系统，熵增加的方向是自发的不可逆过程。

1.34　苯的正常熔点为 5℃，摩尔熔化焓为 9916J•mol⁻¹，$C_{p,m}(l) = 126.8$J•K⁻¹•mol⁻¹，$C_{p,m}(s) = 122.6$J•K⁻¹•mol⁻¹。求 101325Pa 下 1mol −5℃的过冷苯凝固成−5℃的固态苯的 ΔS，并判断过程的可逆性。

解： 设计可逆过程如下

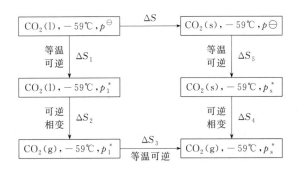

$$\Delta S_1 = n C_{p,m(l)} \ln \frac{T_2}{T_1} = \left(1 \times 126.8 \times \ln \frac{5 + 273.15}{-5 + 273.15} \right) \text{J•K}^{-1} = 4.64 \text{J•K}^{-1}$$

$$\Delta S_2 = \frac{\Delta H_2}{T_2} = \frac{-9916 \text{J}}{(5 + 273.15) \text{K}} = -35.65 \text{J•K}^{-1}$$

$$\Delta S_3 = C_{p,m(s)} \ln \frac{T_1}{T_2} = \left(1 \times 122.6 \times \ln \frac{-5 + 273.15}{5 + 273.15} \right) \text{J•K}^{-1} = -4.49 \text{J•K}^{-1}$$

$$\Delta S = \Delta S_1 + \Delta S_2 + \Delta S_3 = (4.64 - 35.65 - 4.49) \text{J•K}^{-1}$$
$$= -35.50 \text{J•K}^{-1}$$

$$Q = \Delta H = \Delta H_1 + \Delta H_2 + \Delta H_3 = [-9916 + (122.6 - 126.8) \times (-5 - 5)] \text{J}$$
$$= -9874 \text{J}$$

热温商 $\dfrac{Q}{T_{环}} = \dfrac{-9874 \text{J}}{268 \text{K}} = -36.84 \text{J•K}^{-1}$

因为 $\Delta S > \dfrac{Q}{T_{环}}$，所以该过程为不可逆过程。

1.35　过冷的 $CO_2(l)$ 在−59℃时其蒸气压为 465.8kPa，而同温度下 $CO_2(s)$ 的蒸气压为 439.2kPa。试求 1mol 过冷 $CO_2(l)$ 在此温度、$p^{\ominus}$ 下凝固过程的熵变，并判断过程的可逆性。已知过程中放热 189.5J•g⁻¹。

解： 此过程为不可逆相变，要设计可逆过程。

由于压力变化不是很大，凝聚态物质在等温等压过程中的熵变非常小，所以 ΔS_1 和 ΔS_5 两项相对于其他项可以忽略不计，则

$$\Delta S = \Delta S_1 + \Delta S_2 + \Delta S_3 + \Delta S_4 + \Delta S_5$$

$$\approx \Delta S_2 + \Delta S_3 + \Delta S_4$$

$$= \frac{n\Delta_{\text{vap}}H_{\text{m}}}{T} + nR\ln\frac{p_1^*}{p_s^*} - \frac{n\Delta_{\text{sub}}H_{\text{m}}}{T} = nR\ln\frac{p_1^*}{p_2^*} - \frac{n\Delta_{\text{fus}}H_{\text{m}}}{T}$$

$$= \left(1\times8.314\times\ln\frac{465.8}{439.2} - \frac{44\times189.5}{273.15-59}\right)\text{J}\cdot\text{K}^{-1}$$

$$= -38.45\text{J}\cdot\text{K}^{-1}$$

此过程的热温商：$\dfrac{Q}{T} = -\dfrac{44\times189.5}{273.15-59} = -38.94\text{J}\cdot\text{K}^{-1}$

因为 $\Delta S > \dfrac{Q}{T}$，所以这个过程不可逆。

1.36 将 $1\text{mol I}_2(\text{s})$ 从 298K、100kPa 的始态，转变成 457K、100kPa 的 $\text{I}_2(\text{g})$，计算此过程的熵变和 457K 时 $\text{I}_2(\text{g})$ 的标准摩尔熵。已知 $\text{I}_2(\text{s})$ 在 298K、100kPa 时的标准摩尔熵为 $S_{\text{m}}^{\ominus}(\text{I}_2,\text{s})=116.14\text{J}\cdot\text{K}^{-1}\cdot\text{mol}^{-1}$，熔点为 387K，标准摩尔熔化焓 $\Delta_{\text{fus}}H_{\text{m}}^{\ominus}(\text{I}_2,\text{s})=15.66\text{kJ}\cdot\text{mol}^{-1}$。已知在 $298\sim387$K 的范围内，固态与液态碘的摩尔等压热容分别为 $C_{p,\text{m}}(\text{s})=54.68\text{J}\cdot\text{K}^{-1}\cdot\text{mol}^{-1}$，$C_{p,\text{m}}(\text{l})=75.59\text{J}\cdot\text{K}^{-1}\cdot\text{mol}^{-1}$，碘在沸点 457K 时的摩尔蒸发焓为 $\Delta_{\text{vap}}H_{\text{m}}^{\ominus}(\text{I}_2,\text{l})=25.52\text{kJ}\cdot\text{mol}^{-1}$。

解：在 $p=100\text{kPa}$ 的条件下，设计如下过程

$$\Delta S_1 = nC_{p,\text{m}}(\text{s})\ln\frac{T_2}{T_1} = \left(1\times54.68\times\ln\frac{387}{298}\right)\text{J}\cdot\text{K}^{-1} = 14.29\text{J}\cdot\text{K}^{-1}$$

$$\Delta S_2 = \frac{n\Delta_{\text{fus}}H_{\text{m}}}{T_2} = \left(\frac{1\times15.66\times10^3}{387}\right)\text{J}\cdot\text{K}^{-1} = 40.47\text{J}\cdot\text{K}^{-1}$$

$$\Delta S_3 = nC_{p,\text{m}}(\text{l})\ln\frac{T_3}{T_2} = \left(1\times75.59\times\ln\frac{457}{387}\right)\text{J}\cdot\text{K}^{-1} = 12.57\text{J}\cdot\text{K}^{-1}$$

$$\Delta S_4 = \frac{n\Delta_{\text{vap}}H_{\text{m}}}{T_3} = \left(\frac{1\times25.52\times10^3}{457}\right)\text{J}\cdot\text{K}^{-1} = 55.84\text{J}\cdot\text{K}^{-1}$$

$$\Delta S = \Delta S_1 + \Delta S_2 + \Delta S_3 + \Delta S_4 = 123.17\text{J}\cdot\text{K}^{-1}$$

$$S_{\text{m}}^{\ominus}(457\text{K},\text{g}) = S_{\text{m}}^{\ominus}(298\text{K},\text{s}) + \Delta S_{\text{m}} = (116.14+123.17)\text{J}\cdot\text{K}^{-1}\cdot\text{mol}^{-1}$$

$$= 239.31\text{J}\cdot\text{K}^{-1}\cdot\text{mol}^{-1}$$

1.37 求 400℃ 时反应 $\text{CO}(\text{g})+2\text{H}_2(\text{g})\longrightarrow\text{CH}_3\text{OH}(\text{g})$ 的 $\Delta_r H_{\text{m}}$ 和 $\Delta_r S_{\text{m}}$。已知甲醇的正常沸点为 64.7℃，摩尔蒸发焓为 $35.27\text{kJ}\cdot\text{mol}^{-1}$，其他所需数据见下表：

物质	CO(g)	H_2(g)	CH_3OH(g)	CH_3OH(l)
$\Delta_f H_m^{\ominus}$/kJ·mol^{-1}	-110.525	0		-238.66
$\overline{C}_{p,m}$/J·K^{-1}·mol^{-1}	30.2(25~400℃)	29.3(25~400℃)	59.2(64.7~400℃)	77.2(25~64.7℃)
$S_m^{\ominus}$/J·K^{-1}·mol^{-1}	197.674	130.684		126.8

解：设计过程如下

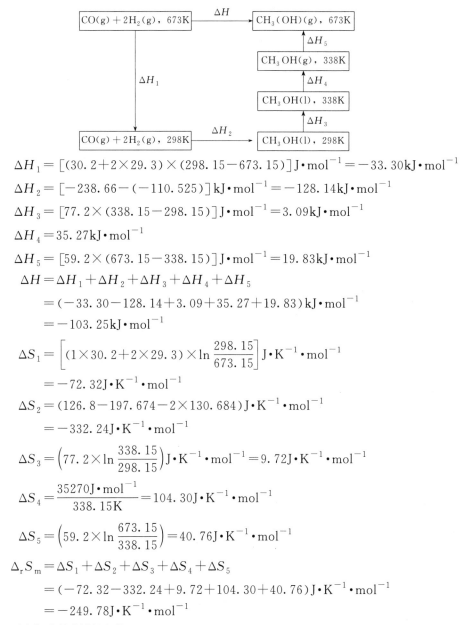

$$\Delta H_1 = [(30.2+2\times29.3)\times(298.15-673.15)]\text{J·mol}^{-1} = -33.30\text{kJ·mol}^{-1}$$

$$\Delta H_2 = [-238.66-(-110.525)]\text{kJ·mol}^{-1} = -128.14\text{kJ·mol}^{-1}$$

$$\Delta H_3 = [77.2\times(338.15-298.15)]\text{J·mol}^{-1} = 3.09\text{kJ·mol}^{-1}$$

$$\Delta H_4 = 35.27\text{kJ·mol}^{-1}$$

$$\Delta H_5 = [59.2\times(673.15-338.15)]\text{J·mol}^{-1} = 19.83\text{kJ·mol}^{-1}$$

$$\Delta H = \Delta H_1+\Delta H_2+\Delta H_3+\Delta H_4+\Delta H_5$$
$$= (-33.30-128.14+3.09+35.27+19.83)\text{kJ·mol}^{-1}$$
$$= -103.25\text{kJ·mol}^{-1}$$

$$\Delta S_1 = \left[(1\times30.2+2\times29.3)\times\ln\frac{298.15}{673.15}\right]\text{J·K}^{-1}\text{·mol}^{-1}$$
$$= -72.32\text{J·K}^{-1}\text{·mol}^{-1}$$

$$\Delta S_2 = (126.8-197.674-2\times130.684)\text{J·K}^{-1}\text{·mol}^{-1}$$
$$= -332.24\text{J·K}^{-1}\text{·mol}^{-1}$$

$$\Delta S_3 = \left(77.2\times\ln\frac{338.15}{298.15}\right)\text{J·K}^{-1}\text{·mol}^{-1} = 9.72\text{J·K}^{-1}\text{·mol}^{-1}$$

$$\Delta S_4 = \frac{35270\text{J·mol}^{-1}}{338.15\text{K}} = 104.30\text{J·K}^{-1}\text{·mol}^{-1}$$

$$\Delta S_5 = \left(59.2\times\ln\frac{673.15}{338.15}\right) = 40.76\text{J·K}^{-1}\text{·mol}^{-1}$$

$$\Delta_r S_m = \Delta S_1+\Delta S_2+\Delta S_3+\Delta S_4+\Delta S_5$$
$$= (-72.32-332.24+9.72+104.30+40.76)\text{J·K}^{-1}\text{·mol}^{-1}$$
$$= -249.78\text{J·K}^{-1}\text{·mol}^{-1}$$

1.38 用合适的判据证明

(1)373K、200kPa下,液态水比水蒸气更稳定;

(2)263K、100kPa下,冰比液态水更稳定。

证明：(1) 对于水→水蒸气,373K、100kPa 平衡,$\Delta G=0$;保持温度不变,增加压力,看 ΔG 如何变化,即求出 $\left(\dfrac{\partial\Delta G}{\partial p}\right)_T = \Delta V$ 的正负。由于 $\Delta V>0$, 所以水蒸气的吉布斯函数比水的大,

即液态水更稳定。

（2）与（1）同理，对冰→水，求出 $\left(\dfrac{\partial \Delta G}{\partial T}\right)_p = -\Delta S$ 的正负。由于 $-\Delta S < 0$，所以冰的吉布斯函数比水的小，故冰比水更稳定。

1.39 把 1mol He 在 127℃ 和 0.5MPa 下等温压缩至 1MPa，试求其 Q、W、ΔU、ΔH、ΔS、ΔA、ΔG。He 可作为理想气体。（1）设为可逆过程；（2）设压缩时外压自始至终为 1MPa。

解：（1）理想气体的热力学能和焓只是温度的函数，故 $\Delta U = 0$，$\Delta H = 0$

$$W = nRT\ln\frac{p_2}{p_1} = \left[1\times8.314\times(127+273.15)\times\ln\frac{1}{0.5}\right]J = 2306J$$

$$Q = -W = -2306J$$

$$\Delta S = nR\ln\frac{p_1}{p_2} = \left(1\times8.314\times\ln\frac{0.5}{1}\right)J\cdot K^{-1} = -5.76J\cdot K^{-1}$$

$$\Delta A = W_R = 2306J$$

$$\Delta G = \Delta A = 2306J$$

（2）状态函数的改变值只与系统的始终态有关，而与过程无关，所以 ΔU，ΔH，ΔS，ΔA，ΔG 同（1）

$$W = -p_{ex}\Delta V = -p_2\left(\frac{nRT}{p_2} - \frac{nRT}{p_1}\right) = -nRT\left(1 - \frac{p_2}{p_1}\right)$$

$$= \left[-1\times8.314\times(127+273.15)\times\left(1 - \frac{1}{0.5}\right)\right]J = 3327J$$

$$Q = -W = -3327J$$

1.40 1mol 单原子理想气体，从始态 273K、100kPa，分别经下列可逆变化到达各自的终态，试计算过程的 Q、W、ΔU、ΔH、ΔS、ΔA 和 ΔG。已知该气体在 273K、100kPa 的摩尔熵 $S_m = 100J\cdot K^{-1}\cdot mol^{-1}$。

（1）等温下压力加倍；

（2）等压下体积加倍；

（3）等容下压力加倍；

（4）绝热可逆膨胀至压力减少一半；

（5）绝热不可逆反抗 50kPa 等外压膨胀至平衡。

解：（1）理想气体只是温度的函数，所以 $\Delta U = 0$，$\Delta H = 0$，则

$$Q = -W = nRT\ln\frac{p_1}{p_2} = \left(1\times8.314\times273\times\ln\frac{1}{2}\right)J = -1573J$$

$$\Delta S = nR\ln\frac{p_1}{p_2} = \left(1\times8.314\times\ln\frac{1}{2}\right)J\cdot K^{-1} = -5.76J\cdot K^{-1}$$

$$\Delta A = \Delta U - T\Delta S = [0 - 273\times(-5.76)]J = 1572J$$

$$\Delta G = \Delta H - T\Delta S = [0 - 273\times(-5.76)]J = 1572J$$

（2）由理想气体状态方程，得

$$T_2 = T_1\frac{V_2}{V_1} = 273K\times2 = 546K$$

因为，$p_1 = p_2$，$V_2 = 2V_1$，故

$$W = -p_2(V_2 - V_1) = -p_1V_1 = -nRT_1$$
$$= (-1 \times 8.314 \times 273)\text{J}$$
$$= -2270\text{J}$$
$$\Delta U = nC_{V,m}\Delta T = (1 \times 1.5 \times R \times 273)\text{J} = 3405\text{J}$$
$$\Delta H = nC_{p,m}\Delta T = 1 \times 2.5 \times R \times 273 = 5674\text{J}$$
$$Q_p = \Delta H = 5674\text{J}$$
$$\Delta S = nC_{p,m}\ln\frac{T_2}{T_1} = (1 \times 2.5 \times 8.314 \times \ln 2)\text{J·K}^{-1} = 14.41\text{J·K}^{-1}$$

因为，$S_{1,m} = 100\text{J·K}^{-1}\text{·mol}^{-1}$，故

$$S_{2,m} = S_{1,m} + \Delta S = 114.41\text{J·K}^{-1}\text{·mol}^{-1}$$
$$\Delta A = \Delta U - (T_2S_2 - T_1S_1)$$
$$= [3405 - (546 \times 1 \times 114.41 - 273 \times 1 \times 100.00)]\text{J}$$
$$= -31.8\text{kJ}$$
$$\Delta G = \Delta H - (T_2S_2 - T_1S_1)$$
$$= [5674.31 - (546 \times 1 \times 114.41 - 273 \times 1 \times 100.00)]\text{J}$$
$$= -29.5\text{kJ}$$

（3）等容条件下 $W = 0$，此外，$\dfrac{p_1}{p_2} = \dfrac{T_1}{T_2}$，故

$$T_2 = 273\text{K} \times 2 = 546\text{K}$$
$$Q_V = \Delta U = nC_{V,m}\Delta T = (1 \times 1.5 \times 8.314 \times 273)\text{J} = 3405\text{J}$$
$$\Delta H = nC_{p,m}\Delta T = 1 \times 2.5 \times R \times 273 = 5674\text{J}$$
$$\Delta S = nC_{V,m}\ln\frac{T_2}{T_1} = (1 \times 1.5 \times 8.314 \times \ln 2)\text{J·K}^{-1} = 8.64\text{J·K}^{-1}$$

因为，$S_{1,m} = 100\text{J·K}^{-1}\text{·mol}^{-1}$，故

$$S_{2,m} = S_{1,m} + \Delta S = 108.64\text{J·K}^{-1}\text{·mol}^{-1}$$
$$\Delta A = \Delta U - (T_2S_2 - T_1S_1)$$
$$= [3404.58 - (546 \times 1 \times 108.64 - 273 \times 1 \times 100.00)]\text{J}$$
$$= -28.6\text{kJ}$$
$$\Delta G = \Delta H - (T_2S_2 - T_1S_1)$$
$$= [5674.31 - (546 \times 1 \times 108.64 - 273 \times 1 \times 100.00)]\text{J}$$
$$= -26.3\text{kJ}$$

（4）绝热可逆膨胀过程，$Q = 0$，$\Delta S = 0$

因为，$p_1^{1-\gamma}T_1^{\gamma} = p_2^{1-\gamma}T_2^{\gamma}$，故

$$T_2 = T_1 \times \left(\frac{p_1}{p_2}\right)^{\frac{1-\gamma}{\gamma}} = 273\text{K} \times 2^{\frac{1-5/3}{5/3}} = 206.9\text{K}$$
$$W = \Delta U = nC_{V,m}(T_2 - T_1) = 1 \times 1.5 \times 8.314 \times (206.9 - 273)\text{J} = -824\text{J}$$
$$\Delta H = nC_{p,m}(T_2 - T_1) = [1 \times 2.5 \times 8.314 \times (206.89 - 273)]\text{J} = -1374\text{J}$$

$$\Delta A = \Delta U - S(T_2 - T_1)$$
$$= [-824 - 100 \times (206.9 - 273)] \text{J}$$
$$= 5786 \text{J}$$

$$\Delta G = \Delta H - S(T_2 - T_1)$$
$$= [-1374 - 100 \times (206.9 - 273)] \text{J}$$
$$= 5236 \text{J}$$

（5）因为绝热，所以 $Q = 0$，$W = \Delta U$，即

$$nC_{V,m}(T_2 - T_1) = -p_{ex}(V_2 - V_1)$$

$$1 \times 1.5 \times R \times (T_2 - T_1) = -p_2 \left(\frac{nRT_2}{p_2} - \frac{nRT_1}{p_1} \right) = -1 \times R \left(T_2 - \frac{T_1}{2} \right)$$

解得　$T_2 = \dfrac{4}{5} T_1 = 218.4 \text{K}$

所以

$$W = \Delta U = nC_{V,m}(T_2 - T_1) = [1 \times 1.5 \times 8.314 \times (218.4 - 273)] \text{J} = -681 \text{J}$$

$$\Delta H = nC_{p,m}(T_2 - T_1) = [1 \times 2.5 \times 8.314 \times (218.4 - 273)] \text{J} = -1135 \text{J}$$

$$\Delta S = nR \ln \frac{p_1}{p_2} + nC_{p,m} \ln \frac{T_2}{T_1}$$

$$= \left(1 \times 8.314 \times \ln 2 + 1 \times 2.5 \times 8.314 \times \ln \frac{0.8 T_1}{T_1} \right) \text{J} \cdot \text{K}^{-1}$$

$$= 1.12 \text{J} \cdot \text{K}^{-1}$$

因为 $S_{1,m} = 100 \text{J} \cdot \text{K}^{-1} \cdot \text{mol}^{-1}$，故

$$S_{2,m} = S_{1,m} + \Delta S = 101.12 \text{J} \cdot \text{K}^{-1} \cdot \text{mol}^{-1}$$

$$\Delta A = \Delta U - (T_2 S_2 - T_1 S_1)$$
$$= [-681 - (218.4 \times 1 \times 101.12 - 273 \times 1 \times 100.00)] \text{J}$$
$$= 4534 \text{J}$$

$$\Delta G = \Delta H - (T_2 S_2 - T_1 S_1)$$
$$= [-1135 - (218.4 \times 1 \times 101.12 - 273 \times 1 \times 100.00)] \text{J}$$
$$= 4080 \text{J}$$

1.41　1mol $C_6H_5CH_3$ 在其正常沸点 110.6℃时蒸发为 101325Pa 的气体，求过程的 Q、W、ΔU、ΔH、ΔS、ΔA、ΔG。已知该温度下 $C_6H_5CH_3$ 的摩尔蒸发焓为 33.38kJ·mol^{-1}。与蒸气相比较，液体的体积可略去，蒸气可作为理想气体。（1）设外压为 101325Pa；（2）设外压为 10132.5Pa。

解：（1）该过程是可逆相变化

$$W = -p_{ex}\Delta V = -p(V_g - V_1) \approx -pV_g \approx -nRT$$
$$= [-1 \times 8.314 \times (110.6 + 273.15)] \text{J}$$
$$= -3190 \text{J}$$

$$Q_p = \Delta H = 33.38 \text{kJ}$$

$$\Delta U = Q + W = (33.38 - 3.19) \text{kJ} = 30.19 \text{kJ}$$

$$\Delta S = \frac{\Delta H}{T} = \frac{33380}{110.6+273.15}\text{J·K}^{-1} = 86.98\text{J·K}^{-1}$$

$$\Delta A = W_\text{R} = -3.190\text{kJ}$$

$$\Delta G = 0$$

（2）状态函数的改变值只与系统的始终态有关，而与过程无关，所以 ΔU、ΔH、ΔS、ΔA、ΔG 同（1）

$$W = -p_\text{ex}\Delta V = -p_\text{ex}(V_\text{g}-V_\text{l}) \approx -p_\text{ex}V_\text{g} \approx -p_\text{ex}\frac{nRT}{p}$$

$$= \left[-1\times8.314\times(110.6+273.15)\times\frac{10132.5}{101325}\right]\text{J}$$

$$= -319.1\text{J}$$

$$Q = \Delta U - W = [30.19-(-0.3191)]\text{kJ} = 30.51\text{kJ}$$

1.42 已知在 0℃、100kPa 下冰的融化焓为 6.009 kJ·mol^{-1}。水和冰的摩尔热容分别为 75.3 J·K^{-1}·mol^{-1} 和 36.4J·K^{-1}·mol^{-1}；冰在 −5℃时的蒸气压为 401 Pa。试计算：
（1）−5℃时过冷水凝结成冰的过程的 ΔS、ΔG，并判断过程的可逆性；
（2）过冷水在 −5℃时的蒸气压。

解：（1）设计可逆过程如下

$$\Delta S = \Delta S_1 + \Delta S_2 + \Delta S_3 = nC_{p,\text{m}}(\text{H}_2\text{O,l})\ln\frac{T_2}{T_1} - \frac{n\Delta_\text{fus}H_\text{m}^\ominus}{T_2} + nC_{p,\text{m}}(\text{H}_2\text{O,s})\ln\frac{T_1}{T_2}$$

$$= \left(1\times75.3\times\ln\frac{273.15}{268.15} - \frac{6009}{273.15} + 1\times36.4\times\ln\frac{268.15}{273.15}\right)\text{J·K}^{-1}$$

$$= -21.28\text{J·K}^{-1}$$

$$\Delta H = \Delta H_1 + \Delta H_2 + \Delta H_3$$

$$= nC_{p,\text{m}}(\text{l})(T_2-T_1) - n\Delta_\text{fus}H_\text{m}^\ominus + nC_{p,\text{m}}(\text{s})(T_1-T_2)$$

$$= [-1\times6009+1\times(75.3-36.4)\times5]\text{J}$$

$$= -5814.5\text{J}$$

$$\Delta G = \Delta H - T\Delta S = [-5814.5-268.15\times(-21.28)]\text{J} = -108.3\text{J} < 0$$

所以此过程不可逆。

（2）因为相平衡时，两相的吉布斯函数相等，即气固平衡和气液平衡时，气相的吉布斯函数分别与固体冰和液体水的吉布斯函数相等。所以

$$\Delta G = nRT\ln\frac{p_\text{s}}{p_\text{l}}$$

即 $$-108.3 = 1\times8.314\times268.15\times\ln\frac{401}{p_\text{l}}$$

解得 $$p_\text{l} = 421\text{Pa}$$

1.43 将装有 0.1mol 乙醚的微小玻璃泡放入 35℃、10dm³ 的密闭容器内，容器内充满 100kPa、x mol 氮气。将小泡打碎，乙醚完全气化并与氮气混合，已知乙醚在 101.325kPa 时的沸点为 35℃，此时的蒸发热为 25.104kJ·mol⁻¹。试计算：

（1）混合气中乙醚的分压；

（2）氮气的 ΔH、ΔS 及 ΔG；

（3）乙醚的 ΔH、ΔS 及 ΔG。

解：（1）$p = \dfrac{nRT}{V} = \dfrac{0.1 \times 8.314 \times 308.15}{0.01} \text{Pa} = 25.62 \text{kPa}$

（2）因为氮气的始终态并没用发生变化，且单独存在时的压力与混合后的分压力完全相同。所有的状态函数皆不发生变化。

$$\Delta H = 0J，\Delta S = 0J，\Delta G = 0J$$

（3）

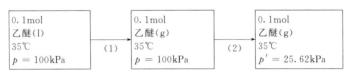

$$\Delta H = \Delta H_1 + \Delta H_2 = (0.1 \times 25.104 + 0) \text{kJ} = 2.510 \text{kJ}$$

（注意，过程 2 是理想气体等温变化，所以 $\Delta H_2 = 0J$。）

$$\Delta S = \Delta S_1 + \Delta S_2 = \frac{n\Delta_{\text{vap}}H_{\text{m}}}{T} + nR\ln\frac{p}{p'}$$

$$= \left(\frac{0.1 \times 25100}{308.15} + 0.1 \times 8.314 \times \ln\frac{100}{25.6}\right)\text{J·K}^{-1}$$

$$= 9.28 \text{J·K}^{-1}$$

$$\Delta G = \Delta H - T\Delta S = (2510 - 308.15 \times 9.28)\text{J} = -350J$$

1.44 在 600K、100kPa 压力下，生石膏的脱水反应为

$$\text{CaSO}_4 \cdot 2\text{H}_2\text{O(s)} \longrightarrow \text{CaSO}_4\text{(s)} + 2\text{H}_2\text{O(g)}$$

试计算：该反应进度为 1mol 时的 Q、W、ΔU_{m}、ΔH_{m}、ΔS_{m}、ΔA_{m}、ΔG_{m}。已知各物质在 298K、100kPa 的热力学数据为：

物　　质	$\Delta_{\text{f}}H_{\text{m}}^{\ominus}$/kJ·mol⁻¹	$S_{\text{m}}^{\ominus}$/J·K⁻¹·mol⁻¹	$C_{p,\text{m}}$/J·K⁻¹·mol⁻¹
CaSO₄·2H₂O(s)	−2021.12	193.97	186.20
CaSO₄(s)	−1432.68	106.70	99.60
H₂O(g)	−241.82	188.83	33.58

解：忽略前后反应的固体体积，只考虑生成的水蒸气，则

$$W = -p_2(V_2 - V_1) \approx -n_{\text{g},\text{H}_2\text{O}}RT_2 = (-2 \times 8.314 \times 600)\text{J}$$

$$= -9977J$$

$$\Delta_{\text{r}}H_{\text{m}}^{\ominus}(298\text{K}) = [2 \times (-241.82) + 1 \times (-1432.68) - (-2021.12)]\text{kJ·mol}^{-1}$$

$$= 104.80 \text{kJ·mol}^{-1}$$

$$\Delta_{\text{r}}C_{p,\text{m}} = (2 \times 33.58 + 1 \times 99.60 - 186.20)\text{J·K}^{-1} = -19.44 \text{J·K}^{-1}·\text{mol}^{-1}$$

$$\Delta_{\text{r}}H_{\text{m}}^{\ominus}(600\text{K}) = \Delta_{\text{r}}H_{\text{m}}^{\ominus}(298) + \int_{298}^{600}\Delta_{\text{r}}C_{p,\text{m}}\text{d}T$$

$$= [104800 + (-19.44) \times (600 - 298)]\text{J·mol}^{-1}$$

$$= 98929.12J \approx 98.93 \text{kJ·mol}^{-1}$$

$$Q_p = \Delta_{\text{r}}H_{\text{m}}^{\ominus}(600) = 98.93 \text{kJ·mol}^{-1}$$

$$\Delta U = Q_p + W = (98.93 - 9.98)\ \text{kJ} = 88.95\ \text{kJ} \cdot \text{mol}^{-1}$$

$$\Delta_r S_m^{\ominus}(298\text{K}) = (2 \times 188.83 + 1 \times 106.70 - 193.97)\ \text{J} \cdot \text{K}^{-1} = 290.39\ \text{J} \cdot \text{K}^{-1}$$

$$\Delta_r S_m^{\ominus}(600\text{K}) = \Delta_r S_m^{\ominus}(298) + \int_{298}^{600} \frac{\Delta_r C_{p,m}}{T} \mathrm{d}T$$

$$= \left[290.39 + (-19.44) \times \ln \frac{600}{298} \right] \text{J} \cdot \text{K}^{-1} \cdot \text{mol}^{-1}$$

$$= 276.79\ \text{J} \cdot \text{K}^{-1} \cdot \text{mol}^{-1}$$

$$\Delta A = \Delta U_m - T \Delta_r S_m^{\ominus} = (88950 - 600 \times 276.79)\ \text{J} = -77.12\ \text{kJ} \cdot \text{mol}^{-1}$$

$$\Delta G = \Delta H_m - T \Delta_r S_m^{\ominus} = (98930 - 600 \times 276.79)\ \text{J} = -67.14\ \text{kJ} \cdot \text{mol}^{-1}$$

1.45　某实际气体服从状态方程：$pV = nRT + ap$（a 为大于零的常数）。若 C_p、C_V 均为常数，试证明：$\mathrm{d}S = C_V \mathrm{d}\ln p + C_p \mathrm{d}\ln(V-a)$

证明： 设熵是压力和体积的函数，即 $S = f(p, V)$，则

$$\mathrm{d}S = \left(\frac{\partial S}{\partial p} \right)_V \mathrm{d}p + \left(\frac{\partial S}{\partial V} \right)_p \mathrm{d}V$$

$$= \left(\frac{\partial S}{\partial T} \right)_V \left(\frac{\partial T}{\partial p} \right)_V \mathrm{d}p + \left(\frac{\partial S}{\partial T} \right)_p \left(\frac{\partial T}{\partial V} \right)_p \mathrm{d}V$$

$$= \frac{C_V}{T} \frac{(V-a)}{nR} \mathrm{d}p + \frac{C_p}{T} \left(\frac{p}{nR} \right) \mathrm{d}V$$

$$= C_V \frac{(V-a)}{nRT} \mathrm{d}p + C_p \frac{p}{nRT} \mathrm{d}(V-a)$$

$$= C_V \mathrm{d}\ln p + C_p \mathrm{d}\ln(V-a)$$

1.46　某气体的状态方程为 $pV_m = RT(1 + bp)$，其中 b 是大于零的常数。试证明对此气体，有：

(1) $\left(\dfrac{\partial U}{\partial V} \right)_T = bp^2$；

(2) $C_{p,m} - C_{V,m} = R(1 + bp)^2$；

(3) $\mu_{\text{J-T}} = 0$。

证明：（1）

$$\mathrm{d}U = T\mathrm{d}S - p\mathrm{d}V$$

$$\left(\frac{\partial U}{\partial V} \right)_T = T \left(\frac{\partial S}{\partial V} \right)_T - p = T \left(\frac{\partial p}{\partial T} \right)_V - p$$

$$p = \frac{RT}{V_m - bRT}$$

$$\left(\frac{\partial p}{\partial T} \right)_V = \frac{R(V_m - bRT) - RT(-bR)}{(V_m - bRT)^2}$$

$$= \frac{R}{V_m - bRT} + \frac{bR^2 T}{(V_m - bRT)^2}$$

$$\left(\frac{\partial U}{\partial V} \right)_T = T \left[\frac{R}{V_m - bRT} + \frac{bR^2 T}{(V_m - bRT)^2} \right] - p$$

$$= \frac{bR^2 T^2}{(V_m - bRT)^2} = bp^2$$

（2）

$$C_{p,m} - C_{V,m} = \left[\left(\frac{\partial U_m}{\partial V} \right)_T + p \right] \left(\frac{\partial V_m}{\partial T} \right)_p$$

$$V_m = \frac{(1+bp)R}{p} T$$

$$\left(\frac{\partial V_m}{\partial T}\right)_p = \frac{(1+bp)R}{p}$$

$$C_{p,m} - C_{V,m} = (bp^2 + p) \times \frac{(1+bp)R}{p} = R(1+bp)^2$$

（3）
$$\mu_{J\text{-}T} = \left(\frac{\partial T}{\partial p}\right)_H = -\left(\frac{\partial H_m}{\partial p}\right)_T \Big/ \left(\frac{\partial H_m}{\partial T}\right)_p$$

$$= -\frac{1}{C_{p,m}}\left(\frac{\partial H_m}{\partial p}\right)_T$$

$$dH_m = TdS_m + V_m dp$$

$$\left(\frac{\partial H_m}{\partial p}\right)_T = T\left(\frac{\partial S_m}{\partial p}\right)_T + V_m = -T\left(\frac{\partial V_m}{\partial T}\right)_p + V_m$$

$$= -T \times \frac{(1+bp)R}{p} + V_m = -V_m + V_m$$

$$= 0$$

因为 $C_{p,m} \neq 0$，所以 $\mu_{J\text{-}T} = 0$。

1.47 证明：

（1）$\left(\frac{\partial U}{\partial V}\right)_p = C_p \left(\frac{\partial T}{\partial V}\right)_p - p$；

（2）$\left(\frac{\partial p}{\partial V}\right)_S = \frac{C_p}{C_V}\left(\frac{\partial p}{\partial V}\right)_T$；

（3）若等压下某化学反应的 $\Delta_r H_m$ 与 T 无关，则该反应的 $\Delta_R S_m$ 亦与 T 无关。

证明：

（1）由 $dU = TdS - pdV$，得

$$\left(\frac{\partial U}{\partial V}\right)_p = T\left(\frac{\partial S}{\partial V}\right)_p - p = T\left(\frac{\partial S}{\partial T}\right)_p\left(\frac{\partial T}{\partial V}\right)_p - p$$

$$= T\frac{C_p}{T}\left(\frac{\partial T}{\partial V}\right)_p - p$$

（2）因为 $dS = \left(\frac{\partial S}{\partial p}\right)_V dp + \left(\frac{\partial S}{\partial V}\right)_p dV$，故

$$\left(\frac{\partial p}{\partial V}\right)_S = -\frac{\left(\frac{\partial S}{\partial V}\right)_p}{\left(\frac{\partial S}{\partial p}\right)_V} = -\frac{\left(\frac{\partial S}{\partial T}\right)_p\left(\frac{\partial T}{\partial V}\right)_p}{\left(\frac{\partial S}{\partial T}\right)_V\left(\frac{\partial T}{\partial p}\right)_V}$$

$$= \frac{C_p}{C_V}\left(\frac{\partial p}{\partial V}\right)_T \left[因为 \left(\frac{\partial T}{\partial V}\right)_p\left(\frac{\partial V}{\partial p}\right)_T\left(\frac{\partial p}{\partial T}\right)_V = -1\right]$$

（3）该题的本质是已知 $\left(\frac{\partial \Delta_r H}{\partial T}\right)_p = 0$，证 $\left(\frac{\partial \Delta_r S}{\partial T}\right)_p = 0$

$$\left(\frac{\partial \Delta_r H}{\partial T}\right)_p = \left(\frac{\partial(\Delta_r G + T\Delta_r S)}{\partial T}\right)_p = \left(\frac{\partial \Delta_r G}{\partial T}\right)_p + \left(\frac{\partial(T\Delta_r S)}{\partial T}\right)_p$$

$$= -\Delta_r S + \Delta_r S + T\left(\frac{\partial \Delta_r S}{\partial T}\right)_p = 0$$

可证 $\left(\frac{\partial \Delta_r S}{\partial T}\right)_p = 0$

第 **2** 章

多组分系统热力学

基本知识点归纳及总结

一、偏摩尔量

1. 定义式

$$X_B = \left(\frac{\partial X}{\partial n_B}\right)_{T,p,n_{C\neq B}}$$

X 为多组分均相系统的任意一个广度性质。

2. 偏摩尔量的集合公式

$$X = n_A X_A + n_B X_B + \cdots = \sum_B n_B X_B$$

上式说明系统的任一广度性质的总值等于各组分偏摩尔量与其物质的量的乘积之和。

3. 吉布斯-杜亥姆方程

在 T、p 一定的条件下

$$\sum_B n_B \mathrm{d}X_B = 0$$

上述方程描述了在一定 T、p 下，均相中混合物的组成发生变化时，各组分的同一偏摩尔量之间存在相互依赖关系。

二、化学势

1. 定义式

$$\mu_B = \left(\frac{\partial G}{\partial n_B}\right)_{T,p,n_{C\neq B}} = \left(\frac{\partial H}{\partial n_B}\right)_{p,S,n_{C\neq B}} = \left(\frac{\partial A}{\partial n_B}\right)_{T,V,n_{C\neq B}} = \left(\frac{\partial U}{\partial n_B}\right)_{V,S,n_{C\neq B}}$$

2. 化学势判据

$$\sum_a \sum_B \mu_B(\alpha)\mathrm{d}n_B(\alpha) \leqslant 0 \begin{cases} =0,\text{平衡} \\ <0,\text{自发} \end{cases}$$

上式可作为判断多组分多相系统中发生的 p、V、T 变化、相变化和化学变化过程的方向及平衡条件的判据，被称为化学势判据。

三、稀溶液中的两个经验定律

1. 拉乌尔（Raoult）定律

$$p_A = p_A^* x_A$$

2. 亨利（Henry）定律

$$p_B = k_{x,B} x_B = k_{b,B} b_B = k_{c,B} c_B$$

四、实际气体的状态方程

1. 范德华方程

$$\left(p + \frac{a}{V_m^2}\right)(V_m - b) = RT$$

$$\left(p + \frac{n^2 a}{V^2}\right)(V - nb) = nRT$$

2. 维里方程

$$pV_m = RT(1 + Bp + Cp^2 + Dp^3 + \cdots)$$

$$pV_m = RT\left(1 + \frac{B'}{V_m} + \frac{C'}{V_m^2} + \frac{D'}{V_m^3} + \cdots\right)$$

五、化学势的表达式

1. 气体组分的化学势

（1）纯理性气体的化学势

$$\mu(T, p) = \mu^\ominus(T) + RT \ln \frac{p}{p^\ominus}$$

式中，$\mu(T, p)$ 表示纯理想气体在温度 T、压力 p 时的化学势；标准态：任意温度，$p = p^\ominus = 100\text{kPa}$；$\mu^\ominus(T)$ 为标准态时的化学势，即标准化学势。

（2）混合理想气体中任一组分 B 的化学势为

$$\mu_B(T, p) = \mu_B^\ominus(T) + RT \ln \frac{p_B}{p^\ominus}$$

当 $p_B = p^\ominus$ 时，$\mu_B(T, p) = \mu_B^\ominus(T)$，$\mu_B^\ominus(T)$ 是组分 B 在标准态时的化学势。

（3）纯实际气体的化学势

$$\mu(T, p) = \mu^\ominus(T) + RT \ln \frac{\tilde{p}}{p^\ominus}$$

式中，$\tilde{p}$ 为逸度，又称为校正压力或有效压力，它与压力的关系相差一个校正因子 φ，即 $\tilde{p} = \varphi p$；标准态：任意温度，$\tilde{p} = p^\ominus$，且符合理想气体行为的假想态，即 $p = p^\ominus$，$\varphi = 1$。$\mu^\ominus(T)$ 为标准态时的化学势。

（4）混合实际气体中任一组分 B 的化学势

$$\mu_B(T, p) = \mu_B^\ominus(T) + RT \ln \frac{\tilde{p}_B}{p^\ominus}$$

式中，$\tilde{p}_B$ 是实际气体混合物中组分 B 的逸度，将其定义为 $\tilde{p}_B = \varphi_B p_B$。

2. 液体组分的化学势

（1）理想液态混合物中任一组分 B 的化学势

任一组分在全部浓度范围内均服从拉乌尔定律的液态混合物称为理想液态混合物，所以理想液态混合物中各组分化学势的表达式是一样的，即

$$\mu_B(l,T,p)=\mu_B^\ominus(l,T)+RT\ln x_B$$

简写为
$$\mu_B=\mu_B^\ominus+RT\ln x_B$$

式中，$\mu_B(l,T,p)$ 为理想液态混合物中任一组分 B 在温度 T、压力 p 时的化学势；标准态为温度 T、压力 $p^\ominus$ 时的纯液体。

（2）非理想液态混合物中任一组分 B 的化学势

$$\mu_B=\mu_B^\ominus+RT\ln a_B$$

式中，a_B 称为物质 B 的活度，且 $a_B=\gamma_B x_B$，γ_B 称为活度系数；标准态与理想液态混合物的相同，仍然是温度为 T，压力为 $p^\ominus$ 下的纯液体 B。

（3）理想稀溶液中各组分的化学势

在一定的温度和压力下，在一定浓度范围内，溶剂遵守拉乌尔定律，溶质遵守亨利定律的溶液称为理想稀溶液。由于溶剂、溶质遵循不同的规律，所以其化学势的表达式不同。

溶剂 A：
$$\mu_A(l,T,p)=\mu_A^\ominus(l,T)+RT\ln x_A$$

简写为
$$\mu_A=\mu_A^\ominus+RT\ln x_A$$

标准态为在温度 T、压力为 $p^\ominus$，$x_A=1$ 的纯溶剂。

溶质 B：
$$\mu_B=\mu_{x,B}^\ominus+RT\ln x_B$$

$$\mu_B=\mu_{b,B}^\ominus+RT\ln\frac{b_B}{b^\ominus}$$

$$\mu_B=\mu_{c,B}^\ominus+RT\ln\frac{c_B}{c^\ominus}$$

式中，其标准态分别为在温度 T、压力为 $p^\ominus$，$x_B=1$、$b_B=b^\ominus=1\text{mol}\cdot\text{kg}^{-1}$ 和 $c_B=c^\ominus=1\text{mol}\cdot\text{dm}^{-3}$，且均服从亨利定律的假想状态。

（4）非理想稀溶液中各组分的化学势

溶剂 A：
$$\mu_A=\mu_A^\ominus+RT\ln a_A$$

溶质 B：
$$\mu_B=\mu_{x,B}^\ominus+RT\ln a_{x,B}$$

$$\mu_B=\mu_{b,B}^\ominus+RT\ln a_{b,B}$$

$$\mu_B=\mu_{c,B}^\ominus+RT\ln a_{c,B}$$

其标准态及其含义与理想稀溶液中相应标准态一样。

六、化学势的应用

1. 理想液态混合物的混合性质

$$\Delta_{mix}V=0$$

$$\Delta_{mix}H=0$$

$$\Delta_{mix}S=-R\sum_B n_B\ln x_B$$

$$\Delta_{mix}G=RT\sum_B n_B\ln x_B$$

2. 稀溶液的依数性

（1）凝固点降低

$$\Delta T_f = K_f b_B$$

$$K_f = \frac{R(T_f^*)^2}{\Delta_{fus} H_{m,A}^\ominus} \cdot M_A$$

（2）沸点升高

$$\Delta T_b = K_b b_B$$

$$K_b = \frac{R(T_b^*)^2}{\Delta_{vap} H_{m,A}^*} \cdot M_A$$

（3）渗透压

$$\Pi V = n_B R T$$

例题分析

例题 2.1　设液体 A 和 B 形成理想液态混合物。有一个含 A 的物质的量分数为 0.4 的蒸气相，放在一个带活塞的气缸内，等温下将蒸气慢慢压缩，直到有液相产生，已知 p_A^* 和 p_B^* 分别为 $0.4p^\ominus$ 和 $1.2p^\ominus$。计算：

（1）当气相开始凝聚为液相时的蒸气总压。

（2）欲使该液体在正常沸点下沸腾，理想液态混合物的组成应为多少？

解：设气体中 A 的物质的量分数为 y_A，液相中 A 的物质的量分数为 x_A。

（1）

$$y_A = \frac{p_A}{p_{总}} = \frac{p_A^* x_A}{p_A + p_B} = \frac{p_A^* x_A}{p_A^* x_A + p_B^*(1-x_A)}$$

气相刚凝聚为液相时，气相中 A 的物质的量分数可视为 0.4，则

$$0.4 = \frac{0.4p^\ominus x_A}{0.4p^\ominus x_A + 1.2p^\ominus(1-x_A)}$$

$$x_A = 0.6667$$

故　　$p_{总} = 67.55\text{kPa}$

（2）正常沸点时 $p_{总} = p^\ominus$

而　　　　　　　　　　$p_{总} = p_A^* x_A' + p_B^*(1-x_A')$

故　　　　　　　　　　$x_A' = 0.25,\ x_B' = 0.75$

例题 2.2　H_2 和 N_2 与 100g 水在 313K 时处于平衡态，平衡总压为 105378Pa，平衡蒸气经干燥后，含 H_2 40%（体积分数），假设溶液上方水的蒸气压等于纯水的蒸气压，即 313K 时为 7376.5Pa，分别计算 313K 时溶解的 H_2 和 N_2 的质量。已知：313K 时 H_2 和 N_2 的亨利常数分别为 7.61×10^9 Pa 和 1.054×10^{10} Pa。

解：$p(H_2) = [p_{总} - p(H_2O)] \times 40\%$

　　　　　　$= [(105378 - 7376.5) \times 40\%]\text{Pa} = 3.92 \times 10^4 \text{Pa}$

　　　$p(N_2) = [p_{总} - p(H_2O)] \times 60\% = 5.88 \times 10^4 \text{Pa}$

由亨利定律得：

$$x(\mathrm{H_2})=\frac{p(\mathrm{H_2})}{k(\mathrm{H_2})}=5.15\times10^{-6}$$

$$x(\mathrm{N_2})=\frac{p(\mathrm{N_2})}{k(\mathrm{N_2})}=5.58\times10^{-6}$$

溶于 100g 水中的质量分别为：

$$m(\mathrm{H_2})=n(\mathrm{H_2})M(\mathrm{H_2})\approx x(\mathrm{H_2})n(\mathrm{H_2O})M(\mathrm{H_2})$$
$$=[5.15\times10^{-6}\times(100/18)\times2]\mathrm{g}=5.72\times10^{-5}\mathrm{g}$$
$$m(\mathrm{N_2})=n(\mathrm{N_2})M(\mathrm{N_2})\approx x(\mathrm{N_2})n(\mathrm{H_2O})M(\mathrm{N_2})$$
$$=[5.58\times10^{-6}\times(100/18)\times28]\mathrm{g}=8.68\times10^{-4}\mathrm{g}$$

例题 2.3　293K 时，$\mathrm{NH_3}$ 与 $\mathrm{H_2O}$ 按 1∶8.5 组成的溶液 A 上方的蒸气压为 10.64kPa，而按 1∶21 组成的溶液 B 上方的蒸气压为 3.597kPa。

（1）293K 时，从大量的溶液 A 中转移 1mol $\mathrm{NH_3}$ 到大量的溶液 B 中的 ΔG_m 为多少？

（2）293K 时，若将 101.325kPa 的 1mol $\mathrm{NH_3}$ 溶解于大量的溶液 B 中，求 ΔG_m 为多少？

解：（1）$\Delta G_\mathrm{m}=\mu_\mathrm{B}(\mathrm{NH_3,g})-\mu_\mathrm{A}(\mathrm{NH_3,g})=RT\ln(p_\mathrm{B}/p_\mathrm{A})$
$$=\left[8.314\times293\times\ln\left(\frac{3.597}{10.64}\right)\right]\mathrm{J\cdot mol^{-1}}$$
$$=-2642\mathrm{J\cdot mol^{-1}}$$

（2）分析：在气液平衡时，某组分在两相中的化学势相等，可用其在气相的化学势表示液相中的化学势。

$$\Delta G_\mathrm{m}=\mu_\mathrm{B}(\mathrm{NH_3,g})-\mu^*(\mathrm{NH_3,g})=RT\ln[p_\mathrm{B}/p^*(\mathrm{NH_3,g})]$$
$$=\left[8.314\times293\times\ln\left(\frac{3.597}{101.325}\right)\right]\mathrm{J\cdot mol^{-1}}$$
$$=-8312\mathrm{J\cdot mol^{-1}}$$

例题 2.4　333K 时，苯胺和水的蒸气压分别是 0.760kPa 和 19.9kPa。在此温度，苯胺和水部分互溶形成两相，两相中苯胺的物质的量分数分别为 0.732 和 0.088。

（1）假设每一相中溶剂都遵守拉乌尔定律，溶质都遵守亨利定律，计算两个亨利常数 $k(水)$ 和 $k(苯胺)$。

（2）求出水层中每个组分的活度系数，活度的标准态分别先以拉乌尔定律为参考，后以亨利定律为参考。

解：（1）在苯胺层中，苯胺为溶剂，水为溶质
$$p(\mathrm{H_2O})=k(\mathrm{H_2O})x(\mathrm{H_2O})\qquad（在苯胺层中）$$
又
$$p(\mathrm{H_2O})=p^*(\mathrm{H_2O})x(\mathrm{H_2O})\qquad（在水层中）$$
所以
$$k(\mathrm{H_2O})=\frac{p^*(\mathrm{H_2O})x(\mathrm{H_2O},水层)}{x(\mathrm{H_2O},苯胺层)}$$
$$=\frac{19.9\times(1-0.088)}{1-0.732}\mathrm{kPa}=67.7\mathrm{kPa}$$

同理在水层中
$$k(苯胺)=\frac{p^*(苯胺)x(苯胺,苯胺层)}{x(苯胺,水层)}$$

$$= \frac{0.760\text{kPa} \times 0.732}{0.088} = 6.32\text{kPa}$$

（2）在水层中以拉乌尔定律为参考，则

$$\gamma(\text{H}_2\text{O}) = \frac{a(\text{H}_2\text{O})}{x(\text{H}_2\text{O})} = \frac{p(\text{H}_2\text{O})}{p^*(\text{H}_2\text{O})x(\text{H}_2\text{O})} = 1$$

$$\gamma(\text{苯胺}) = \frac{a(\text{苯胺})}{x(\text{苯胺})} = \frac{p(\text{苯胺})}{p^*(\text{苯胺})x(\text{苯胺})}$$

$$= \frac{k(\text{苯胺})x(\text{苯胺})}{p^*(\text{苯胺})x(\text{苯胺})}$$

$$= \frac{6.32}{0.76} = 8.32$$

在水层中以亨利定律为参考，则

$$\gamma(\text{H}_2\text{O}) = \frac{p(\text{H}_2\text{O})}{k(\text{H}_2\text{O})x(\text{H}_2\text{O})}$$

$$= \frac{p^*(\text{H}_2\text{O})x(\text{H}_2\text{O})}{k(\text{H}_2\text{O})x(\text{H}_2\text{O})}$$

$$= \frac{19.9}{67.7} = 0.249$$

$$\gamma(\text{苯胺}) = \frac{p(\text{苯胺})}{k(\text{苯胺})x(\text{苯胺})} = 1$$

例题 2.5 在 262.5K 时，饱和 KCl 溶液（1000g 水中含 3.30mol KCl）与纯冰共存。已知水的凝固热为 601J·mol^{-1}，若以纯水为标准态，试计算饱和溶液中水的活度及活度系数。

解： 解法一：

设水的凝固热为常数，在 262.5K 时系统两相达到平衡，有

$$\mu_s^* = \mu_1^* + RT\ln a(\text{H}_2\text{O})$$

所以 $\qquad RT\ln a(\text{H}_2\text{O}) = \mu_s^* - \mu_1^* = \Delta G_m(262.5\text{K})$

根据吉布斯-亥姆霍兹公式，有

$$\frac{\Delta G_m(262.5\text{K})}{262.5} - \frac{\Delta G_m(273.2\text{K})}{273.2} = \Delta_{\text{fus}} H_m^{\ominus}\left(\frac{1}{262.5} - \frac{1}{273.2}\right)$$

而 $\qquad \Delta G_m(273.2\text{K}) = 0$

所以 $\qquad RT\ln a(\text{H}_2\text{O}) = 262.5 \times (-601) \times \left(\frac{1}{262.5} - \frac{1}{273.2}\right)$

解得 $\qquad a(\text{H}_2\text{O}) = 0.9893$

又

$$x(\text{H}_2\text{O}) = \frac{n(\text{H}_2\text{O})}{n(\text{H}_2\text{O}) + n(\text{KCl})}$$

$$= \frac{55.56}{58.86} = 0.9439$$

所以 $\qquad \gamma(\text{H}_2\text{O}) = 1.048$

解法二：

273.2K 时，纯水与纯冰达到平衡，有

$$\mu_s^*(273.2\text{K}) = \mu_l^*(273.2\text{K}), \Delta G = 0$$

而在 262.5K 时，KCl 饱和溶液与纯冰达到平衡，有

$$\mu_s^*(262.5\text{K}) = \mu_l^*(262.5\text{K}) + RT\ln a(\text{H}_2\text{O})$$

设熵为常数，则

$$\mu_l^*(262.5\text{K}) = \mu_l^*(273.2\text{K}) + \Delta G_{\text{m,l}}(273.2\text{K} \rightarrow 262.5\text{K})$$

$$\approx \mu_l^*(273.2\text{K}) + (-S_{\text{m,l}}\Delta T)$$

$$\mu_s^*(262.5\text{K}) = \mu_s^*(273.2\text{K}) + \Delta G_{\text{m,s}}(273.2\text{K} \rightarrow 262.5\text{K})$$

$$\approx \mu_s^*(273.2\text{K}) + (-S_{\text{m,s}}\Delta T)$$

而且 $\quad \Delta S_{\text{m}} = \Delta S_{\text{m,s}} - \Delta S_{\text{m,l}} = \dfrac{\Delta H_{\text{m}}}{273.2} = -2.20 \text{J·mol}^{-1}\text{·K}^{-1}$

所以 $\quad 262.5 \times R\ln a(\text{H}_2\text{O}) = \mu_s^*(262.5\text{K}) - \mu_l^*(262.5\text{K})$

$$= \mu_s^*(273.2\text{K}) - \mu_l^*(273.2\text{K}) - 10.7 \times 2.20$$

$$= 0 - 23.54 = -23.54$$

$$\ln a(\text{H}_2\text{O}) = -0.0108$$

解得 $\quad a(\text{H}_2\text{O}) = 0.98983, \gamma(\text{H}_2\text{O}) = 1.048$

解法三：

由凝固点降低公式

$$-\ln a(\text{H}_2\text{O}) = \frac{\Delta_{\text{fus}}H_{\text{m}}}{R}\left(\frac{1}{T_f} - \frac{1}{T_f^*}\right)$$

可得 $\quad \ln a(\text{H}_2\text{O}) = -0.01078, a(\text{H}_2\text{O}) = 0.9893$

例题 2.6 将摩尔质量 M_1 为 0.1101kg·mol^{-1} 的不挥发物质 B_1 $2.220 \times 10^{-3}\text{kg}$ 溶于 0.1kg 水 （A） 中，沸点升高 0.105K。若再加入摩尔质量未知的另一种不挥发的物质 B_2 $2.160 \times 10^{-3}\text{kg}$，沸点又升高 0.107K。试计算：

（1） 水的沸点升高常数 K_b；

（2） B_2 的摩尔质量 M_2；

（3） 水的摩尔蒸发焓 $\Delta_{\text{vap}}H_{\text{m}}$；

（4） 求该溶液在 298K 时的蒸气压 p_1 （设该溶液为理想稀溶液）。

解：（1）

$$K_b = \frac{\Delta T_b}{m_1/(M_1 m_A)} = \left[\frac{0.105}{2.220 \times 10^{-3}/(0.1101 \times 0.1)}\right]\text{K·kg·mol}^{-1}$$

$$= 0.5207\text{K·kg·mol}^{-1}$$

（2） $\quad \Delta T_b = K_b\dfrac{m_2/M_2}{m_A} = 0.107\text{K}$

$$M_2 = \frac{m_2 K_b}{m_A \Delta T_b} = \left(\frac{2.160 \times 10^{-3} \times 0.5207}{0.1 \times 0.107}\right)\text{kg·mol}^{-1} = 0.1051\text{kg·mol}^{-1}$$

（3） $\quad \Delta_{\text{vap}}H_{\text{m}} = \dfrac{R(T_b^*)^2 M_A}{K_b} = \left(\dfrac{8.314 \times 373.15^2 \times 18.01 \times 10^{-3}}{0.5207}\right)\text{J·mol}^{-1}$

$$= 40.04\text{kJ·mol}^{-1}$$

（4） 由克-克方程可得纯水在 298K 时的饱和蒸气压。

因
$$\ln \frac{p_A^*(298K)}{p_A^*(373K)} = \frac{\Delta_{vap}H_m}{R}\left(\frac{1}{373}-\frac{1}{298}\right)$$

$$\ln \frac{p_A^*(298K)}{101325Pa} = \frac{40.04\times10^3}{8.314}\left(\frac{1}{373}-\frac{1}{298}\right)$$

$$p_A^*(298K) = 3931Pa$$

而
$$x_A = n_A/(n_A+n_1+n_2) = 0.9927$$

故 298K 时，溶液的饱和蒸气压为：

$$p \approx p_A = p_A^*(298K)x_A = 3902Pa$$

例题 2.7 在 298.15K、101.325kPa 下，苯（A）和甲苯（B）混合成理想液态混合物，求下列过程所需的最小功。

（1）将 1mol 苯从 $x_A = 0.8$（状态Ⅰ）稀释到 $x_A = 0.6$（状态Ⅱ），用甲苯稀释；

（2）将 1mol 苯从状态Ⅱ分离出来。

解：（1）根据 x_A 可计算出在稀释过程中需要加入甲苯 0.4167mol，则过程为：

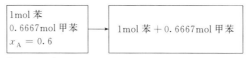

$$\Delta G = G_{\rm II} - G_{\rm I} = \sum_B (n_B G_B)_{\rm II} - \sum_B (n_B G_B)_{\rm I}$$

$$= [1mol\times(\mu_A^*+RT\ln0.6)+0.6667mol\times(\mu_B^*+RT\ln0.4)]_{\rm II} -$$
$$[1mol\times(\mu_A^*+RT\ln0.8)+0.25mol\times(\mu_B^*+RT\ln0.2)+0.4167mol\mu_B^*]_{\rm I}$$

$$= 1mol\times RT\ln\frac{0.6}{0.8}+0.6667mol\times RT\ln0.4-0.25mol\times RT\ln0.2$$

$$= -1230J$$

$$W' = \Delta G = -1230J$$

即系统对环境做功为 1230J。

（2）过程为：

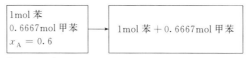

设分离后的状态为状态Ⅲ，则

$$\Delta G = G_{\rm III} - G_{\rm II} = \sum_B (n_B G_B)_{\rm III} - \sum_B (n_B G_B)_{\rm II}$$

$$= [1mol\times\mu_A^*+0.6667mol\times\mu_B^*]_{\rm III} -$$
$$[1mol\times(\mu_A^*+RT\ln0.6)+0.6667mol\times(\mu_B^*+RT\ln0.4)]_{\rm II}$$

$$= -RT(1mol\times\ln0.6+0.6667mol\times\ln0.4)$$

$$= 2781J$$

$$W' = \Delta G = 2781J$$

即环境对系统做功为 2781J。

思 考 题

1. 什么是偏摩尔量？什么是化学势？二者有何异同？在理解这两个概念时应注意哪些方面？

答：略。

2. 在一定温度和压力下，比较蔗糖溶液和纯蔗糖的化学势大小。（1）不饱和蔗糖溶液；（2）饱和蔗糖溶液；（3）过饱和蔗糖溶液。

答：（1）$\mu_s > \mu_1$；（2）$\mu_s = \mu_1$；（3）$\mu_s < \mu_1$

3. 指出下列各量哪些是偏摩尔量，哪些是化学势？

（1）$\left(\dfrac{\partial A}{\partial n_B}\right)_{T,p,n_C}$；（2）$\left(\dfrac{\partial G}{\partial n_B}\right)_{T,V,n_C}$；（3）$\left(\dfrac{\partial H}{\partial n_B}\right)_{T,p,n_C}$；（4）$\left(\dfrac{\partial U}{\partial n_B}\right)_{S,V,n_C}$；

（5）$\left(\dfrac{\partial H}{\partial n_B}\right)_{S,p,n_C}$；（6）$\left(\dfrac{\partial V}{\partial n_B}\right)_{T,p,n_C}$；（7）$\left(\dfrac{\partial A}{\partial n_B}\right)_{T,V,n_C} = \mu_B$

答：偏摩尔量：（1）、（3）、（6）；化学势：（4）、（5）、（7）

4. 拉乌尔定律和亨利定律的表示式和适用条件分别是什么？

答：拉乌尔定律：气液平衡时，理想稀溶液中溶剂 A 的蒸气分压 p_A 等于相同温度下该纯溶剂的饱和蒸气压 p_A^* 与该溶液中溶剂的摩尔分数 x_A 的乘积，即

$$p_A = p_A^* x_A$$

适用条件：非电解质稀溶液和理想液态混合物。

亨利定律：一定温度下，理想稀溶液中挥发性溶质 B 在平衡气相中的分压力 p_B 与该溶质 B 在平衡液相中的摩尔分数 x_B 成正比，即 $p_B = k_{x,B} x_B$。

适用条件：理想稀溶液挥发性溶质（$x_B \to 0$），且溶质在两相中的分子形态必须相同；当有几种气体共存时，每一种分别适用于亨利定律；亨利常数随温度升高而增大；亨利常数的大小和单位与采用的组成表示方式有关。

5. 液态物质混合时，形成理想液态混合物，这时有哪些主要的混合性质？

答：定温定压下：

$\Delta_{mix} V = 0$，混合过程的体积不变；

$\Delta_{mix} H = 0$，混合焓不变；

$\Delta_{mix} S = -R \sum\limits_{B} n_B \ln x_B > 0$，混合熵增大；

$\Delta_{mix} G = RT \sum\limits_{B} n_B \ln x_B < 0$，混合吉布斯函数减少，混合过程是自发过程。

6. 稀溶液有哪些依数性？产生依数性的根本原因是什么？

答：略。

7. 将下列水溶液按照其凝固点的高低顺序排列：

$1 mol \cdot kg^{-1}$ NaCl，$1 mol \cdot kg^{-1}$ H_2SO_4，$1 mol \cdot kg^{-1}$ $C_6H_{12}O_6$，$0.1 mol \cdot kg^{-1}$ CH_3COOH，$0.1 mol \cdot kg^{-1}$ NaCl，$0.1 mol \cdot kg^{-1}$ $C_6H_{12}O_6$，$0.1 mol \cdot kg^{-1}$ $CaCl_2$。

答：根据依数性可知：溶液凝固点降低的程度与单位体积内溶质的数目多少有关，微粒数越多，凝固点降低越大，所以

$0.1 mol \cdot kg^{-1}$ $C_6H_{12}O_6$ > $0.1 mol \cdot kg^{-1}$ CH_3COOH > $0.1 mol \cdot kg^{-1}$ NaCl > $0.1 mol \cdot kg^{-1}$ $CaCl_2$ > $1 mol \cdot kg^{-1}$ $C_6H_{12}O_6$ > $1 mol \cdot kg^{-1}$ NaCl > $1 mol \cdot kg^{-1}$ H_2SO_4

8. 试解释下列现象的原因

（1）北方人冬天吃冻梨前，将冻梨放入凉水中浸泡，过一段时间后冻梨内部解冻了，但表面结了一层薄冰。

（2）低温下，植物拥有不被冻伤、冻死的能力，即植物有一定的耐寒性。

答：（1）这是因为凉水温度比冻梨温度高，使冻梨解冻。根据稀溶液依数性原理，冻梨

含有糖分，故其凝固点低于水的凝固点。当冻梨内部解冻时，要吸收热量，而解冻后温度仍略低于水的凝固点，所以在冻梨表面会凝结一层薄冰。

（2）低温时，植物体内的淀粉水解成可溶性的糖，增加了植物细胞中非电解质的含量，使植物细胞液的浓度增加。根据依数性原理，植物细胞液的凝固点降低，渗透压升高，细胞中水分外渗结冰的可能性也减小，从而使植物有一定的抗寒性。

9. 什么是溶液的渗透现象？渗透压产生的条件是什么？如何用渗透现象解释盐碱地难以生长农作物？

答： 溶剂分子通过半透膜进入到溶液中的过程，称为渗透。渗透原因：溶剂分子能通过半透膜，而溶质分子不能。条件：①半透膜；②膜两侧溶液浓度不等。

田中施肥太浓或盐碱地，都导致土地中的渗透压大于植物或农作物中的渗透压，而使农作物中的水分渗透到土地中，使植物"烧死"或农作物"枯萎"。

10. 试归纳所学过的气体、混合物、溶液中各物质的化学势的表达式及其标准态，并指出哪些是真实态，哪些是假想态。

答： 略。

11. 为什么引入逸度和逸度系数来讨论实际气体的化学势？试说明其物理意义。

答： 由于实际气体的分子间存在相互作用力，其化学势不能按理想气体的化学势计算。但可以采取一个近似的处理方法，即对压力进行校正，乘上校正因子 φ（逸度系数），实际气体的状态方程不同，逸度系数也不同。当 $\varphi \rightarrow 1$ 时，实际气体接近理想气体。

物理意义：使得实际气体化学势表示式与理想气体的相同，校正的是实际气体的压力，而没有改变标准态化学势，标准态仍是温度 T，标准压力下且符合理想气体行为的状态，显然是假想态。

12. 为什么引入活度和活度系数来讨论实际溶液的化学势？试说明其物理意义。

答： 实际溶液中不同分子之间的引力与同种分子之间的引力有明显区别，使得实际溶液中各组分的分子所处的环境与纯态时很不相同，从而偏离拉乌尔定律及亨利定律。利用活度的概念对拉乌尔定律和亨利定律进行修正后，就很容易以理想液态混合物或理想稀溶液为参考，得到实际溶液中各组分化学势的表达式。

物理意义：活度也称为有效浓度，而活度系数表示组分的蒸气压偏离拉乌尔定律和亨利定律的程度。当活度系数趋于 1 时，实际溶液可以按理想溶液来处理；活度系数越偏离 1，实际溶液中的各组分对拉乌尔定律或亨利定律的偏离程度越大。

13. 对溶液中的溶质，标准态不同时，活度值不同，那么该组分的化学势值是否也会不同？

答： 溶液溶质标准态不同，活度值不同，但化学势值一定相同。

14. 以纯液体为标准态，当活度系数大于 1 或小于 1 时，试说明实际溶液偏离拉乌尔定律的情况。

答： 拉乌尔定律在实际溶液中修正为：$p_B = p_B^* \gamma_B x_B$，令 $a_B = \gamma_B x_B$，则

当 $\gamma_B > 1$ 时，$p_B > p_B^* x_B$，表示 B 组分对拉乌尔定律发生正偏差

当 $\gamma_B < 1$ 时，$p_B < p_B^* x_B$，表示 B 组分对拉乌尔定律发生负偏差

概 念 题

1. 实际气体的标准态是：

　　(A) $\tilde{p}=p^{\ominus}$ 的真实气体　　　　　　　　(B) $p=p^{\ominus}$ 的真实气体

　　(C) $\tilde{p}=p^{\ominus}$ 的理想气体　　　　　　　　(D) $p=p^{\ominus}$ 的理想气体

2. 298K、标准压力 $p^{\ominus}$ 下，有两瓶萘的苯溶液，第一瓶为 $2dm^3$（溶有 0.5mol 萘），第二瓶为 $1dm^3$（溶有 0.25mol 萘），若以 μ_1、μ_2 分别表示两瓶中萘的化学势，则：

　　(A) $\mu_1=10\mu_2$　　　(B) $\mu_1=2\mu_2$　　　(C) $\mu_1=\mu_2$　　　(D) $\mu_1=0.5\mu_2$

3. 从多孔硅胶的强烈吸水性能说明在多孔硅胶吸水过程中，自由水分子与吸附在硅胶表面的水分子比较，化学势高低如何？

　　(A) 前者高　　　　(B) 前者低　　　　(C) 相等　　　　(D) 不可比较

4. 组分 B 从 α 相扩散至 β 相中，则以下说法正确的有

　　(A) 总是从浓度高的相扩散入浓度低的相

　　(B) 总是从浓度低的相扩散入浓度高的相

　　(C) 平衡时两相浓度相等

　　(D) 总是从高化学势移向低化学势

5. 在 273.15K、$2p^{\ominus}$ 下，水的化学势比冰的化学势

　　(A) 高　　　　　　(B) 低　　　　　　(C) 相等　　　　　　(D) 不可比较

6. 关于亨利常数，下列说法中正确的是：

　　(A) 其值与温度、浓度和压力有关

　　(B) 其值与温度、溶质性质和浓度有关

　　(C) 其值与温度、溶剂性质和浓度有关

　　(D) 其值与温度、溶质和溶剂性质及浓度的标度有关

7. 取相同质量的下列物质融化路面的冰雪，哪种最有效？

　　(A) 氯化钠　　　　(B) 氯化钙　　　　(C) 尿素 $CO(NH_2)_2$

8. 凝固点降低常数 K_f，其值决定于

　　(A) 溶剂的本性　　(B) 溶质的本性　　(C) 溶液的浓度　　(D) 温度

9. 自然界中，有的树木可高达 100m，能提供营养和水分到树冠的主要动力为

　　(A) 因外界大气压引起树干内导管的空吸作用

　　(B) 树干中微导管的毛细作用

　　(C) 树内体液含盐浓度高，其渗透压大

　　(D) 水分与营养自雨水直接落到树冠上

10. 盐碱地的农作物长势不良，甚至枯萎，其主要原因是什么？

　　(A) 天气太热　　　　　　　　　　　(B) 很少下雨

　　(C) 肥料不足　　　　　　　　　　　(D) 水分从植物向土壤倒流

11. 为马拉松运动员沿途准备的饮料应该是哪一种？

　　(A) 高脂肪、高蛋白、高能量饮料

　　(B) 20% 葡萄糖水

　　(C) 含适量电解质、糖和维生素的低渗或等渗饮料

　　(D) 含兴奋剂的饮料

12. 在 $T=300K$、$p=102.0kPa$ 的外压下，质量摩尔浓度 $b=0.002mol\cdot kg^{-1}$ 蔗糖水溶液的渗透压为 Π_1；$b=0.002mol\cdot kg^{-1}$ KCl 水溶液的渗透压为 Π_2，则必然存在

　　(A) $\Pi_1>\Pi_2$　　　(B) $\Pi_1<\Pi_2$　　　(C) $\Pi_1=\Pi_2$　　　(D) $\Pi_2=4\Pi_2$

13. 在50℃时液体 A 的饱和蒸气压是液体 B 饱和蒸气压的 3 倍，A、B 两液体形成理想液态混合物。气液平衡时，在液相中 A 的物质的量分数为 0.5，则在气相中 B 的物质的量分数为：

(A) 0.15 　　　　 (B) 0.25 　　　　 (C) 0.5 　　　　 (D) 0.65

14. 在 T、p 及组成一定的实际溶液中，溶质的化学势可表示为

$$\mu_B = \mu_B^\ominus + RT\ln a_B$$

当采用不同的标准态时，上式中的 μ_B

(A) 变 　　　　 (B) 不变 　　　　 (C) 变大 　　　　 (D) 变小

15. 在25℃和101.325kPa 时某溶液中溶剂 A 的蒸气压为 p_A，化学势为 μ_A，凝固点为 T_A，上述三者与纯溶剂的 p_A^*、μ_A^*、T_A^* 相比，有

(A) $p_A^* < p_A$，$\mu_A^* < \mu_A$，$T_A^* < T_A$ 　　　 (B) $p_A^* > p_A$，$\mu_A^* < \mu_A$，$T_A^* < T_A$

(C) $p_A^* > p_A$，$\mu_A^* < \mu_A$，$T_A^* > T_A$ 　　　 (D) $p_A^* > p_A$，$\mu_A^* > \mu_A$，$T_A^* > T_A$

16. 对非理想溶液中的溶质，当选假想的、符合亨利定律的、$x_B = 1$ 的状态为标准态时，下列结果正确的是

(A) $x_B \rightarrow 0$ 时，$a_B = x_B$ 　　　　 (B) $x_B \rightarrow 1$ 时，$a_B = x_B$

(C) $x_B \rightarrow 1$ 时，$\gamma_B = x_B$ 　　　　 (D) $x_B \rightarrow 1$ 时，$\gamma_B = a_B$

17. 当某溶质溶于某溶剂中形成浓度一定的溶液时，若采用不同的浓标，则下列说法中正确的是：

(A) 溶质的标准态化学势相同 　　　　 (B) 溶质的活度相同

(C) 溶质的活度系数相同 　　　　　　 (D) 溶质的化学势相同

18. 下列活度与标准态的关系表述正确的是

(A) 活度等于 1 的状态必为标准态

(B) 活度等于 1 的状态与标准态的化学势相等

(C) 标准态的活度并不一定等于 1

(D) 活度与标准态的选择无关

答案：

1. D 　 2. C 　 3. A 　 4. D 　 5. B 　 6. D 　 7. A 　 8. A 　 9. C

10. D 　 11. C 　 12. B 　 13. B 　 14. B 　 15. D 　 16. A 　 17. D 　 18. B

提示：

2. C 　根据化学势定义 $\mu_B = \mu_B^\ominus + RT\ln x_B$，等温时，组分的摩尔分数决定了其化学势大小，两瓶溶液中，萘的摩尔分数相同。

3. A 　硅胶吸水过程是自发过程，化学势降低。

4. D 　扩散是自发进行的过程，化学势降低。

5. B 　已知在 273.15K，$p^\ominus$ 下，$\mu_s = \mu_1$，根据 $\left(\dfrac{\partial \mu}{\partial p}\right)_T = V$，可知 $\left(\dfrac{\partial \Delta\mu}{\partial p}\right)_T = \Delta V$，由于冰的体积大，使得水凝固为冰的过程的 $\Delta V > 0$，所以随着压力的增大，$\Delta\mu = \mu_s - \mu_1 > 0$，即水的化学势比冰的化学势低。

7. A 　盐水混合物可以降低雪的熔点，降低的程度与电解质中的微粒数目有关，微粒数越多，降低的程度大，对于相同质量的不同物质，NaCl 的粒子（离子）数最多，其可以使水的凝固点降得最低，故其融雪最有效。

10. D 盐碱地含盐量高，水的化学势低，而植物中水的化学势高，水分会自动向土壤中渗透。

12. B 渗透压是依数性的反映，依数性与粒子数目有关，由于氯化钾解离为离子，使得相同浓度下氯化钾溶液中的粒子数高于蔗糖溶液的粒子数，渗透压也高于蔗糖溶液。

13. B $p_A = p_A^* x_A$，$p_B = p_B^* x_B$，所以

$$y_B = \frac{p_B}{p_A + p_B} = \frac{p_B^* x_B}{p_A^* x_A + p_B^* x_B} = \frac{0.5 p_B^*}{0.5 p_A^* + 0.5 p_B^*}$$

$$= \frac{p_B^*}{p_A^* + p_B^*} = \frac{p_B^*}{4 p_B^*} = 0.25$$

14. B 标准态不同，标准化学势不同，活度也不同，但最终的化学势是相同的。

习题解答

2.1 在 25℃和 101.325kPa 下，将 NaBr 溶于 1kg 水中，所得溶液的体积与溶入 NaBr 的物质的量 n 的关系如下：

$$V/cm^3 = 1002.93 + 23.189(n/mol) + 2.197(n/mol)^{3/2} - 0.178(n/mol)^2$$

求 25℃和 101.325kPa 下，当 $n = 0.25mol$ 时溶液中水和 NaBr 的偏摩尔体积以及溶液的总体积。

解：因为 $V = 1002.93 + 23.189n + 2.197n^{3/2} - 0.178n^2$，故

$$\left(\frac{\partial V}{\partial n} \right)_{T,p,n_{H_2O}} = 23.189 + \frac{3}{2} \times 2.197 n^{1/2} - 2 \times 0.178n$$

当 $n_2 = 0.25mol$ 时，有

$$V_2 = \left[23.189 + \frac{3}{2} \times 2.197 \times (0.25)^{1/2} - 2 \times 0.189 \times 0.25 \right] cm^3 \cdot mol^{-1} = 24.75 cm^3 \cdot mol^{-1}$$

$$V = [1002.93 + 23.189 \times 0.25 + 2.197 \times 0.25^{3/2} - 0.178 \times 0.25^2] cm^3 = 1008.99 cm^3$$

又因为 $\qquad\qquad V = V_1 n_1 + V_2 n_2$

所以

$$V_1 = \frac{V - V_2 n_2}{n_1} = \left(\frac{1008.99 - 24.75 \times 0.25}{1000/18} \right) cm^3 \cdot mol^{-1} = 18.05 cm^3 \cdot mol^{-1}$$

2.2 在 25℃和标准压力下，有一物质的量分数为 0.4 的甲醇-水混合物。如果往大量的此混合物中加 1mol 水，混合物的体积增加 17.35cm³；如果往大量的此混合物中加 1mol 甲醇，混合物的体积增加 39.01cm³。试计算将 0.4mol 的甲醇和 0.6mol 水混合时，此混合物的体积为多少？此混合过程中体积的变化是多少？已知 25℃和标准压力下甲醇的密度为 0.7911g·cm⁻³，水的密度为 0.9971g·cm⁻³。

解：由题意知，偏摩尔体积：$V_{MeOH} = 39.01 cm^3 \cdot mol^{-1}$

$$V_{H_2O} = 17.35 cm^3 \cdot mol^{-1}$$

所以总体积

$$V = V_{MeOH} n_{MeOH} + V_{H_2O} n_{H_2O}$$

$$= (39.01 \times 0.4 + 17.35 \times 0.6) cm^3 = 26.01 cm^3$$

混合前的总体积为：

$$\left(0.4 \times 32.04 \times \frac{1}{0.7911} + 0.6 \times 18.01 \times \frac{1}{0.9911}\right) cm^3 = 27.10 cm^3$$

因此，体积变化为 $1.09 cm^3$。

2.3 300K 时，测得不同的溶解在液态 $GeCl_4$ 中 HCl 的摩尔分数和达溶解平衡时气相中 HCl 的分压的结果如下所示：

$x(HCl)$	0.005	0.012	0.019
$p(HCl)/kPa$	32.0	76.9	121.8

证明该溶液在所给浓度范围内符合亨利定律，并计算 300K 时 HCl 溶解在 $GeCl_4$ 中的亨利常数。

解：以 p 对 x 作图，得一直线，所以 HCl 在 $GeCl_4$ 溶液中在所给浓度范围内符合亨利定律。

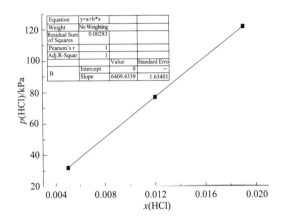

直线斜率为 6409.4kPa，所以亨利常数 $k_x = 6409.4$ kPa。

2.4 某油田向油井注水，对水质要求之一是含氧量不超过 $1 \times 10^{-3} kg \cdot m^{-3}$，若河水温度为 293K，空气中含氧 21%，293K 时氧气在水中溶解的亨利常数为 4.063×10^9 Pa。问在 293K 通常压力下，用这种河水作为油井用水，水质是否合格？

解：由亨利定律，$p(O_2) = k_x(O_2) x(O_2)$，即

$$x(O_2) = p(O_2)/k_x(O_2)$$
$$= 0.21 \times 101325 Pa / 4.063 \times 10^9 Pa$$
$$= 5.237 \times 10^{-6}$$

在 $1 m^3$ 水中

$$x(O_2) = \frac{n(O_2)}{n(O_2) + n(H_2O)} = \frac{n(O_2)}{n(O_2) + 10^3 kg/0.018 kg \cdot mol^{-1}} = 5.237 \times 10^{-6}$$

解得 $n(O_2) = 0.2909 mol$

所以 $1 m^3$ 河水中溶解 O_2 的质量为：

$$m(O_2) = 0.2909 mol \times 0.032 kg \cdot mol^{-1}$$
$$= 9.31 \times 10^{-3} kg > 1 \times 10^{-3} kg$$

含氧量超过规定标准，不合格。

2.5 在 18℃和 101kPa 下，暴露在空气中的水最多可溶解氧气 $10 mg \cdot dm^{-3}$。在石油开

采过程中如果需要往油井注水，并要求水中的氧含量不超过 $1\mathrm{mg \cdot dm^{-3}}$。则注水前对 18℃的河水进行脱氧处理时，水面上方气相的最大压力应控制在多少？已知空气中氧的体积分数为 21%，脱氧塔内气相中氧的体积分数为 35%。

解： 由亨利定律得：$p_{\mathrm{O_2}}=kb_{\mathrm{O_2}}$

设水面上方气相的压力为 p

则
$$\frac{35\% p}{21\%\times 101}=\frac{1}{10}$$

解得
$$p=6.06\mathrm{kPa}$$

2.6 已知在 50℃ 下，纯苯（1）和纯甲苯（2）的饱和蒸气压分别为 36.16kPa 和 12.28kPa，两者混合可以形成理想液态混合物。

（1）求 50℃ 下 2mol 苯和 1mol 甲苯组成的液态混合物的饱和蒸气的组成。

（2）50℃ 下，如果对 2mol 苯和 1mol 甲苯组成的混合气体逐渐加压，求最初凝结的第一滴液体的组成及所需要的最小压力。

解：（1）$p_1=p_1^* x_1=36.16\mathrm{kPa}\times\dfrac{2}{3}=24.11\mathrm{kPa}$

$$p_2=p_2^* x_2=12.28\mathrm{kPa}\times\frac{1}{3}=4.09\mathrm{kPa}$$

所以
$$y_1=\frac{p_1}{p_1+p_2}=\frac{24.11}{24.11+4.09}=0.855$$
$$y_2=1-0.855=0.145$$

（2）当气体刚好凝结时，凝结出的液体与蒸气处于平衡状态。设凝结出的第一滴液体中苯和甲苯的摩尔分数分别为 x_1' 和 x_2'。此时，气相组成几乎没变。则
$$p_1=p_1^* x_1' \quad,\quad p_2=p_2^*(1-x_1')$$

所以
$$\frac{p_1}{p_2}=\frac{2}{1}=\frac{p_1^* x_1'}{p_2^*(1-x_1')}$$

即
$$\frac{2}{1}=\frac{36.16\times x_1'}{12.28(1-x_1')}$$

解得
$$x_1'=0.403,\quad x_2'=1-0.403=0.597$$

所以开始凝结所需的最小压力为
$$p=p_1+p_2=p_1^* x_1'+p_2^*(1-x_1')$$
$$=[36.36\times 0.403+12.28\times 0.597]\mathrm{kPa}=21.98\mathrm{kPa}$$

2.7 在 300K 时，有 5mol 邻二甲苯与 5mol 间二甲苯形成理想液态混合物，求 $\Delta_{\mathrm{mix}}V$、$\Delta_{\mathrm{mix}}H$、$\Delta_{\mathrm{mix}}S$、$\Delta_{\mathrm{mix}}G$。

解：
$$\Delta_{\mathrm{mix}}V=0 \ , \ \Delta_{\mathrm{mix}}H=0$$
$$\Delta_{\mathrm{mix}}S=-R\sum_{\mathrm{B}}n_{\mathrm{B}}\ln x_{\mathrm{B}}$$
$$=\left[-8.314\times\left(5\times\ln\frac{5}{10}+5\times\ln\frac{5}{10}\right)\right]\mathrm{J\cdot K^{-1}}=57.63\mathrm{J\cdot K^{-1}}$$
$$\Delta_{\mathrm{min}}G=RT\sum_{\mathrm{B}}n_{\mathrm{B}}\ln x_{\mathrm{B}}$$
$$=\left[8.314\times 300\times\left(5\times\ln\frac{5}{10}+5\times\ln\frac{5}{10}\right)\right]\mathrm{J}$$
$$=-17.3\times 10^3\mathrm{J}=-17.3\mathrm{kJ}$$

2.8 在 298K 和标准压力 $p^{\ominus}$ 下，将少量乙醇加入纯水中形成稀溶液，使水的物质的量分数为 0.98。试计算纯水的化学势与溶液中水的化学势之差值。

解： 因为

$$\mu_{H_2O} = \mu_{H_2O}^* + RT\ln x_{H_2O}$$

所以

$$\mu_{H_2O}^* - \mu_{H_2O} = -RT\ln x_{H_2O}$$
$$= (-8.314 \times 298 \times \ln 0.98) J \cdot mol^{-1}$$
$$= 50.1 J \cdot mol^{-1}$$

2.9 一个化学研究生在澳大利亚阿尔斯做滑雪旅行时，想保护他的汽车水箱不被冻住。他决定加入足够的甘油以使水箱中水的冰点降低 10℃。试问：为了达到他这个目的，甘油和水混合物的质量组成应是多少？

解： 查表得凝固点降低常数 $K_f = 1.86 K \cdot kg \cdot mol^{-1}$

因为

$$\Delta T_f = K_f b$$

所以

$$b = \frac{10}{1.86} = 5.38 mol \cdot kg^{-1}$$

因为甘油的摩尔质量为

$$M = 92 g \cdot mol^{-1}$$

所以，每 1000g 水中需加甘油 $5.38 mol \times 92 g \cdot mol^{-1} = 495g$

2.10 利用稀溶液的依数性，可以通过测定稀溶液的凝固点来确定溶液中有机分子的存在形态，如以分子形式存在还是以聚集体形式存在。在 25.0g 苯中溶入 0.245g 苯甲酸，实验测得苯凝固点降低了 0.205K。已知苯甲酸的摩尔质量为 $0.122 kg \cdot mol^{-1}$，苯的 K_f 值为 $5.12 K \cdot kg \cdot mol^{-1}$，试确定苯甲酸分子在苯溶剂中的存在形态。

解： 因为

$$\Delta T_f = K_f b$$

所以

$$b = \frac{0.205}{5.12} = 0.0400 mol \cdot kg^{-1}$$

已知苯中所加入苯甲酸的浓度为 $\dfrac{0.245/122}{0.025} = 0.080 mol \cdot kg^{-1}$

由依数性可知，苯甲酸溶入苯中后的"粒子"浓度是其浓度的一半，表明苯甲酸在苯中以二聚分子的形式存在。

2.11 利用稀溶液的依数性，通过测定稀溶液的凝固点还可以确定溶液中有机分子的化学式。设某一新合成的有机化合物 B，其中含碳 63.2%，含氢 8.8%，其余为氧（均为质量分数）。今有该化合物 0.0702g 溶于 0.804g 樟脑中，溶液凝固点下降了 15.3K，求 B 的分子量及化学式。已知樟脑的 K_f 为 $40 K \cdot kg \cdot mol^{-1}$。

解： 因为

$$\Delta T_f = K_f b$$

所以

$$b = \frac{\Delta T_f}{K_f} = \frac{15.3}{40}$$

又因为

$$b = \frac{0.0702/M}{0.804/1000}$$

联合上两式得：该物质的分子量为 228。

每摩尔化合物含 C $228 \times 63.2\% = 144.3 = 12 \times 12$

含氢 $228 \times 8.8\% = 20.0 = 20 \times 1$

含氧 $228 \times (1 - 0.632 - 0.088) = 63.8 = 4 \times 16$

所以，B 的化学式为 $C_{12}H_{20}O_4$。

2.12 人的体温是 37℃，血液的渗透压是 780.2kPa，设血液内的溶质全是非电解质，试估计血液的总浓度。若配制葡萄糖等渗溶液，则溶液中含葡萄糖的质量分数应该为多少? 已知葡萄糖的摩尔质量为 $0.174\text{kg}\cdot\text{mol}^{-1}$，葡萄糖溶液密度为 $10^3\text{kg}\cdot\text{m}^{-3}$。

解：因为 $\Pi = cRT$，故

$$c = \frac{\Pi}{RT} = \left[\frac{780.2 \times 1000}{8.314 \times (273.15 + 37)}\right]\text{mol}\cdot\text{m}^{-3} = 302.6\text{mol}\cdot\text{m}^{-3}$$

所以溶液中葡萄糖的质量分数为 $w = \dfrac{302.6 \times 0.174}{1000} = 0.0523$。

2.13　某含有不挥发性溶质的稀水溶液，其凝固点为 $-1.5℃$。试求该溶液的

（1）正常沸点;

（2）$25℃$ 时的蒸气压（该温度时纯水的蒸气压为 $3.17 \times 10^3 \text{ Pa}$）;

（3）$25℃$ 时的渗透压。（已知冰的熔化热为 $6.03\text{kJ}\cdot\text{mol}^{-1}$；水的摩尔蒸发焓为 40.7 $\text{kJ}\cdot\text{mol}^{-1}$，设二者均不随温度变化而变化）。

解：（1）由题意可知该溶液的凝固点降低系数和沸点升高系数分别为

$$K_f = \frac{R(T_f^*)^2 M}{\Delta_{\text{fus}} H_m^*} = \left[\frac{8.314 \times (273.15)^2 \times 18.01 \times 10^{-3}}{6.03 \times 1000}\right]\text{K}\cdot\text{kg}\cdot\text{mol}^{-1} = 1.85\text{K}\cdot\text{kg}\cdot\text{mol}^{-1}$$

$$K_b = \frac{R(T_b^*)^2 M}{\Delta_{\text{vap}} H_m^*} = \left[\frac{8.314 \times (373.15)^2 \times 18.01 \times 10^{-3}}{40.7 \times 1000}\right]\text{K}\cdot\text{kg}\cdot\text{mol}^{-1} = 0.512\text{K}\cdot\text{kg}\cdot\text{mol}^{-1}$$

又因为

$$b = \frac{\Delta T_f}{K_f} = \frac{\Delta T_b}{K_b}$$

所以

$$\Delta T_b = \frac{\Delta T_f}{K_f} K_b = \frac{1.5 \times 0.512}{1.85}\text{K} = 0.42\text{K}$$

因此该溶液的正常沸点 $T_b = \Delta T_b + T_b^* = 100.42℃$。

（2）因为

$$b = \frac{\Delta T_f}{K_f} = \frac{1.5}{1.85}\text{mol}\cdot\text{kg}^{-1} = 0.81\text{mol}\cdot\text{kg}^{-1}$$

所以，溶剂水的摩尔分数为

$$x_{\text{H}_2\text{O}} = \frac{\dfrac{1000}{18}}{\dfrac{1000}{18} + 0.81} = 0.986$$

由拉乌尔定律

$$p = p^* x_{\text{H}_2\text{O}} = 3.17 \times 10^3\text{Pa} \times 0.986$$
$$= 3.13\text{kPa}$$

（3）对于稀溶液，溶液的密度约等于溶剂的密度

所以

$$c \approx b = 0.81\text{mol}\cdot\text{dm}^{-3} = 0.81 \times 10^3\text{mol}\cdot\text{m}^{-3}$$

由渗透压公式

$$\Pi = cRT = (0.81 \times 10^3 \times 8.314 \times 298)\text{Pa} = 2.00 \times 10^6\text{Pa}$$

2.14　苯在 101325Pa 下的沸点为 353.35K，沸点升高常数为 $2.62\text{K}\cdot\text{kg}\cdot\text{mol}^{-1}$。求苯的摩尔蒸发焓。

解：因为苯的沸点升高系数为 $K_b = \dfrac{R(T_b^*)^2 M}{\Delta_{\text{vap}} H_m^*}$

所以

$$\Delta_{\text{vap}} H_m^* = \frac{R(T_b^*)^2 M}{K_b}$$

$$= \left[\frac{8.314 \times (353.35)^2 \times 78 \times 10^{-3}}{2.62}\right] J \cdot mol^{-1}$$

$$= 30.9 \times 10^3 J \cdot mol^{-1}$$

$$= 30.9 kJ \cdot mol^{-1}$$

2.15 某造纸厂排出的废水沸点比纯水高 0.55K，现用反渗透处理，298K 时，在废水上方施加多大压力才能在半透膜的另一方得到清水？（清水所受压力为 101.325kPa）

解： 由题意可知 $\quad\quad\quad \Delta T_b = 0.55K$

查表 $\quad\quad\quad\quad\quad\quad K_b = 0.512 K \cdot kg \cdot mol^{-1}$

又因为 $\quad\quad\quad\quad\quad \Delta T_b = K_b b$

所以 $\quad\quad\quad\quad b = \frac{\Delta T_b}{K_b} = \frac{0.55}{0.512} mol \cdot kg^{-1} = 1.074 mol \cdot kg^{-1}$

对于稀溶液

$$\Pi = cRT = b\rho RT = (1.074 \times 10^3 \times 8.314 \times 298) Pa$$

$$= 2.661 \times 10^6 Pa$$

则施加在废水上的压力 $\quad\quad p = \Pi + p_1$

$$= (2.661 \times 10^6 + 0.101 \times 10^6) Pa$$

$$= 2.762 \times 10^6 Pa$$

2.16 300K 时，液态 A 的蒸气压为 37338Pa，液态 B 的蒸气压为 22656Pa。当 2mol A 和 2mol B 混合组成液态混合物后，液面上蒸气压为 50663Pa，在蒸气中 A 的物质的量分数为 0.60。假定蒸气为理想气体。

（1）求混合物中 A 和 B 的活度；

（2）求混合物中 A 和 B 的活度系数；

（3）指出 A、B 的标准态；

（4）求 A 和 B 的混合过程的吉布斯函数 $\Delta_{mix}G$。

解：（1）$a_A = \frac{p_A}{p_A^*} = \frac{p y_A}{p_A^*} = \frac{50663 \times 0.60}{37338} = 0.814$

$$a_B = \frac{p_B}{p_B^*} = \frac{p y_B}{p_B^*} = \frac{50663 \times 0.40}{22656} = 0.894$$

（2）$f_A = \frac{a_A}{x_A} = \frac{0.814}{0.5} = 1.628$

$$f_B = \frac{a_B}{x_B} = \frac{0.894}{0.5} = 1.788$$

（3）A 的标准态是 300K、$p^\ominus$ 下的纯 A 液体。

B 的标准态是 300K、$p^\ominus$ 下的纯 B 液体。

（4）$\Delta_{mix}G = RT \sum_B n_B \ln a_B$

$$= [8.314 \times 300 \times (2\ln 0.814 + 2\ln 0.894)] J$$

$$= -1586 J$$

第3章
化学平衡

基本知识点归纳及总结

一、化学反应的等温方程

1. 化学反应的方向和平衡条件

$$\Delta_r G_m = \sum_B \nu_B \mu_B \leqslant 0 \begin{cases} =0, \text{平衡} \\ <0, \text{自发} \end{cases}$$

2. 化学反应等温方程

$$\Delta_r G_m(T) = \Delta_r G_m^{\ominus}(T) + RT\ln J_a$$

式中，$J_a = \prod_B a_B^{\nu_B}$，称为活度商。

二、化学反应的平衡常数

$$K^{\ominus} = \prod_B \left(\frac{p_B^{eq}}{p^{\ominus}}\right)^{\nu_B} = \exp\left(-\frac{\Delta_r G_m^{\ominus}}{RT}\right)$$

理想气体各个平衡常数表达式之间的关系

$$K^{\ominus} = K_p \left(\frac{1}{p^{\ominus}}\right)^{\Sigma\nu_B} = K_c \left(\frac{RT}{p^{\ominus}}\right)^{\Sigma\nu_B} = K_x \left(\frac{p}{p^{\ominus}}\right)^{\Sigma\nu_B} = K_n \left(\frac{p}{p^{\ominus}\Sigma n_B}\right)^{\Sigma\nu_B}$$

三、各种因素对化学平衡的影响

1. 温度对化学平衡的影响

范特霍夫等压方程微分式

$$\left(\frac{\partial \ln K^{\ominus}}{\partial T}\right)_p = \frac{\Delta_r H_m^{\ominus}}{RT^2}$$

对于吸热反应，$\Delta_r H_m^{\ominus} > 0$，温度升高，$K^{\ominus}$ 增大；
对于放热反应，$\Delta_r H_m^{\ominus} < 0$，温度升高，$K^{\ominus}$ 减小。
若温度变化范围不大，$\Delta_r H_m^{\ominus}$ 可视为常数，积分式为

$$\ln \frac{K_2^{\ominus}}{K_1^{\ominus}} = \frac{\Delta_r H_m^{\ominus}}{R}\left(\frac{1}{T_1} - \frac{1}{T_2}\right)$$

或

$$\ln K^{\ominus} = -\frac{\Delta_r H_m^{\ominus}}{RT} + C$$

2. 压力对化学平衡的影响

压力的改变并不影响标准平衡常数，但可能改变平衡组成，使平衡发生移动。

$$K^{\ominus} = K_x \left(\frac{p}{p^{\ominus}}\right)^{\Sigma \nu_B}$$

当 $\Sigma \nu_B \neq 0$ 时，总压 p 改变，将导致 K_x 改变，从而改变平衡组成，使平衡发生移动。总之，增加压力，平衡总是向气体分子数（或气体体积）减小的方向移动。

3. 惰性气体对化学平衡的影响

惰性气体的存在与否并不影响标准平衡常数，但可能改变平衡组成，使平衡发生移动。

$$K^{\ominus} = \prod_B \left(\frac{n_B}{n_0 + \Sigma n_B} \times \frac{p}{p^{\ominus}}\right)^{\nu_B} = \left(\frac{p/p^{\ominus}}{n_0 + \Sigma n_B}\right)^{\Sigma \nu_B} \times \prod_B n_B^{\nu_B}$$

Σn_B 和 $\Sigma \nu_B$ 分别为对反应组分（不包括惰性组分）的物质的量、化学计量系数求和。当 $\Sigma \nu_B \neq 0$ 时，等压下加入惰性气体，平衡必然发生移动，且向气体分子数增加的方向移动。

例题分析

例题 3.1 $C(s) + 2H_2(g) \Longrightarrow CH_4(g)$ 的平衡常数 K_p 在 1273.15K 时是 $2.6 \times 10^{-6} Pa^{-1}$。在 1273.15K 下往 $2 \times 10^{-3} m^3$ 容器中加入 0.1mol CH_4 以达平衡，试求（1）CH_4 的解离度；（2）总压。

解：（1）设 CH_4 的解离度为 α

$$\begin{array}{cccc} C(s) & + & 2H_2(g) & \Longrightarrow & CH_4(g) \end{array}$$

平衡时物质的量 $\qquad\qquad 2 \times 0.1\alpha \qquad 0.1(1-\alpha) \qquad n_{总} = 0.1(1+\alpha)$

$$K_p = \frac{\dfrac{0.1(1-\alpha)}{0.1(1+\alpha)} p_{总}}{\left[\dfrac{2 \times 0.1\alpha}{0.1(1+\alpha)}\right]^2 p_{总}^2} = \frac{0.01(1-\alpha)(1+\alpha)}{0.04\alpha^2 p_{总}} = 2.6 \times 10^{-6} \ Pa^{-1}$$

将 $p_{总} = \dfrac{n_{总} RT}{V} = \dfrac{0.1(1+\alpha)RT}{V}$，$T = 1273.15K$，$V = 2 \times 10^{-3} \ m^3$ 代入上式整理得

$$\alpha = 0.345$$

（2）$p_{总} = \dfrac{0.1(1+\alpha)RT}{V} = \left[\dfrac{0.1 \times (1+0.345) \times 8.314 \times 1273.15}{2 \times 10^{-3}}\right] Pa$

$$= 711.8 kPa$$

例题 3.2 在 323.15K、$6.67 \times 10^4 Pa$ 下，球形瓶中充以 N_2O_4 后，其质量为 71.981g，将瓶抽空后，其质量为 71.217g。又在 298.15K 时，瓶中充满纯水，其质量为 555.9g（上列数据已作空气浮力校正）。已知 298.15K 时水的密度为 $9.970 \times 10^5 g \cdot m^{-3}$。

（1）求球形瓶中气体的物质的量（设为理想气体）；

（2）求总物质的量与原取 N_2O_4 的物质的量之比值；

（3）设物质的量的增加是由于 N_2O_4 发生解离的缘故，试计算 N_2O_4 的解离百分数；

（4）若瓶中总压为 6.67×10^4 Pa，求瓶中 N_2O_4 和 NO_2 的分压；

（5）求 323.15K、6.67×10^4 Pa 下，上述反应的 $\Delta_r G_m^\ominus$。

解：（1）因 $n = \dfrac{pV}{RT}$，而 T、p 已知，V 可由水的质量和密度求出。所以

$$V = \frac{555.9 - 71.217}{9.97 \times 10^5} \, \text{m}^3 = 4.86 \times 10^{-4} \, \text{m}^3$$

$$n = \frac{pV}{RT} = \frac{6.67 \times 10^4 \times 4.86 \times 10^{-4}}{8.314 \times 323.15} \, \text{mol} = 0.01207 \, \text{mol}$$

（2）设平衡时，分解了的 N_2O_4 的物质的量为 x

$$N_2O_4 \longrightarrow 2NO_2$$

开始时物质的量	n_0	0	
平衡时物质的量	$n_0 - x$	$2x$	$n_\text{总} = n_0 + x$

而由（1）可知： $\qquad n_0 + x = 0.01207 \, \text{mol}$ ①

又由气体质量可知：

$$71.981\text{g} - 71.217\text{g} = (n_0 - x)M(N_2O_4) + 2xM(NO_2) \qquad ②$$

联立①、②式解得： $x = 0.00377 \, \text{mol}$

$$n_0 = 0.00830 \, \text{mol}, \quad n_\text{总} = 0.01207 \, \text{mol}$$

故 $\qquad n_\text{总}/n_0 = 1.454$

（3）N_2O_4 的解离百分数 $\qquad \alpha = \dfrac{x}{n_0} \times 100\% = 45.42\%$

（4） $\qquad p_\text{总} = 6.67 \times 10^4 \, \text{Pa}$

$$p(N_2O_4) = \frac{n_0 - x}{n_\text{总}} p_\text{总} = 2.50 \times 10^4 \, \text{Pa}$$

$$p(NO_2) = 6.67 \times 10^4 \, \text{Pa} - 2.50 \times 10^4 \, \text{Pa} = 4.17 \times 10^4 \, \text{Pa}$$

（5） $\qquad K^\ominus = \dfrac{[p(NO_2)/p^\ominus]^2}{p(N_2O_4)/p^\ominus} = 0.696$

$$\Delta_r G_m^\ominus = -RT \ln K^\ominus = 973.2 \, \text{J·mol}^{-1}$$

例题 3.3 含有 1mol SO_2 和 1mol O_2 的混合气体，在 903.15K、101.325kPa 下，通过一盛有铂催化剂的高温管，将反应后流出的气体冷却，用 KOH 吸收 SO_2 和 SO_3，然后测量剩余 O_2 的体积。在 273.15K、101.325kPa 下测得剩余气体的体积为 1.387×10^{-2} m³。

（1）计算 903.15K 时，SO_3 的解离平衡常数 K_p；

（2）计算在 903.15K、101.325kPa 下，当平衡混合物中 O_2 的分压为 2.53×10^4 时，SO_3 和 SO_2 的物质的量之比。

解：（1）设生成 SO_3 的量为 x

$$SO_3(g) \longrightarrow SO_2(g) + \frac{1}{2}O_2(g)$$

x	$1 - x$	$1 - \dfrac{1}{2}x$	$n_\text{总} = \left(2 - \dfrac{1}{2}x\right) \text{mol}$

由题意知

$$n(O_2) = 1 - \frac{1}{2}x = \frac{pV}{RT} = \frac{101325 \times 1.387 \times 10^{-2}}{8.314 \times 273.15} \text{mol} = 0.619 \text{mol}$$

解得 $x = 0.762 \text{mol}$

故　$n(SO_3) = 0.762 \text{mol}$，$n(SO_2) = 0.238 \text{mol}$，$n_{总} = 1.619 \text{mol}$

$$K_p = K_n (p_{总}/n_{总})^{1/2} = \left[\frac{n(SO_2) n^{\frac{1}{2}}(O_2)}{n(SO_3)} \times \left(\frac{101325}{1.619} \right)^{\frac{1}{2}} \right] \text{Pa}^{1/2} = 61.47 \text{Pa}^{1/2}$$

（2）由于温度无变化，故 $K_p = \dfrac{p(SO_2) p^{\frac{1}{2}}(O_2)}{p(SO_3)} = 61.47 \text{Pa}^{1/2}$

由题意知　$p(O_2) = 2.53 \times 10^4 \text{Pa}$

则 $\dfrac{p(SO_3)}{p(SO_2)} = \dfrac{p^{\frac{1}{2}}(O_2)}{K_p} = \dfrac{(2.53 \times 10^4 \text{Pa})^{\frac{1}{2}}}{61.47 \text{Pa}^{\frac{1}{2}}} = 2.588$

例题 3.4　合成氨时所用的氢和氮的比例为 $3:1$，在 673K、1013.25kPa 下，平衡混合物中氨的物质的量分数为 0.0385。

（1）求此温度下 $N_2(g) + 3H_2(g) \longrightarrow 2NH_3(g)$ 的 $K^{\ominus}$。

（2）在此温度下，若要得到 5% 的氨，总压应为多少？

解：（1）设开始时所用氮气的物质的量为 n_0，转化率为 α，因 N_2 和 H_2 的初始物质的量之比为 $1:3$，而反应也正是按此比例消耗，故在反应进行的过程中，N_2 和 H_2 物质的量之比始终为 $1:3$，则

$$\begin{array}{cccc} & N_2(g) & + \quad 3H_2(g) \longrightarrow & 2NH_3(g) \\ \text{起始时} & n_0 & 3n_0 & 0 \\ \text{平衡时} & n_0(1-\alpha) & 3n_0(1-\alpha) & 2n_0\alpha \qquad n_{总} = 2n_0(2-\alpha) \end{array}$$

由题意知　　　　　　　$\dfrac{2n_0\alpha}{2n_0(2-\alpha)} = \dfrac{\alpha}{2-\alpha} = 0.0385$

解得　　　　　　　　　$\alpha = 0.0741$

则　　$K^{\ominus} = K_n \left(\dfrac{p_{总}}{p^{\ominus} n_{总}} \right)^{\Sigma \nu_B} = \dfrac{4n_0^2 \alpha^2}{27 n_0^4 (1-\alpha)^4} \left[\dfrac{p^{\ominus} 2n_0(2-\alpha)}{p_{总}} \right]^2$

$$= \frac{16\alpha^2 (2-\alpha)^2 (p^{\ominus})^2}{27(1-\alpha)^4 p_{总}^2} = \frac{16 \times 0.0741^2 \times (2-0.0741)^2 \times (100)^2}{27 \times (1-0.0741)^4 \times 1013.25^2}$$

$$= 1.60 \times 10^{-4}$$

（2）若要得到 5% 的氨，即

$$\frac{2n_0\alpha}{2n_0(2-\alpha)} = \frac{\alpha}{2-\alpha} = 0.05$$

则　　　　　$\alpha = 0.0952$

代入　　　　$K^{\ominus} = \dfrac{16\alpha^2 (2-\alpha)^2 (p^{\ominus})^2}{27(1-\alpha)^4 p_{总}^2}$

$$= \frac{16 \times 0.0952^2 \times (2-0.0952)^2 \times (100 \text{kPa})^2}{27 \times (1-0.0952)^4 p_{总}^2} = 1.60 \times 10^{-4}$$

解得　　　　$p_{总} = 1348 \text{kPa}$

例题 3.5 从 $NH_3(g)$ 制备 HNO_3 的一种工业方法是将 $NH_3(g)$ 与空气的混合物通过高温下的金属 Pt 催化剂，主要反应为：

$$4NH_3(g) + 5O_2(g) \Longequal 4NO(g) + 6H_2O(g)$$

试计算温度在 1073K 时的标准平衡常数。设反应的 $\Delta_r H_m^{\ominus}$ 不随温度而改变，所需热力学数据见下表。

物质	$NH_3(g)$	$O_2(g)$	$NO(g)$	$H_2O(g)$
$\Delta_f H_m^{\ominus}/(kJ \cdot mol^{-1})$	-46.11	0	90.25	-241.818
$S_m^{\ominus}/(J \cdot K^{-1} \cdot mol^{-1})$	192.45	205.138	210.761	188.825

解： 因为反应的 $\Delta_r H_m^{\ominus}$ 不随温度变化而变化，即 $\Delta C_p = 0$，则 $\Delta_r S_m^{\ominus}$ 也不随温度的变化而变化。由题给数据得

$$\begin{aligned}
\Delta_r H_m^{\ominus} &= 6\Delta_f H_m^{\ominus}[H_2O(g)] + 4\Delta_f H_m^{\ominus}[NO(g)] - 4\Delta_f H_m^{\ominus}[NH_3(g)] - 5\Delta_f H_m^{\ominus}[O_2(g)] \\
&= [6 \times (-241.818) + 4 \times 90.25 - 4 \times (-46.11)] kJ \cdot mol^{-1} \\
&= -905.47 kJ \cdot mol^{-1} \\
\Delta_r S_m^{\ominus} &= 6S_m^{\ominus}[H_2O(g)] + 4S_m^{\ominus}[NO(g)] - 4S_m^{\ominus}[NH_3(g)] - 5S_m^{\ominus}[O_2(g)] \\
&= [6 \times 188.825 + 4 \times 210.761 - 4 \times 192.45 - 5 \times 205.138] J \cdot K^{-1} \cdot mol^{-1} \\
&= 180.504 J \cdot K^{-1} \cdot mol^{-1}
\end{aligned}$$

所以 1073K 时

$$\begin{aligned}
\Delta_r G_m^{\ominus} &= \Delta_r H_m^{\ominus} - T\Delta_r S_m^{\ominus} \\
&= (-905.47 \times 1000 - 1073 \times 180.504) J \cdot mol^{-1} \\
&= -1099.15 kJ \cdot mol^{-1}
\end{aligned}$$

因为 $\Delta_r G_m^{\ominus} = -RT\ln K^{\ominus}$，则

$$\ln K^{\ominus} = -\frac{\Delta_r G_m^{\ominus}}{RT} = -\frac{-1099.15 \times 1000}{8.314 \times 1073} = 123.2$$

所以 $\qquad\qquad K^{\ominus} = 3.23 \times 10^{53}$

例题 3.6 若使纯 H_2 慢慢通过处于 993.15 K 时的过量 CoO，其反应为：

$$CoO(s) + H_2(g) \longrightarrow Co(s) + H_2O(g)$$

在流出的气体中，H_2 的物质的量分数 $x(H_2) = 0.025$。若在同温度下，用纯 CO 慢慢通过过量 CoO，流出气体中 CO 的物质的量分数 $x(CO) = 0.0192$。试计算在 993.15K 时，1mol CO 和 1mol 水蒸气能转化为 CO_2 和 H_2 的百分数为若干？

解：
$$CoO(s) + H_2(g) \longrightarrow Co(s) + H_2O(g) \qquad\qquad ①$$

$$CoO(s) + CO(g) \longrightarrow Co(s) + CO_2(g) \qquad\qquad ②$$

② $-$ ① 得

$$\begin{array}{cccc}
CO(g) + & H_2O(g) \longrightarrow & CO_2(g) + & H_2(g) \qquad\qquad ③ \\
1-x & 1-x & x & x
\end{array}$$

x 即为 1mol CO 和 1mol $H_2O(g)$ 转化为 CO_2 和 H_2 的百分数。

由题意知：
$$K_{p,1} = \frac{p(H_2O)}{p(H_2)} = \frac{1-0.025}{0.025} = 39$$

$$K_{p,2} = \frac{p(CO_2)}{p(CO)} = \frac{1-0.0192}{0.0192} = 51.08$$

则

$$K_{p,3} = \frac{K_{p,2}}{K_{p,1}} = \frac{x^2}{(1-x)^2} = 1.31$$

解得

$$x = 0.5337 = 53.37\%$$

思 考 题

1. 判断下列说法是否正确，为什么？

（1）根据公式 $\Delta_r G_m^\ominus = -RT\ln K^\ominus$，所以说 $\Delta_r G_m^\ominus$ 是平衡状态时吉布斯函数的变化值。

（2）某一反应的 $\Delta_r G_m^\ominus = -150 J \cdot mol^{-1}$，所以该反应一定能正向进行。

（3）对于 $\sum \nu_B = 0$ 的任何气相反应，增加压力，K_p 总是常数。

（4）平衡常数改变了，平衡一定会移动。反之，平衡移动了，平衡常数也一定改变。

答：（1）不正确，式 $\Delta_r G_m^\ominus(T) = -RT\ln K^\ominus(T)$ 中，"="只是数值上的相等，只有计算意义，不是状态上的等同，并不是反应达平衡时的吉布斯函数差值。反应达到平衡时，只有 $\Delta_r G_m = 0$。

（2）不正确，反应判据：$\Delta_r G_m = \Delta_r G_m^\ominus + RT\ln J_p$，而不是 $\Delta_r G_m^\ominus$，只有当 $\Delta_r G_m^\ominus$ 的绝对值非常大（一般大于 $40 kJ \cdot mol^{-1}$）时，$\Delta_r G_m$ 的符号才与 $\Delta_r G_m^\ominus$ 的一致，才能用 $\Delta_r G_m^\ominus$ 粗略判断反应的方向，此题中 $\Delta_r G_m^\ominus$ 的数值很小，所以不能用其来判断反应方向。

（3）正确，因为 $K^\ominus = K_p \left(\frac{1}{p^\ominus}\right)^{\sum\limits_B \nu_B}$。当 $\sum\limits_B \nu_B = 0$ 时，$K^\ominus = K_p$，因为 $K^\ominus$ 仅是温度的函数，所以 K_p 也只是温度的函数，与压力无关。

（4）不正确，热力学平衡常数是温度的函数，若热力学平衡常数发生变化，则平衡一定移动。反之，平衡移动，热力学平衡常数不一定变化，因为影响平衡移动的因素还有反应物的浓度与压力等。

2. 化学热力学中有哪些方法求 $\Delta_r G_m^\ominus$？

答：① 由标准摩尔生成吉布斯函数 $\Delta_f G_m^\ominus$ 计算

$$\Delta_r G_m^\ominus = \sum_B \nu_B \Delta_f G_m^\ominus(B)$$

② 由吉布斯函数的定义式计算，在一定温度下

$$\Delta_r G_m^\ominus = \Delta_r H_m^\ominus - T\Delta_r S_m^\ominus$$

③ 由某些已知反应的 $\Delta_r G_m^\ominus$，求算给定反应的 $\Delta_r G_m^\ominus$。

④ 由电动势法计算

$$\Delta_r G_m^\ominus = -nE^\ominus F$$

3. 影响 $K^\ominus$ 的因素有哪些？影响化学反应平衡状态的因素有哪些？

答：影响 $K^\ominus$ 的因素主要是温度；而影响化学反应平衡状态的因素除温度外，还有压力、反应物配比、是否加入惰性气体等。

4. $K^\ominus = 1$ 的反应，在标准态下，反应向什么方向进行？

答：处于平衡态，这是因为各组分处于标准态，$a_B = 1$，所以 $\Delta_r G_m = RT\ln\left(\frac{J_a}{K^\ominus}\right) = 0$。

5. 对于 $\Delta_r C_{p,m}=0$ 的反应，$\Delta_r G_m^\ominus$、$\Delta_r H_m^\ominus$、$\Delta_r S_m^\ominus$ 与温度有关吗？

答： 由 $\Delta_r H_m^\ominus$ 和 $\Delta_r S_m^\ominus$ 随温度变化的关系式可知，当 $\Delta_r C_{p,m}=0$ 时，$\Delta_r H_m^\ominus$、$\Delta_r S_m^\ominus$ 都不随温度的变化而变化；但由 $\Delta_r G_m^\ominus=\Delta_r H_m^\ominus-T\Delta_r S_m^\ominus$ 式可知，温度改变时，$\Delta_r G_m^\ominus$ 一定改变。

6. 已知气相反应

$$2NO(g)+O_2(g)=\!=\!=2NO_2(g)$$

其中 $\Delta_r H_m<0$，用下述方法可使平衡向右移动吗？

（1）增温；（2）加惰性气体；（3）增压；（4）加催化剂

答：（1）不能向右移动，而是向左移动；（2）加惰性气体，若是在定容下反应，则平衡不移动；若是等压下，则平衡向左移动；（3）增压，向右移；（4）加催化剂，对平衡无影响。

7. 反应 $CaCO_3(s)=\!=\!=CaO(s)+CO_2(g)$，在常温下分解压不等于 0，古代大理石为何能够留存至今不瓦解倒塌？

答： 这是因为空气中 CO_2 的分压已经大于常温下 $CaCO_3(s)$ 的分解压，使得反应平衡朝生成 $CaCO_3(s)$ 的方向移动，从而使古代大理石留存至今。

概 念 题

一、填空题

1. 反应的标准平衡常数 $K^\ominus=$ _____，只是 _____ 的函数，而与 ____ 无关。$K^\ominus=$ _____ 也是系统达到平衡的标志之一。

2. 表达式 $K^\ominus$-T 关系的指数式为 _____；微分式为 _____；定积分式为 _____。

3. 对有纯态凝聚相参加的理想气体反应，平衡压力商中只出现 _____，而与 _____ 无关。

4. 对化学反应 $aA+bB=\!=\!=cC+dD$，当 $n_{A,0}:n_{B,0}=$ ____ 时，B 的转化率最大；$n_{A,0}:n_{B,0}=$ ____ 时，产物的浓度最高。

5. 对放热反应 $A(g)=\!=\!=2B(g)+C(g)$，提高转化率的方法有：_____、_____、_____ 和 _____。

6. $\Delta_r G_m$ 是一个变化率，是在指定条件下化学反应进行 _____ 的量度，_____（是、不是）从始态到终态过程 G 的变化值。

7. 当系统中同时反应达到平衡时，几个反应中的共同物质（反应物或产物）只能有 ____ _____ 浓度值；此浓度 _____ 各反应的平衡常数关系式。

8. 若已知 1000K 下，反应

$$1/2C(s)+1/2CO_2(g)=\!=\!=CO(g)\text{的 }K_1^\ominus=1.318$$

$$C(s)+O_2(g)=\!=\!=CO_2(g)\text{的 }K_2^\ominus=22.37\times10^{40}$$

则 $CO(g)+1/2O_2(g)=\!=\!=CO_2(g)$ 的 $K_3^\ominus=$ _____。

9. 下列反应在同一温度下进行：

$$H_2(g) + 1/2 O_2(g) =\!=\!= H_2O(g) \qquad \Delta_r G_m^{\ominus}(1)$$

$$2H_2O(g) =\!=\!= 2H_2(g) + O_2(g) \qquad \Delta_r G_m^{\ominus}(2)$$

两个反应的 $\Delta_r G_m^{\ominus}$ 的关系为：$\Delta_r G_m^{\ominus}(2) = $ ＿＿＿＿＿＿＿＿；两个反应的 $K^{\ominus}$ 的关系为：$K_2^{\ominus} = $ ＿＿＿＿＿＿＿＿ 。

二、选择题

1. 在 1000K 时，反应 $Fe(s) + CO_2(g) =\!=\!= FeO(s) + CO(g)$ 的 $K_p = 1.84$，若气相中 CO_2 含量大于 65％，则

（A）Fe 将不被氧化　　　　　　　　（B）Fe 将被氧化

（C）反应是可逆平衡　　　　　　　　（D）无法判断

2. 某化学反应 $\Delta_r H_m^{\ominus} < 0$，$\Delta_r S_m^{\ominus} > 0$，则反应的标准平衡常数 $K^{\ominus}$

（A）$K^{\ominus} > 1$ 且随温度升高而增大　　　（B）$K^{\ominus} < 1$ 且随温度升高而减小

（C）$K^{\ominus} < 1$ 且随温度升高而增大　　　（D）$K^{\ominus} > 1$ 且随温度升高而减小

3. 已知气相反应 $2NO(g) + O_2(g) =\!=\!= 2NO_2(g)$ 是放热反应，当反应达到平衡时，可采用下列哪组方法使平衡向右移动？

（A）降温和减压　　　　　　　　　　（B）升温和增压

（C）升温和减压　　　　　　　　　　（D）降温和增压

4. 某温度下，一定量的 PCl_5 在 101325Pa 下体积为 $10^{-3} m^3$，解离 50％。在下列哪种情况下其解离度不变？

（A）气体的总压力降低，直到体积增加为 $2 \times 10^{-3} m^3$

（B）通入氮气，使体积增加到 $2 \times 10^{-3} m^3$，而压力仍为 101325Pa

（C）通入氮气，使压力增加到 202650Pa，而体积仍维持 $10^{-3} m^3$

（D）通入氯气，使压力增加到 202650Pa，而体积仍维持 $10^{-3} m^3$

5. 对化学反应 $A + B =\!=\!= C + D$，若在 T、p 时，$\mu_C + \mu_D < \mu_A + \mu_B$，则

（A）正向反应为自发

（B）逆向反应为自发

（C）1mol A 和 1mol B 反应自发生成 1mol C 和 1mol D

（D）1mol C 和 1mol D 反应自发生成 1mol A 和 1mol B

6. 标准摩尔反应吉布斯函数变 $\Delta_r G_m^{\ominus}$ 定义为

（A）在 298.5K 下，各反应组分均处于标准态时化学反应进行了 1mol 的反应进度时的吉布斯函数变

（B）在反应的标准平衡常数 $K^{\ominus} = 1$ 时，反应系统进行了 1mol 的反应进度时的吉布斯函数变

（C）在温度 T 下，各反应组分均处于标准态时化学反应进行了 1mol 的反应进度时的吉布斯函数变

7. 已知

反应Ⅰ：$2A(g) + B(g) =\!=\!= 2C(g)$ 的 $\lg K_Ⅰ^{\ominus} = [3134/(T/K)] - 5.43$

反应Ⅱ：$C(g) + D(g) =\!=\!= B(g)$ 的 $\lg K_Ⅱ^{\ominus} = [-1638/(T/K)] - 6.02$

则反应Ⅲ：$2A(g)+D(g)\Longrightarrow C(g)$ 的 $\lg K_{Ⅲ}^{\ominus}=[A/(T/K)]+B$。

(A) $A=4772$，$B=0.59$ (B) $A=1496$，$B=-11.45$

(C) $A=-4772$，$B=-0.59$ (D) $A=-542$，$B=-17.47$

答案：

一、填空题

1. $K^{\ominus}=\prod_B (a_B^{eq})^{\nu_B}$；温度；压力和组成；$J_a$。

2. $K^{\ominus}=\exp\left(-\dfrac{\Delta_r G_m^{\ominus}}{RT}\right)$；$\dfrac{d\ln K^{\ominus}}{dT}=\dfrac{\Delta_r H_m^{\ominus}}{RT^2}$；$\ln\dfrac{K_2^{\ominus}}{K_1^{\ominus}}=-\dfrac{\Delta_r H_m^{\ominus}}{R}\left(\dfrac{1}{T_2}-\dfrac{1}{T_1}\right)$

3. 各气相组成的压力项，各凝聚相的压力   4. ∞；$a:b$

5. 降低温度；减小压力；等压下加入惰性气体；不断将产物排除

6. 方向；不是   7. 一个；必须满足

8. 3.589×10^{20} 9. $\Delta_r G_m^{\ominus}(2)=-2\Delta_r G_m^{\ominus}(1)$；$K_2^{\ominus}=1/(K_1^{\ominus})^2$

二、选择题

1. B   2. D   3. D   4. C   5. A   6. C   7. B

提示：

1. B $Fe(s)+CO_2(g)\Longrightarrow FeO(s)+CO(g)$，因 $\sum\nu_B=0$，所以 $K^{\ominus}=K_p=\dfrac{p_{CO}}{p_{CO_2}}$，根据 $K_p=1.84$ 可得 CO_2 在平衡时约 35.2%，因此若气相中含有 65% 的 CO_2，则反应向正向移动。

2. D   因 $\Delta_r G_m^{\ominus}=\Delta_r H_m^{\ominus}-T\Delta_r S_m^{\ominus}$，所以 $\Delta_r G_m^{\ominus}<0$，又因 $\Delta_r G_m^{\ominus}=-RT\ln K^{\ominus}$，因此 $K^{\ominus}>1$；由于是放热反应，所以升温时 $K^{\ominus}$ 减小。

4. C   等容时，惰性气体对平衡无影响。

5. A   向化学势减小的方向进行是自动进行的过程。

7. B   根据反应Ⅲ＝反应Ⅱ＋反应Ⅰ关系可得。

习题解答

3.1 反应 $\dfrac{1}{2}N_2+\dfrac{3}{2}H_2\Longrightarrow NH_3$ 的 $\Delta_r G_m^{\ominus}(298K)=-16.5kJ\cdot mol^{-1}$，求此反应在 298K 的平衡常数，并求

（1）$N_2+3H_2\Longrightarrow 2NH_3$；（2）$NH_3\Longrightarrow\dfrac{1}{2}N_2+\dfrac{3}{2}H_2$ 的平衡常数。

解： $\dfrac{1}{2}N_2+\dfrac{3}{2}H_2\Longrightarrow NH_3$，$\Delta_r G_m^{\ominus}(298K)=-16.5kJ\cdot mol^{-1}$

由 $\Delta_r G_m^{\ominus}=-RT\ln K^{\ominus}$，得

$$\ln K^{\ominus}=-\frac{\Delta_r G_m^{\ominus}}{RT}=\frac{-(-16.5\times 10^3)}{8.314\times 298}=6.66$$

即 $$K^{\ominus} = e^{6.66} = 780$$

(1) $K_1^{\ominus}(1) = (K^{\ominus})^2 = (780)^2 = 6.08 \times 10^5$

(2) $K_2^{\ominus}(2) = \dfrac{1}{K^{\ominus}} = \dfrac{1}{780} = 1.28 \times 10^{-3}$

3.2 1mol N_2 与 3mol H_2 混合气在 673K 通过催化剂，达平衡后压力为 0.1MPa。若平衡时 $x(NH_3) = 0.0044$，求 K_p、K_c、K_x。

解： 设平衡转化率为 x

$$N_2 \quad + \quad 3H_2 \rightleftharpoons 2NH_3$$

起始时物质的量 $\qquad\qquad 1 \qquad\quad 3 \qquad\quad 0$

平衡时物质的量 $\qquad\quad 1-x \quad 3-3x \quad 2x \quad n_{总} = 1-x+3-3x+2x = 4-2x$

所以平衡时 $$x(NH_3) = \frac{2x}{4-2x} = \frac{x}{2-x} = 0.0044$$

解得 $$x = 8.76 \times 10^{-3}$$

因此 $$x(N_2) = \frac{1-x}{4-2x} = \frac{1-0.00876}{4-2 \times 8.76 \times 10^{-3}} = 0.2489$$

$$x(H_2) = 1 - 0.0044 - 0.2489 = 0.7467$$

所以 $$K_x = \frac{[x(NH_3)]^2}{[x(N_2)] \cdot [x(H_2)]^3} = \frac{(0.0044)^2}{0.2489 \times (0.7467)^3} = 1.87 \times 10^{-4}$$

$$K_p = \frac{[p(NH_3)]^2}{[p(N_2)] \cdot [p(H_2)]^3} = K_x \cdot p^{\Sigma \nu_B} = 1.87 \times 10^{-4} \times (0.1 \times 10^6)^{-2} Pa^{-2}$$

$$= 1.87 \times 10^{-14} Pa^{-2}$$

$$K_c = K_p (RT)^2 = [1.87 \times 10^{-14} \times (8.314 \times 673)^2] mol^{-2} \cdot m^6$$

$$= 5.855 \times 10^{-7} mol^{-2} \cdot m^6$$

3.3 已知同一温度，两反应方程及其标准平衡常数如下：

$$C(石墨) + H_2O(g) \rightleftharpoons CO(g) + H_2(g) \qquad K_1^{\ominus} \qquad\qquad (1)$$

$$C(石墨) + 2H_2O(g) \rightleftharpoons CO_2(g) + 2H_2(g) \quad K_2^{\ominus} \qquad\qquad (2)$$

求反应 $CO(g) + H_2O(g) \rightleftharpoons CO_2(g) + H_2(g)$ 的 $K^{\ominus}$。

解： 因为反应（2）－（1）即为所求反应，所以

$$K^{\ominus} = K_2^{\ominus} / K_1^{\ominus}$$

3.4 $N_2O_4(g)$ 的解离反应为 $N_2O_4(g) \rightleftharpoons 2NO_2(g)$，在 50℃、34.8kPa 下，测得 $N_2O_4(g)$ 的解离度 $\alpha = 0.630$，求在 50℃ 下反应的标准平衡常数 $K^{\ominus}$。

解：

$$N_2O_4(g) \rightleftharpoons 2NO_2(g)$$

起始时物质的量 $\qquad\qquad 1 \qquad\qquad 0$

平衡时物质的量 $\qquad\quad 1-\alpha \qquad 2\alpha \qquad n_{总} = 1+\alpha$

$$p(N_2O_4) = p \cdot \frac{1-\alpha}{1+\alpha} = 34.8kPa \times \frac{1-0.630}{1+0.630} = 7.90kPa$$

$$p(NO_2) = (34.8 - 7.90)kPa = 26.9kPa$$

所以 $$K^{\ominus} = \frac{[p(NO_2)/p^{\ominus}]^2}{p(N_2O_4)/p^{\ominus}} = \frac{(26.901)^2}{7.899/100} = 0.916$$

3.5　有人认为经常到游泳池游泳的人中，吸烟者更容易受到有毒化合物碳酰氯的毒害，因为游泳池水面上的氯气与吸烟者肺部的一氧化碳结合将生成碳酰氯。现假设 298K 时某游泳池水中氯气的溶解度为 10^{-6}（物质的量分数），吸烟者肺部的一氧化碳分压为 0.1Pa，问吸烟者肺部碳酰氯的分压能否达到危险限度 0.01Pa。已知一氧化碳和碳酰氯的标准摩尔生成吉布斯函数分别为 $-137.17kJ\cdot mol^{-1}$ 和 $-210.50kJ\cdot mol^{-1}$，氯气的亨利常数为 10^5Pa。

解： 反应方程式为　　$Cl_2 + CO \Longrightarrow COCl_2$

由亨利定律可得水面上氯气的分压为

$$p(Cl_2) = K_x x(Cl_2) = (10^5 \times 10^{-6})Pa = 0.1Pa$$

上述反应的标准摩尔反应吉布斯函数变为

$$\Delta_r G_m^\ominus = \Delta_f G_m^\ominus(COCl_2) - \Delta_f G_m^\ominus(Cl_2) - \Delta_f G_m^\ominus(CO)$$
$$= [-210.50 - (-137.17) - 0]kJ\cdot mol^{-1}$$
$$= -73.33kJ\cdot mol^{-1}$$

又因为 $\Delta_r G_m^\ominus = -RT\ln K^\ominus$，故

$$K^\ominus = -\frac{\Delta_r G_m^\ominus}{RT} = \frac{-(-73.33 \times 10^3)}{8.314 \times 298} = 29.5975$$

解得　　　　　　$K^\ominus = 7.145 \times 10^{12}$

根据标准平衡常数的定义式，可得：

$$K^\ominus = \frac{p(COCl_2)/p^\ominus}{p(Cl_2)/p^\ominus \cdot p(CO)/p^\ominus} = \frac{p(COCl_2) \times p^\ominus}{p(Cl_2) \cdot p(CO)} = 7.145 \times 10^{12} \qquad (1)$$

又设平衡时 $COCl_2$ 的分压为 $p(COCl_2)$，则

	Cl_2	+	CO	$\Longrightarrow$	$COCl_2$
起始时的压力	0.1		0.1		0
平衡时的压力	$0.1 - p(COCl_2)$		$0.1 - p(COCl_2)$		$p(COCl_2)$

代入（1）式：

解得　　　　　　$p(COCl_2) = 0.099963Pa > 0.01Pa$

即吸烟者肺部碳酰氯的分压超过了危险限度。

3.6　$NH_4HS(s)$ 的分解反应按下式建立平衡：

$$NH_4HS(s) \Longrightarrow NH_3(g) + H_2S(g)$$

在一密闭容器中加进 $NH_4HS(s)$，298K 平衡后总压 $p = 66672Pa$，试求：（1）$K^\ominus(298K)$；（2）当 298K，$NH_4HS(s)$ 在密闭容器里开始分解时，其中已含有 $p(H_2S) = 45596Pa$，计算平衡时各气体的分压。

解：（1）　　　　　　$NH_4HS(s) \Longrightarrow NH_3(g) + H_2S(g)$

平衡时的压力　　　　　　　　　　$p(NH_3)$　　$p(H_2S)$

所以　　　　　　　　$p(NH_3) = p(H_2S) = \frac{1}{2}p$

$$K^\ominus(298) = \frac{p(NH_3)}{p^\ominus} \times \frac{p(H_2S)}{p^\ominus} = \frac{1}{4}\left[\frac{p}{p^\ominus}\right]^2$$
$$= \frac{1}{4} \times \left(\frac{66672}{100 \times 10^3}\right)^2 = 0.111$$

（2） $\qquad\qquad\qquad$ $NH_4HS(s) \!=\!\!=\!\! NH_3(g) + H_2S(g)$

起始时的压力 $\qquad\qquad\qquad\qquad\qquad$ 0 $\qquad$ 45596Pa

平衡时的压力 $\qquad\qquad\qquad\qquad$ $p(NH_3)$ $\quad$ $p(NH_3) + 45596Pa$

所以平衡时的总压力为 $\quad p_总 = 2p(NH_3) + 45596Pa$。由于温度不变，平衡常数不变。所以

$$K^\ominus = \frac{p(NH_3)}{p^\ominus} \times \frac{p(NH_3) + 45596}{p^\ominus} = 0.111$$

即 $\qquad\qquad\qquad p^2(NH_3) + 45596p(NH_3) = 0.111 \times 10^{10}$

解得 $\quad p(NH_3) = 17529Pa$，$p(H_2S) = 63125Pa$

3.7 在 600K、200kPa 下，1mol A(g) 与 1mol B(g) 进行反应为：$A(g) + B(g) \!=\!\!=\!\! D(g)$。当反应达平衡时有 0.4mol D(g) 生成。

（1）计算上述反应在 600K 下的 $K^\ominus$；

（2）求在 600K、200kPa 下，在真空容器内放入物质的量为 n 的 D(g)，同时按上面反应的逆反应进行分解，反应达平衡时 D(g) 的解离度 α 为多少？

解：（1） $\qquad\qquad\qquad$ $A(g) + B(g) \!=\!\!=\!\! D(g)$

起始时物质的量 $\qquad\qquad\qquad$ 1 $\quad\quad$ 1 $\qquad\quad$ 0

平衡时物质的量 $\qquad\qquad\qquad$ 0.6 $\quad$ 0.6 $\quad\quad$ 0.4 $\qquad$ $n_总 = 1.6mol$

由平衡常数定义式可得

$$K_1^\ominus = \frac{\dfrac{p_D}{p^\ominus}}{\dfrac{p_A}{p^\ominus} \times \dfrac{p_B}{p^\ominus}} = \frac{p_总 \times \dfrac{0.4}{1.6} \times p^\ominus}{\left(p_总 \times \dfrac{0.6}{1.6}\right)^2} = \frac{0.4 \times 100}{200 \times \dfrac{(0.6)^2}{1.6}} = 0.89$$

（2） $\qquad\qquad\qquad\qquad$ $D(g) \!=\!\!=\!\! A(g) + B(g)$

起始时物质的量 $\qquad\qquad\qquad$ n $\qquad\quad$ 0 $\qquad\quad$ 0

平衡时物质的量 $\qquad\qquad$ $n(1-\alpha)$ $\quad$ $n\alpha$ $\quad$ $n\alpha$ $\qquad$ $n_总 = n(1+\alpha)$

由题意可知该反应的平衡常数为 $K_2^\ominus = \dfrac{1}{K_1^\ominus} = \dfrac{1}{0.89} = 1.12$

平衡时，每种气体的摩尔分数分别为

$$x_D = \frac{1-\alpha}{1+\alpha}, \quad x_A = \frac{\alpha}{1+\alpha}, \quad x_B = \frac{\alpha}{1+\alpha}$$

则 $\qquad\qquad$ $$K_2^\ominus = \frac{\left(\dfrac{\alpha}{1+\alpha} \times \dfrac{p_总}{p^\ominus}\right)^2}{\dfrac{1-\alpha}{1+\alpha} \times \dfrac{p_总}{p^\ominus}} = \frac{\alpha^2}{1-\alpha^2} \times \frac{p_总}{p^\ominus} = \frac{2\alpha^2}{1-\alpha^2} = 1.12$$

解得 $\qquad\qquad\qquad\qquad$ $\alpha = 0.60$

3.8 1000K 时，反应 $C(s) + 2H_2 \!=\!\!=\!\! CH_4(g)$ 的 $\Delta_r G_m^\ominus = 19.397 kJ \cdot mol^{-1}$。现有与碳反应的气体混合物，其组成为体积分数 $y(CH_4) = 0.10$，$y(H_2) = 0.80$，$y(N_2) = 0.10$。试问：

（1）$T = 1000K$、$p = 100kPa$ 时，$\Delta_r G_m$ 等于多少，甲烷能否形成？

（2）在 $T = 1000K$ 下，压力须增加到若干，上述合成甲烷的反应才可能进行？

解：（1）$C(s) + 2H_2(g) \!=\!\!=\!\! CH_4(g)$

H_2 的分压力 $p(H_2) = p \cdot x(H_2) = 0.80 \times 100kPa = 80kPa$

CH_4 的分压力 $p(CH_4) = p \cdot x(CH_4) = 0.1 \times 100kPa = 10kPa$

反应的

$$J_p = \frac{p(CH_4)/p^{\ominus}}{[p(H_2)/p^{\ominus}]^2} = \frac{10/100}{(80/100)^2} = \frac{0.1}{0.64} = 0.16$$

$$\Delta_r G_m = \Delta_r G_m^{\ominus} + RT \ln J_p$$

$$= 19.397 kJ \cdot mol^{-1} + (8.314 \times 1000 \times \ln 0.16) J \cdot mol^{-1}$$

$$= 19.397 kJ \cdot mol^{-1} - 15.236 kJ \cdot mol^{-1}$$

$$= 4.161 kJ \cdot mol^{-1} > 0$$

所以甲烷不能生成。

（2） $T = 1000K$，设总压力为 p

$$\Delta_r G_m = \Delta_r G_m^{\ominus} + RT \ln \frac{p(CH_4)/p^{\ominus}}{[p(H_2)/p^{\ominus}]^2}$$

$$= \Delta_r G_m^{\ominus} + RT \ln \frac{0.1p/p^{\ominus}}{(0.8p/p^{\ominus})^2}$$

$$= \left[19.397 + 8.314 \times 1000 \times 10^{-3} \times \ln \frac{0.1p^{\ominus}}{(0.8)^2 p} \right] kJ \cdot mol^{-1}$$

只有当 $\Delta_r G_m < 0$ 时，才能合成甲烷，故

$$19.397 + 8.314 \ln \frac{0.1p^{\ominus}}{0.64p} < 0$$

解得 $p > 161.1kPa$

3.9 在一个抽空的等容容器中引入氯和二氧化硫，若它们之间没有发生反应，则在 375.3K 时的分压应分别为 47.836kPa 和 44.786kPa。将容器保持在 375.3K，经一定时间后，总压力减少至 86.096kPa，且维持不变。求下列反应 $SO_2Cl_2(g) \Longrightarrow SO_2(g) + Cl_2(g)$ 的 $K^{\ominus}$。

解：［分析］在相同 T、V 下，混合体中组分 B 的分压 p_B 与其物质的量 n_B 成正比

对于理想气体 $p_B V = n_B RT$

在 T、V 恒定时 $\Delta p_B V = \Delta n_B RT$

而且发生化学变化时 Δn_B 与化学计量数 ν_B 成正比，则 Δp_B 也与 ν_B 成正比，即

$$\frac{\Delta p_A}{\nu_A} = \frac{\Delta p_B}{\nu_B}$$

	$SO_2Cl_2(g)$	$\Longrightarrow$	$SO_2(g)$	$+$	$Cl_2(g)$
起始时的压力	0		$p_0(SO_2)$		$p_0(Cl_2)$
平衡时的压力	$p(SO_2Cl_2)$		$p_0(SO_2) - p(SO_2Cl_2)$		$p_0(Cl_2) - p(SO_2Cl_2)$

平衡总压力为

$$p = \sum_B p_B$$

$$= p_0(SO_2) + p(Cl_2) - p(SO_2Cl_2)$$

$$= 44.786kPa + 47.836kPa - p(SO_2Cl_2)$$

$$= 86.096kPa$$

由此可解得 $\quad p(SO_2Cl_2)=6.526kPa$

则 $\quad\quad\quad p(SO_2)=38.26kPa, p(Cl_2)=41.31kPa$

由标准平衡常数定义式得

$$K^{\ominus}=\prod_{B}(p_B^{eq}/p^{\ominus})^{\nu_B}$$

$$=\frac{\dfrac{p(SO_2)}{p^{\ominus}}\dfrac{p(Cl_2)}{p^{\ominus}}}{\dfrac{p(SO_2Cl_2)}{p^{\ominus}}}=\frac{p(SO_2)p(Cl_2)}{p^{\ominus}\cdot p(SO_2Cl_2)}$$

$$=\frac{38.26\times41.31}{6.526\times100}=2.42$$

3.10 五氯化磷分解反应

$$PCl_5(g)\Longrightarrow PCl_3(g)+Cl_2(g)$$

在 200℃ 时的 $K^{\ominus}=0.312$，计算：

（1）200℃ 时，200kPa 下 PCl_5 的解离度；

（2）物质的量比为 1∶5 的 PCl_5 与 Cl_2 的混合物，在 200℃、101.325kPa 下，求达到化学平衡时 PCl_5 的解离度。

解：（1）设 PCl_5 的解离度为 α，则

$$PCl_5(g)\Longrightarrow PCl_3(g)+Cl_2(g)$$

起始时物质的量 $\quad\quad 1 \quad\quad\quad 0 \quad\quad\quad 0$

平衡后物质的量 $\quad\quad 1-\alpha \quad\quad \alpha \quad\quad\quad \alpha$

因为 $\quad K^{\ominus}=\dfrac{\left(\dfrac{p}{p^{\ominus}}\times\dfrac{\alpha}{1+\alpha}\right)^2}{\dfrac{p}{p^{\ominus}}\times\dfrac{1-\alpha}{1+\alpha}}=\dfrac{2\left(\dfrac{\alpha}{1+\alpha}\right)^2}{\dfrac{1-\alpha}{1+\alpha}}=2\dfrac{\alpha^2}{1-\alpha^2}=0.312$

所以解得 $\quad\quad\quad\quad \alpha=0.367$

（2）$\quad\quad\quad\quad PCl_5(g)\Longrightarrow PCl_3(g)+Cl_2(g)$

起始时物质的量 $\quad\quad 1 \quad\quad\quad 0 \quad\quad\quad 5$

平衡时物质的量 $\quad\quad 1-\alpha \quad\quad \alpha \quad\quad\quad 5+\alpha$

$$K^{\ominus}=\left(\frac{101.325}{100}\right)\times\left(\frac{\alpha}{6+\alpha}\right)^1\times\left(\frac{5+\alpha}{6+\alpha}\right)^1\times\left(\frac{1-\alpha}{6+\alpha}\right)^{-1}$$

$$=1.01325\times\frac{\alpha(5+\alpha)}{(6+\alpha)(1-\alpha)}=\frac{1.01325(5\alpha+\alpha^2)}{6-5\alpha-\alpha^2}$$

即得 $\quad (K^{\ominus}+1.01325)\alpha^2+(5K^{\ominus}+5.065)\alpha-6K^{\ominus}=0$

又因为 $K^{\ominus}=0.312$，解得 $\alpha=0.268$

3.11 在真空容器中放入固态的 NH_4HS，于 25℃ 下分解为 $NH_3(g)$ 和 $H_2S(g)$，平衡时容器内的压力为 66.66kPa。

（1）当放入 NH_4HS 时容器中已有 39.99kPa 的 $H_2S(g)$，求平衡时容器中的压力；

（2）容器中原有 6.666kPa 的 $NH_3(g)$，问需要多大压力的 H_2S，才能形成 NH_4HS 固体？

解： $\quad\quad\quad\quad NH_4HS(s)\Longrightarrow NH_3(g)+H_2S(g)$

平衡时的压力 $\qquad\qquad p(NH_3)\qquad p(H_2S)$

因为是真空容器，所以 $\qquad p(H_2S)=p(NH_3)=\dfrac{1}{2}p$

$$K^{\ominus}=\frac{p(NH_3)}{p^{\ominus}}\times\frac{p(H_2S)}{p^{\ominus}}=\frac{1}{4}\times\left(\frac{p}{p^{\ominus}}\right)^2$$

$$=\frac{1}{4}\times\left(\frac{66.66}{100}\right)^2=0.111$$

（1）当放入 NH_4HS 时容器中已有 $39.99kPa$ 的 $H_2S(g)$，即

$$NH_4HS(S)=\!\!=\!\!=NH_3(g)+H_2S(g)$$

起始时的压力 $\qquad\qquad\qquad\qquad 0\qquad\quad 39.99kPa$

平衡时的压力 $\qquad\qquad\qquad\qquad p_1\qquad 39.99kPa+p_1$

$$K^{\ominus}=\frac{p(NH_3)}{p^{\ominus}}\times\frac{p(H_2S)}{p^{\ominus}}=\frac{p_1}{p^{\ominus}}\times\frac{39.99+p_1}{p^{\ominus}}=0.111$$

解得 $\qquad\qquad p_1=18.87kPa$

所以平衡时容器的压力为 $\qquad p=39.99+2p_1=77.73kPa$

（2）$\qquad\qquad\qquad NH_4HS(s)=\!\!=\!\!=NH_3(g)+H_2S(g)$

起始时的压力 $\qquad\qquad\qquad 6.666kPa\quad p_0(H_2S)$

当反应的 $J_p>K^{\ominus}$ 时，逆反应才自发进行，即

$$J_p=\frac{p_0(NH_3)}{p^{\ominus}}\times\frac{p_0(H_2S)}{p^{\ominus}}=\frac{6.666kPa\times p_0(H_2S)}{(100kPa)^2}>0.111$$

需要的压力为 $\qquad\qquad p_0(H_2S)>\dfrac{0.111\times10^4}{6.666}kPa=167kPa$

3.12 Ag 受到 H_2S 的腐蚀而可能发生下面的反应：

$$H_2S(g)+2Ag(s)=\!\!=\!\!=Ag_2S(s)+H_2(g)$$

在 $298K$、$101.325kPa$ 下，将 Ag 放在由等体积的 H_2 和 H_2S 组成的混合气中，试问：（1）是否可能发生腐蚀而生成 Ag_2S；（2）在混合气体中，H_2S 的百分数低于多少，才不致发生腐蚀。

已知 $298K$ 时，Ag_2S 和 H_2S 的标准摩尔生成吉布斯函数分别为：$-40.25kJ\cdot mol^{-1}$ 和 $-32.93kJ\cdot mol^{-1}$。

解：（1）对反应 $\qquad H_2S(g)+2Ag(s)=\!\!=\!\!=Ag_2S(s)+H_2(g)$

$$p(H_2)=p(H_2S)$$

$$\Delta_rG_m=\Delta_rG_m^{\ominus}+RT\ln\frac{p(H_2)/p^{\ominus}}{p(H_2S)/p^{\ominus}}$$

$$=\sum_B\nu_B\Delta_fG_m^{\ominus}=\Delta_fG_m^{\ominus}(Ag_2S)-\Delta_fG_m^{\ominus}(H_2S)$$

$$=[-40.25-(-32.93)]kJ\cdot mol^{-1}=-7.32kJ\cdot mol^{-1}<0$$

所以，上述反应可以发生，即可能发生腐蚀而生成 Ag_2S。

（2）设 H_2S 的百分数低于 x 才不致发生腐蚀，即

$$\Delta_rG_m=\Delta_rG_m^{\ominus}+RT\ln\frac{1-x}{x}\geqslant0$$

$$-7.32\times1000+8.314\times298\times\ln\frac{1-x}{x}\geqslant0$$

解得 $x \leqslant 0.05$

即在混合气体中，H_2S 的百分数低于 5%，才不致发生腐蚀。

3.13 在 $101.325kPa$ 下，有反应如下：

$$UO_3(s) + 2HF(g) \Longrightarrow UO_2F_2(s) + H_2O(g)$$

此反应的标准平衡常数 $K^\ominus$ 与温度 T 的关系式为 $\lg K^\ominus = \dfrac{6550}{T/K} - 6.11$。

（1）求上述反应的标准摩尔反应焓 $\Delta_r H_m^\ominus$（$\Delta_r H_m^\ominus$ 与 T 无关）；

（2）若要求 $HF(g)$ 的平衡组成 $y_{HF} = 0.01$，则反应的温度应为多少？

解：（1）因为 $\lg K^\ominus = \dfrac{\ln K^\ominus}{\ln 10} = \dfrac{-\Delta_r H_m^\ominus}{RT\ln 10} + c = \dfrac{6550}{T/K} - 6.11$

根据恒等式中变量对应系数相等的原则

$$\Delta_r H_m^\ominus = -6550K \times R\ln 10 = (-6550 \times 8.314 \times 2.303)J \cdot mol^{-1}$$

$$= -125.41kJ \cdot mol^{-1}$$

（2） $UO_3(s) + 2HF(g) \Longrightarrow UO_2F_2(s) + H_2O(g)$

气体的平衡组成 y_B 0.01 0.99

$$K^\ominus = K_y \left(\frac{p}{p^\ominus}\right)^{\Sigma \nu_B(g)} = \frac{0.99}{(0.01)^2} \times \left(\frac{101.325}{100}\right)^{-1} = 9770$$

$$\lg K^\ominus = \frac{6550}{T/K} - 6.11 = \lg 9770 = 3.99$$

解得 $T = 648.5K$

3.14 $CuInO_2$ 是一种导电氧化物，广泛应用于光学器件中。据报道，$CuInO_2$ 可通过离子交换法制备，反应方程式为 $NaInO_2(s) + CuCl(g) \Longrightarrow CuInO_2(s) + NaCl$。某研究小组计算出了该反应的 $\Delta_r G_m^\ominus$ 与温度的关系为：$\Delta_r G_m^\ominus(J \cdot mol^{-1}) = 127T/K - 251188$

试计算：

（1）该反应的 $K^\ominus$ 与温度的关系；

（2）在 $573K$ 时，该反应的 $\Delta_r S_m^\ominus$ 和 $\Delta_r H_m^\ominus$。

解：（1） $\Delta_r G_m^\ominus = -RT\ln K^\ominus$

$$\ln K^\ominus = -\frac{127T/K - 251188}{RT/K} = \frac{30213}{T/K} - 15.28$$

（2）$T = 573K$ 时

$$\ln K^\ominus = \frac{30213}{573} - 15.28$$

$$= 37.45$$

$$\Delta_r H_m^\ominus = (-30213 \times 8.314)J \cdot mol^{-1}$$

$$= -2.512 \times 10^5 J \cdot mol^{-1}$$

$$= -251.2kJ \cdot mol^{-1}$$

$$\Delta_r G_m^\ominus = (127T - 251188)J \cdot mol^{-1}$$

$$= (127 \times 573 - 251188)J \cdot mol^{-1}$$

$$= -178.4kJ \cdot mol^{-1}$$

$$\Delta_r S_m^\ominus = \frac{\Delta_r H_m^\ominus - \Delta_r G_m^\ominus}{T}$$

$$= \left[\frac{-2.512 \times 10^5 - (-1.784 \times 10^5)}{573} \right] J \cdot K^{-1} \cdot mol^{-1}$$

$$= -127.1 J \cdot K^{-1} \cdot mol^{-1}$$

3.15 已知反应 $N_2(g) + O_2(g) \Longrightarrow 2NO(g)$ 的 $\Delta_r H_m^\ominus$ 及 $\Delta_r S_m^\ominus$ 分别为 $180.50 kJ \cdot mol^{-1}$ 与 $24.81 J \cdot K^{-1} \cdot mol^{-1}$。设反应的 $\Delta_r C_{p,m} = 0$。

（1）计算当反应的 $\Delta_r G_m^\ominus$ 为 $125.52 kJ \cdot mol^{-1}$ 时反应的温度是多少？

（2）反应在(1)的温度下，等摩尔比的 $N_2(g)$ 与 $O_2(g)$ 开始进行反应，求反应达平衡时 N_2 的平衡转化率是多少？

（3）求上述反应在 1000K 下的 $K^\ominus$。

解：（1）因反应的 $\Delta_r C_{p,m} = 0$，所以反应的 $\Delta_r H_m^\ominus$ 及 $\Delta_r S_m^\ominus$ 皆是与温度无关的常数，但反应的 $\Delta_r G_m^\ominus$ 却随反应温度的变化而改变。

因为　　　　　$\Delta_r G_m^\ominus = \Delta_r H_m^\ominus - T_1 \Delta_r S_m^\ominus$

所以

$$T_1 = \frac{\Delta_r H_m^\ominus - \Delta_r G_m^\ominus}{\Delta_r S_m^\ominus} = \left(\frac{180.50 - 125.52}{24.81 \times 10^{-3}} \right) K = 2216K$$

（2）设开始时 $N_2(g)$ 与 $O_2(g)$ 的物质的量是 1mol，转化率为 x

$$N_2(g) + O_2(g) \Longrightarrow 2NO(g)$$

平衡时　　　　　　　$1-x$　　　$1-x$　　　　$2x$

因为　　　　　　　　$\ln K^\ominus = -\frac{\Delta_r G_m^\ominus}{RT}$

$$= -\frac{125.52 \times 10^3}{8.314 \times 2216}$$

$$= -6.813$$

所以　　　　　　　　$K^\ominus = 1.10 \times 10^{-3}$

因为此反应的 $\sum \nu_B(g) = 0$，所以 $K^\ominus = K_n = \frac{(2x)^2}{(1-x)^2}$

即　　　$x = \frac{(K^\ominus)^{\frac{1}{2}}}{2 + (K^\ominus)^{\frac{1}{2}}} = \frac{(1.10 \times 10^{-3})^{\frac{1}{2}}}{2 + (1.10 \times 10^{-3})^{\frac{1}{2}}} = 0.0163$

（3）由范特霍夫方程可知

$$\ln K^\ominus(1000K) = \ln K^\ominus(T_1) + \frac{\Delta_r H_m^\ominus(T - T_1)}{RT \cdot T_1}$$

$$= \ln(1.10 \times 10^{-3}) + \frac{180.50 \times 10^3 \times (1000 - 2216)}{1000 \times 2216 \times 8.314}$$

$$= -18.726$$

解得　　　　　　　　$K^\ominus(1000K) = 7.37 \times 10^{-9}$

3.16 在 448~688K 温度区间内，用分光光度法研究气相反应 $I_2 + 环戊烯 \longrightarrow 2HI + 环戊二烯$，得到 $K^\ominus$ 与温度的关系为

$$\ln K^\ominus = 17.39 - \frac{51034}{4.575 T/K}$$

（1）计算在 573K 时，反应的 $\Delta_r G_m^\ominus$、$\Delta_r H_m^\ominus$ 和 $\Delta_r S_m^\ominus$；

（2）若开始时用等量的 I_2 和环戊烯混合，温度为 573K，起始总压为 101.325kPa，试求平衡后 I_2 的分压；

（3）若起始压力为 1013.250kPa，试求平衡后 I_2 的分压。

解：（1）由题中所给条件知，$T=573K$ 时

$$\ln K^\ominus = 17.39 - \frac{51034}{4.575 \times 573} = -2.078$$

$$K^\ominus = 0.125$$

所以　　$\Delta_r G_m^\ominus = -RT\ln K^\ominus$

$$= [-8.314 \times 573 \times (-2.078)]\text{J·mol}^{-1}$$

$$= 9899\text{J·mol}^{-1}$$

而　　　$\ln K^\ominus = -\dfrac{\Delta_r H_m^\ominus}{RT} + C$，对比 $\ln K^\ominus = 17.39 - \dfrac{51034}{4.575T}$，得

$$\Delta_r H_m^\ominus = \left(8.314 \times \frac{51034}{4.575}\right)\text{J·mol}^{-1} = 9.274 \times 10^4\text{J·mol}^{-1}$$

$$\Delta_r S_m^\ominus = \frac{\Delta_r H_m^\ominus - \Delta_r G_m^\ominus}{T} = \left(\frac{92740 - 9899}{573}\right)\text{J·mol}^{-1}\text{·K}^{-1}$$

$$= 144.6\text{J·mol}^{-1}\text{·K}^{-1}$$

（2）　$I_2(g) + 环戊烯(g) \longrightarrow 2HI(g) \quad + \quad 环戊二烯(g)$

开始　　p_0 　　　　p_0 　　　　　　　0 　　　　　　　　0

平衡　　p 　　　　　p 　　　　　$2(p_0-p)$ 　　　p_0-p 　　　$p_总 = 3p_0 - p$

由题意知：$2p_0 = 101325\text{Pa}$，$p_0 = 50662.5\text{Pa}$

$$K^\ominus = 0.125 = K_p (p^\ominus)^{-\Sigma \nu_B} = \frac{4(p_0-p)^3}{p^2 p^\ominus}$$

$$(p_0-p)^3 = 3125p^2$$

解得　　$p = 3.5 \times 10^4\text{Pa}$，即为 I_2 的平衡分压

（3）将 $p_0 = (1013250/2)\text{Pa} = 506625\text{Pa}$ 代入 $(p_0-p)^3 = 3130p^2$

解得　　$p = 4.24 \times 10^5\text{Pa}$

3.17 已知反应 $N_2O_4(g) \Longrightarrow N_2O_4(g)$ 在 25℃和 35℃时的 $K^\ominus$ 分别为 0.144 和 0.321，假设 $\Delta_r C_{p,m} \approx 0$，求这个反应在 25℃时的 $\Delta_r G_m^\ominus$、$\Delta_r S_m^\ominus$ 和 $\Delta_r H_m^\ominus$。

解：
$$\ln K^\ominus = -\frac{\Delta_r H_m^\ominus}{RT} + C$$

$$\ln 0.144 = -\frac{\Delta_r H_m^\ominus}{298.15R} + C, \quad \ln 0.321 = -\frac{\Delta_r H_m^\ominus}{308.15R} + C$$

$$\Delta_r H_m^\ominus = 6.123 \times 10^4\text{J·mol}^{-1} = 61.23\text{kJ·mol}^{-1}$$

$$C = 22.76$$

当 $T = 298.15K$ 时
$$\Delta_r G_m^\ominus = -RT\ln K^\ominus$$

$$= (-8.314 \times 298.15 \times \ln 0.144)\text{J·mol}^{-1}$$

$$= -4.804\text{kJ·mol}^{-1}$$

$$\Delta_r S_m^\ominus = \frac{\Delta_r H_m^\ominus - \Delta_r G_m^\ominus}{T}$$

$$= \left[\frac{6.123 \times 10^4 - (-4.804 \times 10^3)}{298.15}\right] J \cdot K^{-1} \cdot mol^{-1}$$

$$= 221.48 J \cdot K^{-1} \cdot mol^{-1}$$

3.18 在高温下，CO_2 按下式分解：

$$2CO_2(g) \Longrightarrow 2CO(g) + O_2(g)$$

在 101.325kPa 下，CO_2 的分解百分数在 1000K 和 1400K 时分别为 0.0025％和 1.27％。在该温度区间 $\Delta_r H_m^\ominus$ 为常数，试计算 1000K 时反应的 $\Delta_r S_m^\ominus$ 和 $\Delta_r G_m^\ominus$。

解： 先求温度为 1000K 和 1400K 时的 $K^\ominus$，用 x 表示 CO_2 的分解百分数，则

$$2CO_2(g) \Longrightarrow 2CO(g) + O_2(g)$$

$$2(1-x) \qquad 2x \qquad x \qquad n_总 = (2+x)mol$$

$$K^\ominus = K_n \left(\frac{p_总}{p^\ominus n_总}\right)^{\Sigma \nu_B} = \frac{x(2x)^2}{[2(1-x)]^2} \cdot \frac{p_总}{p^\ominus(2+x)}$$

$$= \frac{1.01325 x^3}{(1-x)^2(2+x)}$$

将题目所给条件代入得：

$$T_1 = 1000K, \quad x = 2.5 \times 10^{-5}, \quad K_1^\ominus = 7.812 \times 10^{-15}$$

$$T_2 = 1400K, \quad x = 1.27 \times 10^{-2}, \quad K_2^\ominus = 1.044 \times 10^{-6}$$

因为

$$\ln\left(\frac{K_2^\ominus}{K_1^\ominus}\right) = \frac{\Delta_r H_m^\ominus}{R}\left(\frac{1}{T_1} - \frac{1}{T_2}\right)$$

将数据代入计算得

$$\Delta_r H_m^\ominus = 5.44 \times 10^5 J \cdot mol^{-1}$$

则 1000 K 时反应的 $\Delta_r G_m^\ominus$ 和 $\Delta_r S_m^\ominus$ 分别为

$$\Delta_r G_m^\ominus(1000K) = -RT\ln K_1^\ominus = 2.70 \times 10^5 J \cdot mol^{-1}$$

$$\Delta_r S_m^\ominus(1000K) = \frac{\Delta_r H_m^\ominus - \Delta_r G_m^\ominus(1000K)}{T} = 2.74 \times 10^2 J \cdot mol^{-1} \cdot K^{-1}$$

3.19 1000K 下，在 $1dm^3$ 容器内含过量碳；若通入 4.25g CO_2 后发生下列反应：$C(s) + CO_2(s) \Longrightarrow 2CO(g)$，反应平衡时气体的密度相当于平均摩尔质量为 36g·mol^{-1} 的气体密度，已知：$M(CO_2) = 44g \cdot mol^{-1}$。

（1）计算平衡总压和 K_p；

（2）若加入惰性气体 He，使总压加倍，则 CO 的平衡量是增加、减少、还是不变？若加入 He，使容器体积加倍，而总压维持不变，则 CO 的平衡量怎样变化？

解： （1）设平衡转化率为 α，

$$C(s) + CO_2(g) \Longrightarrow 2CO(g)$$

开始时/mol $\qquad\qquad 4.25/44 = 0.097 \qquad 0$

平衡时/mol $\qquad\qquad 0.097(1-\alpha) \quad 2 \times 0.097\alpha$

则 $\Sigma n_B = 0.097(1+\alpha)mol$

$$\overline{M} = x(CO_2) \cdot M(CO_2) + x(CO) \cdot M(CO)$$

$$= \frac{1-\alpha}{1+\alpha} \times 44 + \frac{2\alpha}{1+\alpha} \times 28$$

$$= 36$$

解得：$\alpha = 0.333$

$$p(总压) = \frac{\sum n_B \times RT}{V}$$

$$= \left[\frac{0.097 \times (1+0.333) \times 8.314 \times 1000}{10^{-3}}\right] Pa$$

$$= 1075 kPa$$

$$K_p = K_n \cdot \left(\frac{p_总}{\sum n_B}\right)^{\sum \nu_B} = \frac{(2 \times 0.097\alpha)^2}{0.097 \times (1-\alpha)} \times \frac{p_总}{0.097 \times (1+\alpha)}$$

$$= \frac{4\alpha^2}{1-\alpha^2} p_总 = \left(\frac{4 \times 0.333^3}{1-0.333^2} \times 1075 \times 1000\right) Pa$$

$$= 536.3 kPa$$

（2）在恒温、恒容条件下，加入惰性气体 He，对平衡无影响。在恒温、恒压下加入惰性气体 He，使总体积变化，则平衡转化率将发生变化。根据

$$K_p = K_n \cdot \left(\frac{p_总}{\sum n_B}\right)^{\sum \nu_B} = K_n \cdot \left(\frac{RT}{V}\right)^{\sum \nu_B} = \frac{(2 \times 0.097\alpha)^2}{0.097 \times (1-\alpha)} \times \frac{RT}{V}$$

$$= \frac{4 \times 0.097 \times \alpha^2}{1-\alpha} \times \frac{RT}{V} = \left[\frac{4 \times 0.097 \times \alpha^2}{1-\alpha} \times \frac{8.314 \times 1000}{1 \times 10^{-3}}\right] Pa$$

$$= 536300 Pa$$

求得：$\alpha = 0.434$

CO 的平衡量为 $0.097 \times 2\alpha$，原来为 0.065mol，现增大至 0.084mol。

3.20 已知反应（Ⅰ）$Fe_2O_3(s) + 3CO(g) \Longrightarrow 2Fe(\alpha) + 3CO_2(g)$ 在 1393K 时的 $K^\ominus = 0.0495$；同样温度下反应（Ⅱ）$2CO_2(g) \Longrightarrow 2CO(g) + O_2(g)$ 的 $K^\ominus = 1.40 \times 10^{-12}$。现将 $Fe_2O_3(s)$ 置于 1393K、开始只含有 CO(g) 的容器内，使反应达平衡，试计算：（1）容器内氧的平衡分压为多少？（2）若想防止 $Fe_2O_3(s)$ 被 CO(g) 还原为 $Fe(\alpha)$，问氧分压应保持多大？

解：（1）（Ⅰ）$Fe_2O_3(s) + 3CO(g) \Longrightarrow 2Fe(\alpha) + 3CO_2(g)$

由反应（Ⅰ）知，$K_1^\ominus = \frac{[p(CO_2)/p^\ominus]^3}{[p(CO)/p^\ominus]^3} = \left[\frac{p(CO_2)}{p(CO)}\right]^3 = 0.0495$

所以 $\quad \frac{p(CO_2)}{p(CO)} = \sqrt[3]{K_1^\ominus} = \sqrt[3]{0.0495} = 0.367$

（Ⅱ）$\qquad\qquad 2CO_2(g) \Longrightarrow 2CO(g) + O_2(g)$

由反应（Ⅱ）知，$K_2^\ominus = \frac{[p(CO)/p^\ominus]^2 \cdot p(O_2)/p^\ominus}{[p(CO_2)/p^\ominus]^2}$

$$= \left[\frac{p(CO)}{p(CO_2)}\right]^2 \cdot \frac{p(O_2)}{p^\ominus}$$

所以 $\quad p(O_2) = K_2^\ominus \times \left[\frac{p(CO_2)}{p(CO)}\right]^2 \cdot p^\ominus$

$$= [1.40 \times 10^{-12} \times (0.367)^2 \times 10^5] Pa$$

$$= 1.89 \times 10^{-8} Pa$$

（2）反应（Ⅰ）+（Ⅱ）=（Ⅲ），即

$$Fe_2O_3(s)+CO(g) =\!\!=\!\!= Fe(\alpha)+CO_2(g)+O_2(g)$$

所以 $\quad K_3^{\ominus}=K_1^{\ominus} \cdot K_2^{\ominus}=0.0495 \times 1.40 \times 10^{-12}=6.93 \times 10^{-14}$

又因为

$$J_3^{\ominus}=\frac{\dfrac{p(CO_2)}{p^{\ominus}} \cdot \dfrac{p(O_2)}{p^{\ominus}}}{p(CO)/p^{\ominus}}=\frac{p(CO_2)}{p(CO)} \cdot \frac{p(O_2)}{p^{\ominus}}$$

当 $J_3^{\ominus}>K_3^{\ominus}$ 时，Fe_2O_3 不被还原，即

$$\left[\frac{p(CO_2)}{p(CO)} \cdot \frac{p(O_2)}{p^{\ominus}}\right]_{非平衡}>6.93 \times 10^{-14}$$

所以

$$p_{O_2}>6.93 \times 10^{-14}\left[\frac{p(CO_2)}{p(CO)}\right]^{-1} \cdot p^{\ominus}=[6.93 \times 10^{-14} \times (0.367)^{-1} \times 10^5]Pa$$

$$=1.89 \times 10^{-8} Pa$$

所以当氧气分压大于 $1.89 \times 10^{-8} Pa$ 时，Fe_2O_3 不被还原。

第4章

相平衡

$$\boxed{\text{基本知识点归纳及总结}}$$

一、相律

$$F = C - P + n$$

其中

$$C = S - R - R'$$

当外界条件只有温度和压力时，相律形式为

$$F = C - P + 2$$

二、单组分系统相图

1. 克拉佩龙方程

$$\frac{\mathrm{d}p}{\mathrm{d}T} = \frac{\Delta H_m}{T \Delta V_m}$$

对于液固平衡系统

$$p_2 - p_1 = \frac{\Delta_{fus} H_m}{\Delta_{fus} V_m} \ln \frac{T_2}{T_1} \approx \frac{\Delta_{fus} H_m}{\Delta_{fus} V_m} \cdot \frac{T_2 - T_1}{T_1}$$

2. 克劳修斯-克拉佩龙方程（两相平衡中一相为气相）

微分式

$$\frac{\mathrm{d}\ln p}{\mathrm{d}T} = \frac{\Delta H_m}{RT^2}$$

积分式

$$\ln p = -\frac{\Delta H_m}{RT} + C$$

$$\ln \frac{p_2}{p_1} = -\frac{\Delta H_m}{R}\left(\frac{1}{T_2} - \frac{1}{T_1}\right)$$

式中，ΔH_m 为摩尔蒸发焓或摩尔升华焓。

3. 单组分系统相图（p-T 图）

单组分系统 $C=1$，单相时 $P=1$，则 $F=2$，温度和压力均可变，称为双变量体系，为相图中的空白区域。两相时 $P=2$，则 $F=1$，温度和压力只有一个可变，称为单变量体系，为相图中的三条平衡线。三相时 $P=3$，则 $F=0$，温度和压力均不可变，为相图中的三条平衡线的交点，例如水的相图。

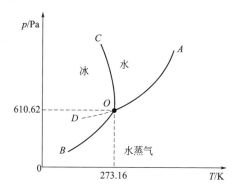

三、二组分系统相图

二组分系统 $C=2$，当相数最少为 1 相时，系统的自由度为 3，表明系统最多可以有 3 个独立改变的强度性质，即温度、压力和组成。通常为了在平面上展示二组分系统的状态，常将温度或压力固定，绘制 p-x 图或 T-x 图。

1. 气液相图

（1）完全互溶双液系的气液平衡的压力-组成图

① 二组分理想液态混合物的相图

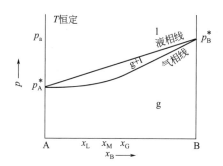

② 对拉乌尔定律偏差不大的二组分非理想溶液相图，其沸点处于纯 A 和纯 B 的沸点之间。

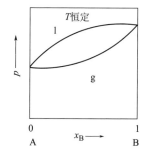
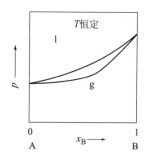

③ 对拉乌尔定律偏差大的二组分非理想溶液相图，在 p-x 图上有最高点或最低点。

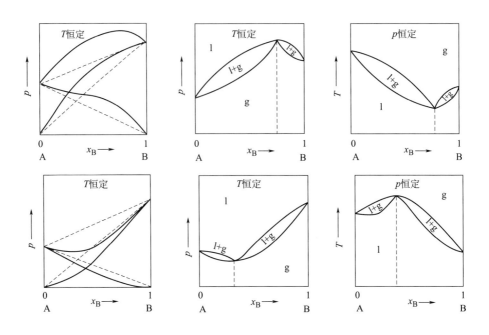

（2）部分互溶双液系的温度-组成图

具有最低恒沸点的完全互溶体系与部分互溶体系的组合

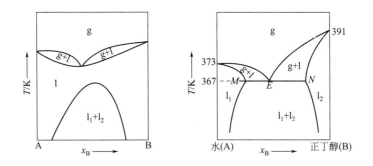

（3）完全不互溶双液系的温度-组成图

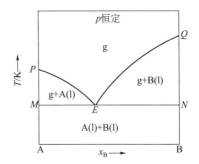

2. 固液相图

（1）固相完全不互溶的温度-组成图

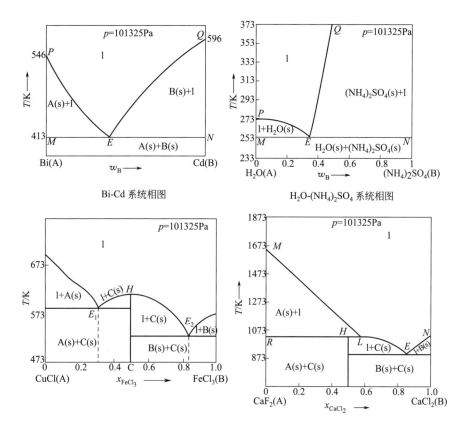

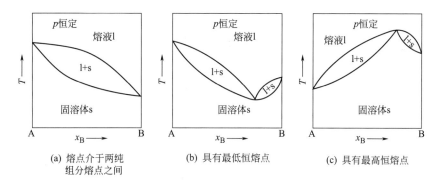

（2）固相完全互溶的固液相图

（a）熔点介于两纯
组分熔点之间

（b）具有最低恒熔点

（c）具有最高恒熔点

（3）固相部分互溶的温度组成图

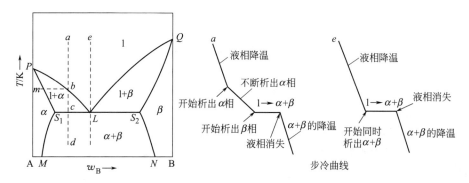

固相部分互溶固-液系统相图及步冷曲线

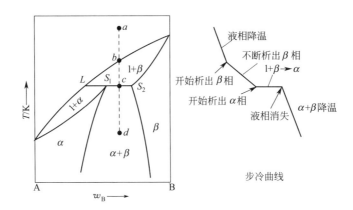

具有转熔温度的固态部分互溶固-液系统相图及步冷曲线

（4）由上述各类双组分系统的相图分析，可以总结出双组分系统相图的共同特征如下。

① 相图中所有曲线都是两相平衡线，曲线上的一点代表一个相的状态；

② 相图中水平线段都是三相线，相的状态在水平线段的端点和交点上，其他部分都不是相点；

③ 相图中垂直线段上的点都表示单组分；

④ 杠杆规则只能用于两相平衡区，单相区不能用，三相线上也不能用；

⑤ 所有这些相图都是在压力或温度恒定时的图形，其中对于固-液系统，可以看成压力恒定，因此均可使用条件自由度来讨论各相的变化，即

$$F^* = 2 - P + 1。$$

例题分析

例题 4.1 对单组分系统，在三相点附近，固相与气相的平衡曲线（p-T 曲线）对温度轴的陡度一般比液相与气相的要更陡些，给出这一事实的热力学解释。

解： 由克拉佩龙方程，在气固平衡和气液平衡时分别有：

$$\left(\frac{\mathrm{d}p}{\mathrm{d}T}\right)_{\text{g-s}} = \frac{S_m(\text{g}) - S_m(\text{s})}{V_m(\text{g}) - V_m(\text{s})}$$

$$\left(\frac{\mathrm{d}p}{\mathrm{d}T}\right)_{\text{g-l}} = \frac{S_m(\text{g}) - S_m(\text{l})}{V_m(\text{g}) - V_m(\text{l})}$$

而 $S_m(\text{g}) > S_m(\text{l}) > S_m(\text{s})$，$V_m(\text{g}) > V_m(\text{l})$，$V_m(\text{g}) > V_m(\text{s})$

则

$$\left(\frac{\mathrm{d}p}{\mathrm{d}T}\right)_{\text{g-s}} \approx \frac{S_m(\text{g}) - S_m(\text{s})}{V_m(\text{g})} > \frac{S_m(\text{g}) - S_m(\text{l})}{V_m(\text{g})} \approx \left(\frac{\mathrm{d}p}{\mathrm{d}T}\right)_{\text{g-l}}$$

所以

$$\left(\frac{\mathrm{d}p}{\mathrm{d}T}\right)_{\text{g-s}} > \left(\frac{\mathrm{d}p}{\mathrm{d}T}\right)_{\text{g-l}}$$

例题 4.2 将 $AlCl_3$ 溶于水中，形成不饱和溶液。若盐不发生水解，则该溶液系统的组分数是多少？若盐发生水解，生成一种氢氧化物沉淀，则组分数又是多少？

解：

方法一：不考虑电离

当盐不水解时，系统的 $S=2$，$C=2$；

当盐发生水解时，$AlCl_3(aq)+3H_2O \Longrightarrow Al(OH)_3(s)+3HCl(aq)$

则系统的 $S=4$，$R=1$，$C=3$。

方法二：考虑电离

当盐不水解时，系统的 $S=5$（Al^{3+}、Cl^-、H^+、OH^-、H_2O），存在电离平衡：

$$H_2O \Longrightarrow H^+ + OH^-$$

则 $R=1$，另外，还存在 $[Al^{3+}]=3[Cl^-]$，$[H^+]=[OH^-]$，$R'=2$，故 $C=2$。

当盐水解时，系统的 $S=6$[Al^{3+}、Cl^-、H^+、OH^-、H_2O、$Al(OH)_3(s)$]，但系统中存在两个独立平衡关系：

$$H_2O \Longrightarrow H^+ + OH^-$$

$$Al^{3+}+3H_2O \Longrightarrow Al(OH)_3(s)+3H^+$$

则 $R=2$，同时，还存在 $[Al^{3+}]+[H^+]=[Cl^-]+[OH^-]$，$R'=1$，故 $C=3$。

由上面两种解法可以看出，对于电解质溶液，不管是否考虑其电离，最终所得到的组分数是相同的。

例题 4.3　某水溶液共有 n 种物质，物质的量分数为 x_1，x_2，$\cdots$，x_n。用一张只允许水出入的半透膜将此溶液与纯水分开，当达到渗透平衡时水面上的外压为 p_w，溶液面上外压为 p_s，两者不等，求该体系的自由度数。

解：

方法一：$S=n$，$R=R'=0$，故 $C=n$，纯水与水溶液两相平衡，$P=2$。

由于两相压力不相等，即 $p_w \neq p_s$，故

$$F=C-P+3=n+1$$

方法二：描写两相平衡系统状态的热力学变量为：

水溶液相：x_1，x_2，$\cdots$，x_n，T_s，p_s，共有 $n+2$ 个变量；

纯水相：T_w，p_w，共两个变量；

故总变量数为 $n+4$，达平衡时，它们之间存在下列 3 个关系：

$$T_s=T_w，\quad \mu_{H_2O}^w=\mu_{H_2O}^s，\quad \sum_{i=1}^{n}x_i=1$$

则由自由度的定义可得

$$F=(n+4)-3=n+1$$

例题 4.4　请论证下列结论的正确性：

(1) 纯液体在一定温度下其平衡蒸气压随液体外压的改变而改变。

(2) $1dm^3$ 含 $0.2mol$ $NaCl$ 的水溶液中，在 298K 时只有一个平衡蒸气压。

(3) $1dm^3$ 含 $0.2mol$ $NaCl$ 的水溶液及任意量的 KCl 水溶液中，在一定温度下其平衡蒸气压并非定值。

解：(1) 在这种情况下两相平衡压力不等。通常，相律是在各相压力相等下推出的，故不能用。此时，系统有四个变量 $T(g)$、$T(l)$、$p(g)$、$p(l)$，而 $T(g)=T(l)$、$\mu[T(g)，p(g)]=\mu[T(l)，p(l)]$，故四个变量中只有两个是独立变量。今温度一定，$p(g)$ 与 $p(l)$ 就只能有一个可以独立改变。因此 $p(g)$ 只能随 $p(l)$ 而变。

(2) $C=2$，$P=2$，且温度一定，$F^*=C-P+1=1$，表明平衡蒸气压和溶液浓度两个变量中只有一个独立变量，即蒸气压随溶液浓度的变化而变化。则当溶液浓度一定时，蒸气

压也只能一定。

（3）$C=3$，$P=2$，且温度一定，$F^*=C-P+1=2$，表明蒸气压和 NaCl 及 KCl 水溶液浓度三个变量中有两个独立变量，当 NaCl 溶液浓度一定时，还有一个独立变量，故蒸气压不能为定值，它将随 KCl 的浓度不同而改变。

例题 4.5 铅的熔点为 $T_f^*=600K$，银的熔点为 $T_f^*=1233K$，铅与银的低共熔温度为 $T_f=578K$。铅的摩尔熔化焓 $\Delta_{fus}H_m=4.858kJ\cdot mol^{-1}$，求低共熔物的组成。

解： 设溶液为理想的，铅在低共熔物中的物质的量分数为 x_A，铅的熔化焓与温度无关，则由凝固点降低公式：

$$\ln x_A=\frac{\Delta_{fus}H_m}{R}\left(\frac{1}{T_f^*}-\frac{1}{T_f}\right)$$

解得 $\qquad\qquad\qquad x_A=0.964$

例题 4.6 下图是 A，B 两化合物的等压固液相图，请指出：

（1）N，P，Q 各点的相态及相数并说明这些点代表的意义。

（2）由 d 点降温到 y 点过程中系统相态的变化情况。

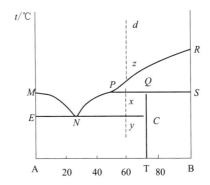

解：（1）A 和 B 会形成不稳定化合物 T。N，P，Q 各点的相态，相数及这些点所代表的意义列于下表：

点	相态	相数	点所代表的意义
N	$l_N+A(s)+T(s)$	3	A 与 T 的最低共熔点
Q	$l_P+B(s)+T(s)$	3	T 的不相合熔点
P	l_P	1	转熔反应的液相点

表中 l_N、l_P 分别表示组成为 N、P 的溶液。

（2）由 d 点代表的溶液降温到 z 点后，开始析出固体 B，继续降温，B 不断析出而溶液沿 zP 线变化，降温到 x 点后不稳定化合物 T 开始析出，此时下列放热的转熔反应进行：

$$B(s)+l_P\Longleftrightarrow T(s)$$

这时，三相共存，温度维持不变，l_P 溶液相的组成为 P。直到 $B(s)$ 消失后，温度再继续下降，T 不断析出，而与之平衡的液相组成沿 PN 线变化。温度降到 y 时，开始析出固体 A，此时 $l_N+A(s)+T(s)$ 三相共存，温度维持不变，待组成为 N 的溶液相 l_N 消失后，温度才继续下降。

例题 4.7 某 A，B 两组分系统的凝聚相图如下图所示。

（1）指出各相区的相态。

（2）绘出图中状态点 a，b，c 的步冷曲线，并注明各阶段的相变化。

解：（1）各相区的相态如下表所示：

相区	1	2	3	4	5	6	7	8	9
相态	溶液 l	l+α	l+β	α	α+β	β	l+γ	β+γ	γ

表中 α、β、γ 为固溶体。

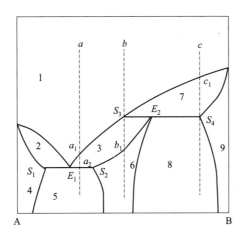

（2）各步冷曲线如下图

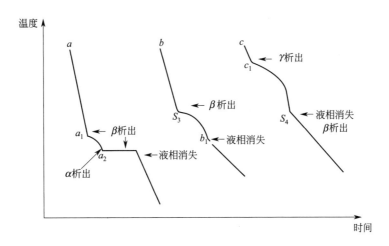

思 考 题

1. $CaCO_3(s)$ 在高温下分解为 $CaO(s)$ 和 $CO_2(g)$，试根据相律解释下述事实：

（1）若在等压的 CO_2 气中，将 $CaCO_3$ 加热，实验证明在加热过程中，在一定温度范围内，$CaCO_3$ 不会分解。

（2）若保持 CO_2 的压力恒定，实验证明只有一个温度能使 $CaCO_3$ 和 CaO 的混合物不发生变化。

答：（1）对于 $CaCO_3$ 的分解反应，组分数 $C=3-1=2$。CO_2 压力恒定时，由相律，

$F^* = C - P + 1 = 2 - P + 1 = 3 - P$。当温度可在一定范围内变化时，即 F^* 至少为 1，则体系的相数 P 最大为 2，所以，只能有 $CaCO_3$ 和 $CO_2(g)$ 两相存在，不可能有第三相 CaO 存在。因此 $CaCO_3$ 不分解。

（2）若保持 $CO_2(g)$ 的压力恒定，由（1）知 $F^* = 3 - P$，若要使 $CaCO_3$ 和 CaO 的混合物不发生变化，即 $P = 3$，则 F^* 只能为 0，即没有可改变的强度性质，所以只能有 1 个温度。

2. 将固体 $NH_4HCO_3(s)$ 放入真空容器中，恒温至 400K，NH_4HCO_3 按下式分解并达到平衡：$NH_4HCO_3(s) \rightleftharpoons NH_3(g) + H_2O(g) + CO_2(g)$，体系的组分数 C 和自由度 F 分别为多少？

答：根据 $C = S - R - R'$；其中 $S = 4$，$R = 1$；由于在真空容器中分解，$n[NH_3(g)] = n[H_2O(g)]$，$n[H_2O(g)] = n[CO_2(g)]$，即 $R' = 2$，所以组分数 $C = 1$。

又根据相律：恒温时，$F^* = C - P + 1$，其中 $P = 2$，所以，$F^* = 1 - 2 + 1 = 0$。

3. AB 与 H_2O 可形成以下几种稳定化合物，$AB \cdot H_2O(s)$、$2AB \cdot 5H_2O(s)$、$2AB \cdot 7H_2O(s)$ 和 $2AB \cdot 6H_2O(s)$，这个盐水体系的组分数、低共熔点、最多可同时共存的相分别为多少？

答：两组分之间不管形成多少化合物，最终的组分数 C 均为 2，因为每生成 1 种物种，就要多一个平衡关系，按照 $C = S - R - R'$，$R' = 0$，最终仍然 $C = 2$。

液态互溶、固态完全不互溶的固液系统，每生成一个稳定化合物，就多一个低共熔点。所以有 $4 + 1 = 5$ 个低共熔点。

根据相律 $F = C - P + 2$，最小自由度 $F_{min} = 0$，则最大相数 $P_{max} = C + 2 = 4$，即最多可 4 相共存。

4. 为什么溜冰鞋的冰刀要"开刃"？为什么冰面的温度在 $-15 \sim -10℃$ 范围内容易创造好成绩？

答："开刃"的目的是使冰刀和冰面接触面减少，加大对冰面的压力，根据克拉佩龙方程，加压会使冰点下降，即在冰面温度下有部分冰变成水，减少滑动摩擦，加快了滑行速度。而在 $-15 \sim -10℃$ 范围，部分冰溶解，起润滑作用，又能保持冰具有一定的硬度。

5. 已知丙酮在两个不同温度下的饱和蒸气压数据，能否得知丙酮的正常沸点？

答：可以。根据公式 $\ln \dfrac{p_2}{p_1} = \dfrac{\Delta_{vap} H_m}{R} \left(\dfrac{1}{T_1} - \dfrac{1}{T_2} \right)$，先求出 $\Delta_{vap} H_m$，再将 101325Pa 和其中一组数据（p_1, T_1）代入上述公式，即可求得在 101325Pa 下的正常沸点。

6. 水的三相点和冰点是否相同？纯水在三相点处自由度为零，在冰点时自由度是否也为零，为什么？

答：不相同，水的三相点为水蒸气-纯水-冰三相共存时的温度和压力，是一个单组分体系。三相点由水本身性质决定，压力为 610.62Pa，温度为 273.16K。冰点是指大气压力下，溶解了空气的水和冰共存时的温度，是一个多组分系统。由于冰点受外界压力影响，在 101.325kPa，冰点下降 0.00747K，另外水中溶解了空气，冰点又下降 0.0024K，所以在 101.325kPa 时，水的冰点为 273.15K 虽然两个之间相差仅 0.01K，但意义不同。

在冰点时自由度不为零。纯水在三相点处，$C = 1$，$P = 3$，所以 $F = 1 - 3 + 2 = 0$。而冰点时，$C > 1$，则由相律可知，自由度必大于 0。

7. 通过查阅文献或资料，回答：有没有可能得到温度高于 0℃ 的冰——"热冰"，并用相图解释，说明是否与所学习的水的相图相矛盾。

答：可以得到温度高于 0℃ 的冰——"热冰"。水的相图如下所示，冰在不同的压力下存在着不同的形态，压力低于 212.9MPa 时（常见的相图），随着压力的增大冰的凝固点降低；但当压力大于 212.9MPa 时，随着压力的增大凝固点升高，故存在"热冰"。

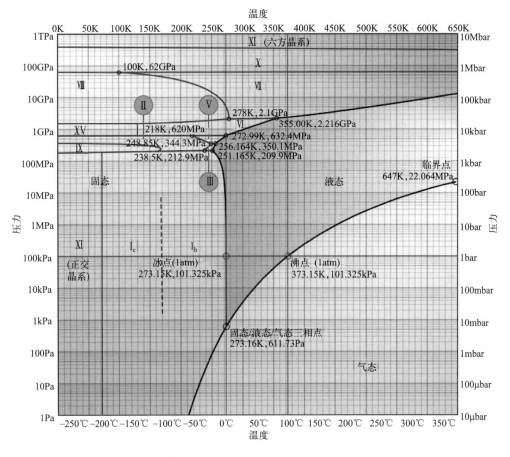

8. 碳的相图如右图所示，请回答下列问题：

（1）O 点由哪几相组成？自由度为几？

（2）曲线 OA、OB、OC 分别代表什么？

（3）讨论常温常压下石墨和金刚石的稳定性。

（4）已知石墨变为金刚石是个放热反应，试由图说明此过程中 C 的密度是增加还是减少？

（5）由此图能否判断金刚石的密度与液态碳的密度的大小关系？

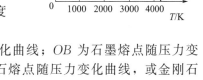

答：（1）O 点由液态碳、金刚石和石墨组成，自由度为 0。

（2）曲线 OA 为石墨、金刚石之间相变温度随压力变化曲线；OB 为石墨熔点随压力变化曲线，或石墨和液态碳的固液平衡共存线；OC 为金刚石熔点随压力变化曲线，或金刚石和液态碳的固液平衡共存线。

（3）由相图可见，常温常压位于石墨单相区，所以石墨能稳定存在。

（4）对于石墨 ⇌ 金刚石

由相图知 OA 线斜率为正值，即 $\dfrac{\mathrm{d}p}{\mathrm{d}T}>0$，又因 $\Delta H_\mathrm{m}<0$，则由

$$\frac{\mathrm{d}p}{\mathrm{d}T} = \frac{\Delta H_m}{T \Delta V_m}$$

得 $\Delta V_m < 0$，即此过程中碳的摩尔体积减小，密度增加。

（5）对于金刚石 $\rightleftharpoons$ 液态碳

由相图知 OC 线斜率为负值，即 $\dfrac{\mathrm{d}p}{\mathrm{d}T} < 0$，又因 $\Delta H_m > 0$，则同样由

$$\frac{\mathrm{d}p}{\mathrm{d}T} = \frac{\Delta H_m}{T \Delta V_m}$$

得 $\Delta V_m < 0$，即 $\qquad \Delta V_m = V_m[\text{液态碳}] - V_m(\text{金刚石}) < 0$

所以，金刚石的摩尔体积大于液态碳的，即金刚石的密度比液态碳的密度小。

9. 沸点和恒沸点有何不同？恒沸混合物是不是化合物？

答：沸点对纯液体而言，大气压力下，纯物质的气液达平衡，饱和蒸气压等于大气压力时，液体沸腾，此温度为沸点。

恒沸点对二组分液相混合系统而言。两液相完全互溶，而对 Raoult 定律发生偏差，在 $p\text{-}x_B$ 图出现最高点（或最低点）和 $T\text{-}x_B$ 图出现最低点（或最高点）。极值点处气相和液相的组成相同，此温度点为最低（或最高）恒沸点。恒沸点时自由度为 1，改变外压，恒沸点的数值也改变，组成随之改变。当压力恒定时，自由度为零，温度有定值。

恒沸混合物不是化合物，不具有确定的组成，其恒沸点和组成都会随着外压改变而变化。

10. 双液系统若形成恒沸物，试讨论在恒沸点时系统的组分数和自由度各为多少？

答：在恒沸点时，恒沸混合物处于气液平衡时，气液两相组成相等，$R' = 1$，根据相律 $F = C - P + 2$，$P = 2$，$C = 2 - 0 - 1 = 1$，因此 $F = 1$。因而在一定压力下沸腾时溶液的组成不变，沸点也不变；如果外压改变，恒沸混合物的组成和沸点均随之改变。也就是说，二组分恒沸物系只有一个自由度。

11. 在精馏时若馏出物有恒沸混合物，则采用普通的精馏很难实现物质的有效分离，通过查文献给出可以有效分离恒沸混合物的方法。

答：共沸物可以通过变压精馏法进行分离。

12. 在汞面上加一层水能降低汞的蒸气压吗？

答：不能，因水和汞完全不互溶，两者共存时，各组分的蒸气压与单独存在时相同，液面上的总压力等于纯水和纯汞的饱和蒸气压的和，如果要蒸馏汞，加水可使混合系统的沸点降低，因此汞面上加水不能减少汞的蒸气压，但可降低汞的蒸发速度。

13. 请说明固液平衡系统中，稳定化合物、不稳定化合物、固溶体三者之间的区别，它们的相图各有何特征？

答：略。

------------------------------ 概 念 题 ------------------------------

1. 水蒸气通过灼热的 C（石墨）发生下列反应

$$H_2O(g) + C(\text{石墨}) \rightleftharpoons CO(g) + H_2(g)$$

此平衡系统的相数 P、组分数 C 和自由度 F 分别为

  （A）$P = 2，C = 4，F = 4$ （B）$P = 2，C = 3，F = 3$

  （C）$P = 2，C = 2，F = 2$ （D）$P = 4，C = 2，F = 0$

2. $NH_4HS(s)$ 和任意量的 $NH_3(g)$ 及 $H_2S(g)$ 达平衡时，平衡系统的相数 P、组分数 C 和自由度 F 分别为

(A) $P=2$，$C=2$，$F=2$ 　　　　(B) $P=2$，$C=1$，$F=1$

(C) $P=3$，$C=2$，$F=2$ 　　　　(D) $P=2$，$C=3$，$F=3$

3. 在一个抽空的容器中放入过量的 $NH_4I(s)$ 和 $NH_4Cl(s)$，并发生下列反应

$$NH_4I(s) \Longrightarrow NH_3(g) + HI(g)$$

$$NH_4Cl(s) \Longrightarrow NH_3(g) + HCl(g)$$

达平衡时，系统的相数 P、组分数 C 和自由度 F 分别为

(A) $P=3$，$C=5$，$F=4$ 　　　　(B) $P=3$，$C=3$，$F=2$

(C) $P=3$，$C=2$，$F=1$ 　　　　(D) $P=3$，$C=1$，$F=0$

4. 二元合金处于低共熔温度时系统的条件自由度 F 为

(A) 0 　　　　(B) 1 　　　　(C) 2 　　　　(D) 3

5. 克劳修斯-克拉佩龙方程导出中，忽略了液态体积。此方程使用时，对体系所处的温度要求

(A) 大于临界温度 　　　　(B) 在三相点与沸点之间

(C) 在三相点与临界温度之间 　　　　(D) 小于沸点温度

6. 压力升高时，单组分体系的熔点将如何变化

(A) 升高 　　　　(B) 降低

(C) 不变 　　　　(D) 不一定

7. 下列叙述中错误的是

(A) 水的三相点的温度是 273.15K，压力是 610.62Pa

(B) 水的三相点的温度和压力仅由系统决定，不能任意改变

(C) 水的冰点温度是 0℃(273.15K)，压力是 101325Pa

(D) 水的三相点 $F=0$，而冰点 $F=1$

8. 273.15K 的定义是

(A) 101.325kPa 下，冰和水平衡时的温度

(B) 冰和水、水蒸气三相平衡时的温度

(C) 冰的蒸气压和水的蒸气压相等时的温度

(D) 101.325kPa 下被空气饱和了的水和冰平衡时的温度

9. 在温度为 T 时，$A(l)$ 与 $B(l)$ 的饱和蒸气压分别为 30.0kPa 和 35.0kPa，A 与 B 完全互溶，当 $x_A=0.5$ 时，$p_A=10.0$kPa，$p_B=15.0$kPa，则此两组分双液系常压下的 $T\text{-}x$ 相图为

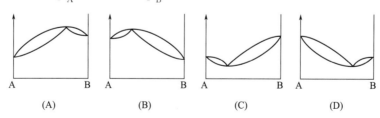

　(A)　　　　　(B)　　　　　(C)　　　　　(D)

10. 对恒沸混合物的描述，下列各种叙述中哪一种是不正确的？

(A) 与化合物一样，具有确定的组成 　　(B) 不具有确定的组成

(C) 平衡时，气相和液相的组成相同 　　(D) 其沸点随外压的改变而改变

11. 若 A 与 B 可构成高共沸混合物 E，则将任意比例的 $A+B$ 体系在一个精馏塔中蒸馏，塔顶馏出物应是什么？

(A) 纯 B 　　　　(B) 纯 A

(C) 低共沸混合物 　　　　(D) 不一定

12. 水蒸气蒸馏通常适用于某有机物与水组成的

（A）完全互溶双液系　　　　　　　　（B）互不相溶双液系

（C）部分互溶双液系　　　　　　　　（D）所有双液系

13. 如图，对于形成简单低共熔混合物的两组分系统相图，当系统的组成为 x，冷却到 t ℃时，固-液两相的质量之比是

（A）$w(s):w(l)=ac:ab$

（B）$w(s):w(l)=bc:ab$

（C）$w(s):w(l)=ac:bc$

（D）$w(s):w(l)=bc:ac$

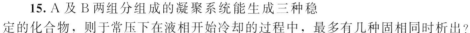

14. A 与 B 可以构成 2 种稳定化合物与 1 种不稳定化合物，那么 A 与 B 的体系可以形成几种低共熔混合物

（A）2 种　　　　　　　　　　　　　（B）3 种

（C）4 种　　　　　　　　　　　　　（D）5 种

15. A 及 B 两组分组成的凝聚系统能生成三种稳定的化合物，则于常压下在液相开始冷却的过程中，最多有几种固相同时析出？

（A）4 种　　　（B）5 种　　　（C）2 种　　　（D）3 种

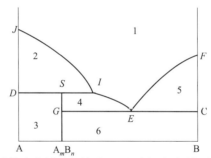

16. A 和 B 两组分凝聚系统相图如图所示，下列叙述中错误的是

（A）1 为液相，$P=1$，$F=2$

（B）要分离出纯 A_mB_n，系统点必须在 6 区内

（C）J、F、E、I 和 S 诸点 $F=0$

（D）GC 直线、DI 直线上的点，$F=0$

17. 如图 A 与 B 是两组分恒压下固相部分互溶凝聚体系相图，图中有几个单相区？

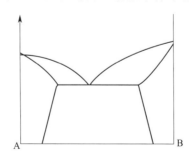

（A）1 个　　　　　　　　　（B）2 个

（C）3 个　　　　　　　　　（D）4 个

答案：

1. C　　2. A　　3. C　　4. A　　5. C　　6. D　　7. A　　8. D　　9. B　　10. A

11. D   12. B   13. C   14. B   15. C   16. B   17. C

提示：

2. A 起始时已加入任意量的 $NH_3(g)$ 及 $H_2S(g)$，所以 $NH_3(g)$ 与 $H_2S(g)$ 之间没有浓度限制条件，即 $R'=0$。

3. C 氨气来自两个分解反应，所以 $NH_3(g)$ 与 $HI(g)$ 和 $NH_3(g)$ 与 $HCl(g)$ 的物质的量均不等，但 $n[NH_3(g)]=n[HI(g)]+n[HCl(g)]$，所以 $R'=1$，$C=5-2-1=2$。

6. D 由克拉佩龙方程可知，压力升高时，单组分的熔点如何改变，还要取决于熔化前后体积的变化。若体积增大，则熔点升高；若体积减小，则熔点降低。

7. A 水的三相点的温度应为 273.16K。

9. B 由于 A 的饱和蒸气压比 B 的小，所以 A 的沸点比 B 的高。另，当 $x_A=0.5$ 时，由拉乌尔定律可得 $p_A=30.0kPa\times0.5=15.0kPa>10.0kPa$，$p_B=35.0kPa\times0.5=17.5kPa>15.0kPa$，即 A 和 B 形成具有负偏差的完全互溶双液系。因此在 T-x 相图上只能有最高恒沸混合物，故选 B。

10. A 恒沸混合物的沸点随外压的变化而改变，其组成也随之改变。

11. D 精馏时塔顶馏出的一定是低沸点物质。此题中 A 与 B 形成的是高沸点共沸混合物，应在塔底馏出，而塔顶馏出的可能是 A，也可能是 B，这取决于该混合物的原始组成。

15. C 由相律可知 $F^*=C-P+1$，因为 $C=2$，所以 $P=3-F^*$。当自由度 $F^*=0$ 时，$P=3$。除了一个液相外，所以最多还有两种固相析出。

16. B 要分离出纯 A_mB_n，物系点最好在 IE 之间。

17. C 固溶体是单相。相图中有 1 个液相区和 2 个固溶体，共 3 个单相区。

习题解答

4.1 苯的熔点随压力的变化率为 $0.296K\cdot MPa^{-1}$。在苯的正常熔点 $5.5℃$ 下，固态苯和液态苯的密度分别为 $1.02g\cdot cm^{-3}$ 和 $0.89g\cdot cm^{-3}$。求苯的摩尔熔化热。

解： 已知 $\dfrac{dT}{dp}=0.296\times10^{-6}K\cdot Pa^{-1}$，$T=278.65K$

熔化过程
$$\Delta V_m=V_m(l)-V_m(s)=\frac{M}{\rho(l)}-\frac{M}{\rho(s)}$$
$$=\left[78\times\left(\frac{1}{0.89}-\frac{1}{1.02}\right)\right]cm^3=11.17cm^3$$

因为
$$\frac{dp}{dT}=\frac{\Delta_{fus}H_m}{T\Delta V_m}$$

所以
$$\Delta_{fus}H_m=\frac{T\Delta V_m}{dT/dp}=\left(\frac{278.65\times11.17\times10^{-6}}{0.296\times10^{-6}}\right)J\cdot mol^{-1}$$
$$=10.51kJ\cdot mol^{-1}$$

4.2 在 273K 时，$H_2O(s)$ 的熔化热等于 $6008.6J\cdot mol^{-1}$，在此温度下固态 H_2O 和液态 H_2O 的摩尔体积分别为 $19.652cm^3$、$18.019cm^3$。若一滑冰者的压力足以使冰融化便可在冰上滑冰。一体重为 65kg 的人的滑冰鞋下面的冰刀与冰的接触面为 $0.1cm^2$，问在如此大的压力下，冰的熔点是多少？能否在 $-4℃$ 的冰上滑冰？

解：
$$\frac{dT}{dp}=\frac{T\Delta V}{\Delta_{fus}H_m}=\frac{273K\times(18.019-19.652)\times10^{-6}m^3}{6008.6J\cdot mol^{-1}}$$

$$=-7.42\times10^{-8}K\cdot Pa^{-1}=-7.42\times10^{-5}K\cdot kPa^{-1}$$

即当压力增大 1kPa 时，冰的熔点降低 $7.42\times10^{-5}K$。

因为滑冰者产生的压力为 $\dfrac{65\times9.8}{0.1\times10^{-4}}kPa=63700kPa$

所以由于滑冰者体重导致的熔点降低为：

$7.42\times10^{-5}K\cdot kPa^{-1}\times(63700-101.325)kPa=4.72K$

即冰刀下冰的熔点为 $-4.72℃$，所以能在 $-4℃$ 的冰山滑冰。

4.3 已知水的正常沸点是 $100℃$，水的摩尔蒸发热为 $40.6kJ\cdot mol^{-1}$。

（1）在青藏高原某处水的沸点为 $80℃$，那么此处的大气压为多少？

（2）压水堆核电站的一回路循环水在 $340℃$ 下循环工作，问至少需要施加多大的压力才能保证水不汽化？

解：因为 $\ln p=-\dfrac{\Delta_{vap}H_m}{RT}+C$

当 $T=373.15K$ 时，$p=101325Pa$

即 $\qquad\qquad \ln101325=-\dfrac{40.6\times10^3}{8.314\times373.5}+C$

解得 $\qquad\qquad C=24.61$

因此有 $\qquad\qquad \ln\dfrac{p}{Pa}=-\dfrac{4883K}{T}+24.61$

（1）当 $T=353.15K$ 时，

$$\ln\dfrac{p}{Pa}=-\dfrac{4883K}{353.1K}+24.61=10.78$$

解得 $\qquad\qquad p=48195Pa=48.20kPa$

（2）当 $T=613.15K$ 时，

$$\ln\dfrac{p}{Pa}=-\dfrac{4883K}{613.15K}+24.61=16.65$$

解得 $\qquad\qquad p=16.96\times10^6Pa$

4.4 乙酰乙酸乙酯 $CH_3COCH_2COOC_2H_5$ 是有机合成的重要试剂，它的蒸气压方程为
$$\ln(p/Pa)=-5960/T+B$$

此试剂在正常沸点 $181℃$ 时部分分解，但在 $70℃$ 是稳定的，可在 $70℃$ 时减压蒸馏提纯，问压强应降到多少？该试剂的摩尔蒸发焓是多少？

解：已知 $T=454K$，$p=101325Pa$

所以 $\qquad\qquad \ln101325=-5960/454+B$

解得 $\qquad\qquad B=24.654$

因此蒸气压方程可写为 $\ln p/Pa=-\dfrac{5960K}{T}+24.65$

当 $T_2=343K$ 时

$$\ln\dfrac{p_2}{Pa}=-\dfrac{5960K}{343K}+24.654=7.278，p_2=1448.1Pa$$

$$\Delta_{vap}H_m=5960R=5960K\times8.314J\cdot mol^{-1}\cdot K^{-1}=49551J\cdot mol^{-1}$$

4.5 固态苯在 $243.2K$ 和 $273.2K$ 的蒸气压分别为 $298.6Pa$ 和 $3.2664kPa$。液态苯在 $283.2K$ 和 $303.2K$ 的蒸气压分别为 $6.1728kPa$ 和 $15.799kPa$。试求苯的三相点温度和压力

以及摩尔熔化焓。

解：因为　　　　　　$\ln \dfrac{p}{\text{Pa}} = -\dfrac{\Delta H}{RT} + C$

对于固态苯
$$\begin{cases} \ln 298.6 = \dfrac{-\Delta_{\text{sub}} H_{\text{m}}}{(8.314 \times 243.2)\text{J} \cdot \text{mol}^{-1}} + C \\ \ln 3266.4 = \dfrac{-\Delta_{\text{sub}} H_{\text{m}}}{(8.314 \times 273.2)\text{J} \cdot \text{mol}^{-1}} + C \end{cases}$$

解得　　　　　　$\Delta_{\text{sub}} H_{\text{m}} = 44.05 \text{kJ} \cdot \text{mol}^{-1}$，$C = 27.49$

所以对于固态苯　　$\ln \dfrac{p}{\text{Pa}} = -\dfrac{44050\text{K}}{8.314T} + 27.49 = \dfrac{5298.3\text{K}}{T} + 27.49$　　　　　（1）

对于液态苯
$$\begin{cases} \ln 6172.8 = -\dfrac{\Delta_{\text{vap}} H_{\text{m}}}{(8.314 \times 283.2)\text{J} \cdot \text{mol}^{-1}} + C' \\ \ln 15799 = -\dfrac{\Delta_{\text{vap}} H_{\text{m}}}{(8.314 \times 303.2)\text{J} \cdot \text{mol}^{-1}} + C' \end{cases}$$

解得　　　　　　$\Delta_{\text{vap}} H_{\text{m}} = 33.55 \text{kJ} \cdot \text{mol}^{-1}$，$C' = 22.98$

所以对于液态苯　　$\ln \dfrac{p}{\text{Pa}} = \dfrac{-33546\text{K}}{8.314 \times T} + 22.98 = -\dfrac{4035\text{K}}{T} + 22.98$　　　　（2）

三相点时，液态与固态的饱和蒸气压相等，即（1）式与（2）式相等

$$-\frac{5298.3\text{K}}{T_3} + 27.49 = -\frac{4035\text{K}}{T_3} + 22.98$$

解得 $T_3 = 280.1\text{K}$。将其代入（1）式或（2）式

$$\ln \frac{p_3}{\text{Pa}} = -\frac{5298.3}{280.1} + 27.49 = 8.57$$

解得　　　　　　$p_3 = 5.3 \text{kPa}$

$$\Delta_{\text{fus}} H_{\text{m}} = \Delta_{\text{sub}} H_{\text{m}} - \Delta_{\text{vap}} H_{\text{m}}$$
$$= (44.05 - 33.55)\text{kJ} \cdot \text{mol}^{-1} = 10.50 \text{kJ} \cdot \text{mol}^{-1}$$

4.6　用氯化氢和乙炔加成生产氯乙烯时，所用的乙炔是由碳化钙置于水中分解出来的，因此在乙炔气中含有水蒸气。如果水蒸气压超过乙炔气总压的 0.1%（乙炔总压为 202kPa），则将会使上述加成反应的汞催化剂中毒失去活性。所以工业生产中要采取冷冻法除去乙炔气中过多的水蒸气。已知冰的蒸气压在 0℃时为 611Pa，在 -15℃时为 165Pa，问冷冻乙炔气的温度应为多少？

解：因为　　　　　$\ln \dfrac{p_2}{p_1} = \dfrac{\Delta H}{R} \left(\dfrac{1}{T_1} - \dfrac{1}{T_2} \right)$

已知，274K 时，$p_1 = 611\text{Pa}$，258K 时，$p_2 = 165\text{Pa}$

所以　　　　　$\ln \dfrac{165\text{Pa}}{611\text{Pa}} = \dfrac{\Delta H}{8.314\text{J} \cdot \text{mol}^{-1} \cdot \text{K}^{-1}} \left(\dfrac{1}{273.15\text{K}^{-1}} - \dfrac{1}{258.15\text{K}^{-1}} \right)$

解得　　　　　$\Delta H = 51.17 \text{kJ} \cdot \text{mol}^{-1}$

再由　　　　　$\ln \dfrac{p_x}{p_1} = \dfrac{\Delta H}{R} \left(\dfrac{1}{T_1} - \dfrac{1}{T_x} \right)$

则　$\ln \dfrac{202000 \times 0.1\% \text{Pa}}{611\text{Pa}} = \dfrac{51.17 \times 10^3 \text{J} \cdot \text{mol}^{-1}}{8.314\text{J} \cdot \text{K}^{-1} \cdot \text{mol}^{-1}} \left(\dfrac{1}{273.15\text{K}} - \dfrac{1}{T_x} \right)$

解得 $\qquad T_x = 260.4K$，即$-12.8℃$。

4.7 合成氨厂常生产一部分液氨，方法是将气态氨压缩到某一适当压力，然后送到冷凝器中冷却。某地夏天水温最高为$32℃$，问至少要将氨气压缩到什么压力才能使其液化？已知氨的正常沸点为$-33.4℃$，正常沸点下的蒸发热为$1.36kJ·g^{-1}$。

解：已知 $T_1 = 239.75K$，$p_1 = 101325Pa$，$T_2 = 305.15K$

$$\Delta_{vap}H_m = 1.36kJ·g^{-1} \times 17g·mol^{-1} = 23.12kJ·mol^{-1}$$

因为 $\qquad \ln\dfrac{p_2}{p_1} = \dfrac{\Delta_{vap}H_m}{R}\left(\dfrac{1}{T_1} - \dfrac{1}{T_2}\right)$

则 $\qquad \ln\dfrac{p_2}{101325Pa} = \dfrac{23120J·mol^{-1}}{8.314J·K^{-1}·mol^{-1}}\left(\dfrac{1}{239.75K} - \dfrac{1}{305.15K}\right) = 2.49$

解得 $\qquad p_2 = 1.22 \times 10^6 Pa = 1.22MPa$。

4.8 水银蒸发形成的汞蒸气可以通过人的呼吸道、消化道、皮肤吸收进入人体导致中毒。卫生部门规定汞蒸气在$1m^3$空气中的最高允许量为$0.01mg$。已知汞在$20℃$时的饱和蒸气压为$0.160Pa$，摩尔蒸发焓为$60.7kJ·mol^{-1}$。若在$30℃$时汞蒸气在空气中达到饱和，问此时空气中汞的含量是最高允许量的多少倍？已知汞蒸气是单原子分子。

解：因为 $\ln\dfrac{p_2}{p_1} = \dfrac{\Delta_{vap}H_m}{R}\left(\dfrac{1}{T_1} - \dfrac{1}{T_2}\right)$

已知 $T_1 = 293.15K$ 时，$p_1 = 0.160Pa$，$T_2 = 303.15K$，故

$$\ln\dfrac{p_2}{0.160Pa} = \dfrac{60700J·mol^{-1}}{8.314J·mol^{-1}·K^{-1}}\left(\dfrac{1}{293.15K} - \dfrac{1}{303.15K}\right) = 0.8215$$

解得：$p_2 = 0.3638Pa$

所以在$1m^3$空气中汞的物质的量为：

$$n = \dfrac{p_2V}{RT} = \left(\dfrac{0.3638 \times 1}{8.314 \times 303.15}\right)mol = 1.444 \times 10^{-4}mol$$

其质量为 $m = n \times M = (1.444 \times 10^{-4} \times 200.59)g = 0.02897g$

$$= 28.97mg$$

所以是最高允许量的2897倍。

4.9 CCl_4的蒸气压p_1^*和$SnCl_4$的蒸气压p_2^*在不同温度时的测定值如下：

T/K	350	353	363	373	383	387
p_1^*/kPa	101.325	111.458	148.254	193.317	250.646	—
p_2^*/kPa	—	34.397	48.263	66.261	89.726	101.325

（1）假定这两个组分形成理想溶液，绘出其沸点-组成图。

（2）CCl_4的摩尔分数为0.2的溶液在$101.325kPa$下蒸馏时，于多少摄氏度开始沸腾？最初的馏出物中含CCl_4的摩尔分数是多少？

解：（1）因为两组分形成理想溶液

所以 $\qquad p_1 = p_1^* x_1 = p_1^*(1-x_2)$ ， $\qquad p_2 = p_2^* x_2$

$$p_1 + p_2 = (p_2^* - p_1^*)x_2 + p_1^*$$

考虑是常压下的沸点-组成图，所以 $p_1 + p_2 = 101.325kPa$

故液相中$SnCl_4$组成与p_1^*和p_2^*的关系为

$$x_2 = \dfrac{101.325kPa - p_1^*}{p_2^* - p_1^*} \qquad ①$$

而气相中 $SnCl_4$ 组成与压力的关系

$$y_2 = \frac{p_2}{p_1 + p_2} = \frac{p_2^*(101.325kPa - p_1^*)}{101.325kPa \times (p_2^* - p_1^*)}$$ ②

按题目所给不同温度下 p_1^* 和 p_2^* 的值代入①和②式，可得不同温度下气相、液相组成：

T/K	350	353	363	373	383	387
x_2	0	0.1315	0.4693	0.7240	0.9279	1.000
y_2	0	0.0446	0.2235	0.4735	0.8217	1.000

按上面数据作图如下

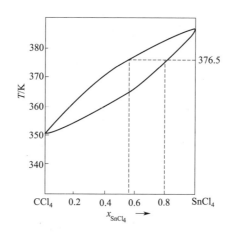

（2）从图上找到 $x_{CCl_4} = 0.2$，即 $x_{SnCl_4} = 0.8$ 处对应点，可得此体系沸点为 $T = 376.5K$ 馏出物含 CCl_4 量为

$$x_{CCl_4} = 1 - 0.58 = 0.42$$

4.10 下列数据为乙醇和乙酸乙酯在 101.325kPa 下蒸馏时所得，乙醇在液相和气相中的摩尔分数为 x 和 y。

T/K	350.3	348.15	344.96	344.75	345.95	349.55	351.45
$x(C_2H_5OH)$	0.000	0.100	0.360	0.462	0.710	0.942	1.000
$y(C_2H_5OH)$	0.000	0.164	0.398	0.462	0.600	0.880	1.000

（1）依据表中数据绘制 T-x 图。

（2）在溶液组成 $x(C_2H_5OH) = 0.75$ 时，最初馏出物的组成是多少？

（3）用精馏塔能否将 $x(C_2H_5OH) = 0.75$ 的溶液分离成纯乙醇和纯乙酸乙酯？

解：（1）T-x 图如下所示

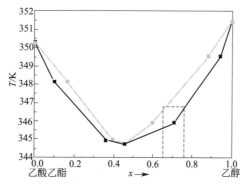

（2）从图中可以看出 $y_{乙醇} = 0.64$。

（3）不能，只能得到纯乙醇和由乙酸乙酯和乙醇组成的最低恒沸混合物。

4.11 酚-水体系在 60℃ 分成两液相，第一相含 16.8%（质量分数）的酚，第二相含 44.9% 的水。

（1）如果体系中含 90g 水和 60g 酚，那么每相质量为多少？

（2）如果要使含 80% 酚的 100g 溶液变成浑浊，必须加水多少克？

解：在 Ⅰ 相中含 16.8% 的酚；在 Ⅱ 相中含 44.9% 的水，则含酚为 55.1%。

（1）设系统点为 O，其中酚含量为：$60/150 = 40\%$

于是 $m_1 + m_2 = 150g$ 且由杠杆规则 $\dfrac{m_1}{m_2} = \dfrac{55.1 - 40}{40 - 16.8}$

解得：$m_1 = 59.1g$，$m_2 = 90.9g$

（2）要使含 80% 酚的溶液变成浑浊，就是要用水稀释使其浓度降到 55.1% 以下，即

$$\frac{80}{100 + m_水} = 55.1\%$$

需加水 $\qquad m_水 = 45.2g$

4.12 有一种不溶于水的有机化合物，在高温时易分解，因此用水蒸气蒸馏法予以提纯。混合物的馏出温度为 95.0℃，实验室内气压为 99175Pa。分析测得馏出物中水的质量分数为 45%，试估算此化合物的分子量。（已知水的蒸发热 $\Delta_{vap}H_m = 2255J·mol^{-1}$）

解：利用克-克方程求 95.0℃ 时水的蒸气压，解得：

$$\ln\frac{p(H_2O, 368.2K)}{10^5} = -\frac{2255}{8.314} \times \left(\frac{1}{368.2} - \frac{1}{373.2}\right)$$

所以 $\qquad p(H_2O, 368.2K) = 99018Pa$

$p(有机, 368.2K) = 99175 - 99018 = 157Pa$

设 100g 馏出物，则气相中

$$p(H_2O)V = n(H_2O)RT$$
$$p(有机)V = n(有机)RT$$

所以 $\qquad \dfrac{p(H_2O)}{p(有机)} = \dfrac{45/18}{55/M(有机)} = \dfrac{99018}{157}$

解得 $\qquad M(有机) = 13875$

4.13 80℃ 时溴苯和水的蒸气压分别为 8.825kPa 和 47.335kPa，溴苯的正常沸点是 156℃。计算：

（1）溴苯水蒸气蒸馏的温度，已知实验室的大气压为 101.325kPa；

（2）在这种水蒸气蒸馏的蒸气中溴苯的质量分数。已知溴苯的摩尔质量为 156.9g·mol^{-1}。

解：（1）$\ln p^*(溴苯) = -\dfrac{A}{T/K} + B$

由 $\ln 8.825(kPa) = -\dfrac{A}{353} + B$；$\ln 101.325(kPa) = -\dfrac{A}{429} + B$

得 $\qquad \ln p^*(溴苯) = -\dfrac{4863.4}{T} + 22.86 \qquad (1)$

对 H₂O 而言 $\quad$ 353K，$p^* = 47.335kPa$；373K，$p^* = 101.325kPa$

得 $\qquad \ln p^*(水) = -\dfrac{5010.6}{T} + 24.96 \qquad (2)$

又因为 $\qquad p^*(溴苯) + p^*(水) = 101.325kPa \qquad (3)$

联立方程(1)、(2)、(3)，解得 $p^*(溴苯) = 15.66kPa$，$p^*(水) = 85.71kPa$

代入得 $\qquad T = 368.4K = 95.2℃$

（2）由 $p^*(溴苯)＝p_总 y(溴苯)$，$p^*(水)＝p_总 y(水)$，可得

$$\frac{p^*(溴苯)}{p^*(水)}＝\frac{y(溴苯)}{y(水)}＝\frac{n(溴苯)}{n(水)}$$

$$＝\frac{m(溴苯)}{M(溴苯)}\bigg/\frac{m(水)}{M(水)}$$

$$\frac{m(溴苯)}{m(水)}＝\frac{p^*(溴苯)\cdot M(溴苯)}{p^*(水)\cdot M(水)}$$

$$＝\frac{15.66\times156.9}{85.71\times18}＝1.593$$

所以
$$m(溴苯)＝\frac{1.593}{2.593}＝61.4\%$$

4.14　在标准压力下，A、B 两组分液态完全互溶，固态完全不互溶。其低共熔混合物中含 B 的质量分数为 0.60，今有 180g 含 B 0.40 的液体混合物，问

（1）冷却时，最多可得多少克纯 A(s)？

（2）在三相平衡时，若低共熔混合物的质量为 60g，与其平衡的固体 A 及固体 B 分别为多少克？

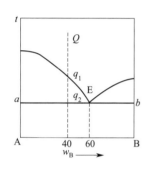

解：（1）由题意所得相图示意图如左所示，由杠杆规则得

$$m_A\times aq_2＝m_E\times q_2E$$

即
$$m_A\times(40-0)＝m_E\times(60-40)$$

$$m_A＋m_E＝180g$$

解得
$$m_A＝60g$$

（2）三相平衡时，除 60g 已析出的 A，低共熔混合物的质量为

$$m_E＝180g-60g＝120g$$

只剩 60g 时，即已有 60 克转变为 A(s) 及 B(s)，即

$$m_A\times aE＝m_B\times bE$$

$$m_A\times(60-0)＝m_E\times(100-60)$$

$$m_A＋m_B＝60g$$

解得
$$m_A＝24g、\quad m_B＝60g-24g＝36g$$

即此时固体 A 和固体 B 的质量分别为 (60＋24)g＝84g 和 36g。

4.15　定压下 Tl、Hg 及其仅有的一个化合物（Tl_2Hg_5）的熔点分别为 303℃、-39℃、15℃。另外还已知 Hg、Tl 的固相互不相溶，组成为含 Tl 的质量分数分别为 0.08 和 0.41 的熔液的步冷曲线如附图。

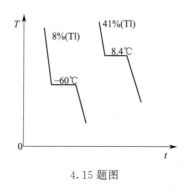

4.15 题图

（1）画出上述体系的相图。（Tl、Hg 的原子量分别为 204.4、200.6）；

（2）若体系总质量为 500g，总组成为含 Tl 质量分数为 0.10，温度为 20℃，使之降温至 −70℃ 时，求达到平衡后各相的质量。

解：（1）相图如下图所示

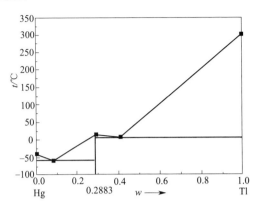

（2）−70℃ 时，由相图可知，此时系统处在由 Hg(s) 和 $Tl_2Hg_5(s)$ 组成的两个固相不互溶的相区。设 Hg(s) 的质量为 m，则 $Tl_2Hg_5(s)$ 的质量为（500g−m）。

根据杠杆规则 $\quad\quad m(0.1-0)=(500g-m)(0.2893-0.1)$

解得 $\quad\quad\quad\quad\quad\quad m=327.3g$

即固态 Hg 的质量为 327.3g，化合物 Tl_2Hg_5 的质量为 （500−327.2）g=172.8g。

4.16 $NaCl-H_2O$ 两组分体系的低共熔点为 −21.1℃，此时冰、$NaCl \cdot 2H_2O(s)$ 和浓度为 22.3%（质量分数）的 NaCl 水溶液平衡共存，在 −9℃ 时有一不相合熔点，在该熔点温度时，不稳定化合物 $NaCl \cdot H_2O$ 分解成无水 NaCl 和 27% 的 NaCl 水溶液，已知无水 NaCl 在水中的溶解度受温度的影响不大（当温度升高时，溶解度略有增加）。

（1）请绘制相图，并指出图中线、面的意义；

（2）若在冰-水平衡体系中加入固体 NaCl 作制冷剂可获得的最低温度是多少？

（3）若 1kg 28% NaCl 水溶液由 160℃ 冷却到 9℃，最多能析出纯 NaCl 多少克？

解：（1）作图如下，各相区的稳定相如图中所示。

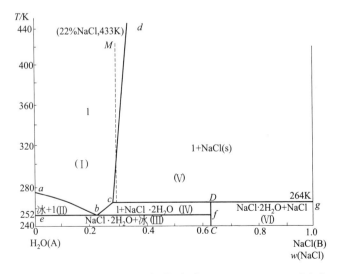

图中垂直线段 CD 代表生成的不稳定化合物 $NaCl \cdot 2H_2O$，因为 NaCl 的分子量为 58.44，水的分子量为 18.016，所以 $NaCl \cdot 2H_2O$ 中 NaCl 所占质量分数为 58.44÷（58.44＋

$18.016 \times 2) = 61.9\%$；曲线 ab 为冰和 NaCl 溶液的两相平衡线，也即 NaCl 溶液的凝固点下降曲线；曲线 bc 为 $NaCl \cdot 2H_2O$ 的溶解度曲线；cd 为 NaCl 的溶解度曲线；水平线段 ebf 为冰、溶液和 $NaCl \cdot 2H_2O$ 固体三相共存线；水平线段 cDg 为溶液、$NaCl \cdot 2H_2O$ 固体和 NaCl 固体的三相共存线。

（2）此时就是向（Ⅱ）区加入 NaCl，则溶液中 NaCl 浓度提高，其组成-温度线将下降至共低共熔点 b，所以可获得最低温度为 $-21.1℃$，即 252K。

（3）如图系统从 M 点降温至无限接近 9℃ 时，即落在由 NaCl(s) 和溶液组成的两相平衡区且无限接近水平线段 cDg，由杠杆规则，有

$$m_1(0.28 - 0.27) = m_{NaCl(s)}(1.0 - 0.28)$$

$$m_1 + m_{NaCl(s)} = 1000g$$

解得 $m_{NaCl}(s) = 13.7g$，即最多能析出纯 NaCl 13.7g。

4.17 Au 和 Sb 分别在 1333K 和 903K 时熔化，并形成一种化合物 $AuSb_2$，在 1073K 熔化时固、液相组成不一致，在 773K，$AuSb_2$ 与 Sb 形成的低共熔物 $w(Sb) = 0.90$。试画出符合上述数据的简单相图，并标出所有相区名称，画出含 Au 质量分数为 0.80 熔融物的步冷曲线。

解： $AuSb_2$ 中 Sb 的质量分数为 55.3%，简单相图及各相区名称如下所示。

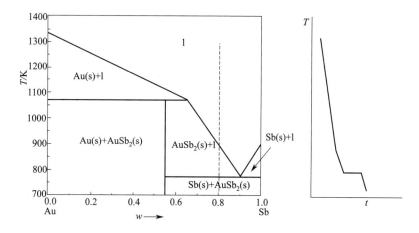

含 Au 质量分数为 0.80 熔融物的步冷曲线如上图所示。

4.18 Ni 与 Mo 形成化合物 MoNi，在 1345℃ 时分解成 Mo 与含 Mo 的质量分数为 0.53 的液相，在 1300℃ 有唯一最低共熔点，该温度下平衡相为 MoNi，含 Mo 为 0.48 的液相和含 Mo 为 0.32 的固溶体，已知 Ni 的熔点 1452℃，Mo 的熔点为 2535℃，画出该体系的粗略相图（t-w 图）。

解： 形成化合物时 Mo 的质量分数为 0.62，相图如下所示

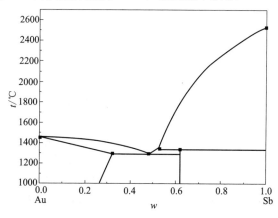

4.19 某生成不稳定化合物系统的液-固系统相图如下图所示，绘出图中状态为 a，b，c，d，e 的样品的步冷曲线。

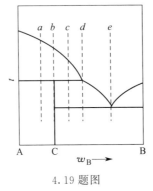

4.19 题图

解： a，b，c，d，e 样品的步冷曲线如下图所示：

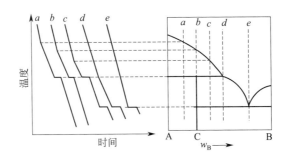

4.20 固态完全互溶、具有最高熔点的 A-B 两组分凝聚系统相图如下图所示。指出各相区的相平衡关系、各条线的意义并绘出状态点 a、b 的样品的步冷曲线。

解： 如下图所示，1 区为液态溶液，单相区；2 区为固态溶液（固溶体），单相区；3 区和 4 区是液态溶液与固态溶液两相平衡区。曲线 $pceq$ 为液相线，曲线 $pdeq$ 为固相线。

系统从 a 点降温至与液相线相交于 c 点时，开始有固溶体析出，二相平衡，自由度为 1，继续降温，至与固相线相交于 d 点时，液体全部凝固，进入单相区。

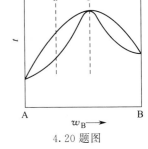

4.20 题图

系统从 b 点降温至 e 点时，固、液二相平衡，液相与固相组成相同，自由度为 0，当液相全部消失后，温度才会继续下降。

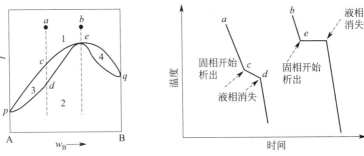

4.21 SiO_2-Al_2O_3 系统高温区间的相图示意图如下图所示。高温下，SiO_2 有白硅石和鳞石英两种晶型，AB 是其转晶线，AB 线之上为白硅石，之下为鳞石英。化合物 M 组成为

$3SiO_2 \cdot 2Al_2O_3$。

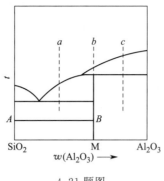

4.21 题图

（1）指出各相区的稳定相及三相线的相平衡关系；

（2）绘出图中状态点为 a、b、c 的样品的步冷曲线。

解：（1）如图所示的各相区的稳定相列于表中。

相区	相态	相区	相态
1	熔液	5	白硅石＋M(s)
2	熔液＋白硅石	6	鳞石英＋M(s)
3	熔液＋M(s)	7	M(s)＋Al_2O_3(s)
4	熔液＋Al_2O_3(s)		

水平线 FEG 是白硅石、熔液、M(s) 的三相平衡线，其相平衡关系：

$$熔液\ 1 \Longrightarrow SiO_2(白硅石)＋M(s)$$

水平线 CDP 是熔液、M(s)、Al_2O_3(s) 的三相平衡线，其相平衡关系：

$$熔液\ 1＋Al_2O_3(s) \Longrightarrow M(s)$$

水平线 AB 是白硅石、M(s)、鳞石英的三相平衡线。

（2）a、b、c 样品的步冷曲线如下所示。

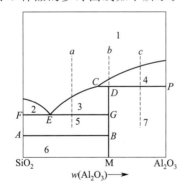

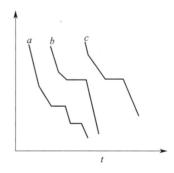

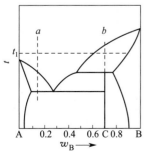

4.22 题图

4.22 某 A-B 两组分凝聚系统相图如左图所示，其中 C 为不稳定化合物。

（1）标出图中各相区的稳定相和自由度；

（2）指出图中的三相线及相平衡关系；

（3）绘出图中状态点为 b、a 的样品的冷却曲线，注明冷却过程相变化情况；

（4）将 5kg 处于 b 点的样品冷却至 t_1，系统中液态物质与析出固态物质的质量各为多少？

解：（1）各相区相态和自由度如下表所列。

相区	相态	自由度	相区	相态	自由度
1	溶液	2	5	溶液＋不稳定化合物 C(s)	1
2	固溶体 α	2	6	溶液＋固溶体 β	1
3	固溶体 β	2	7	固溶体 α＋不稳定化合物 C(s)	1
4	溶液＋固溶体 α	1	8	固溶体 β＋不稳定化合物 C(s)	1

（2）三相线 cde 上的三相平衡：

$$溶液（组成为 w_d）\Longleftrightarrow 固溶体 \alpha＋不稳定化合物 C(s)$$

三相线 gfh 上的三相平衡：

$$溶液（组成为 w_g）＋固溶体 \beta \Longleftrightarrow 不稳定化合物 C(s)$$

（3）步冷曲线及冷却过程相变化如下所示

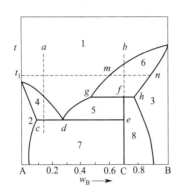
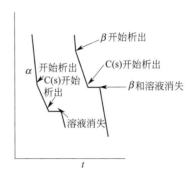

（4）由图中可见，由 b 点降至 t_1 时，m 和 n 点的组成为 0.6 和 0.9。由杠杆规则得

$$m_1(0.7-0.6)=m_s(0.9-0.7)$$
$$m_1+m_s=5\text{kg}$$

解得 $\qquad m_s=1.67\text{kg}，\quad m_1=3.33\text{kg}$

4.23 下面是两组分凝聚体系相图，注明每个相图中的相态，并指出三相平衡线。

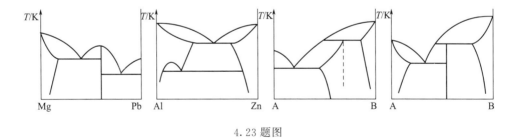

4.23 题图

解： 各相区相态标如下图，图中的水平线段均为三相平衡线，相平衡关系略。

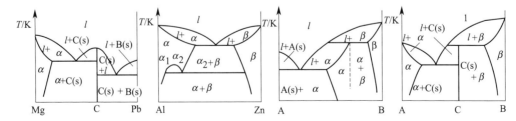

4.24 某两组分凝聚相图如下图所示。

（1）标出图中各相区的相态及成分；

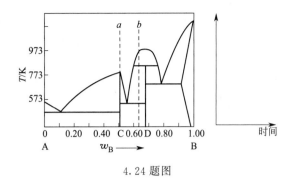

4.24 题图

（2）画出 a、b 系统点的步冷曲线并标出自由度及相变化；

（3）如果有含 B 质量分数为 0.40 的熔液 1kg，在冷却过程中可得到何种纯固体物质？计算最大值，反应控制在什么温度？

解：（1）各相区的相态及成分如下表所示。C 为稳定化合物，D 为不稳定化合物。

相区	相态	相区	相态
1	l	7	C(s)+D(s)
2	l+A(s)	8	l_1+l_2
3	l+C(s)	9	l+D(s)
4	A(s)+C(s)	10	l+β
5	l+C(s)	11	D(s)+β
6	l+D(s)	12	β

（2）a、b 系统点的步冷曲线及自由度与相变化如下图所示

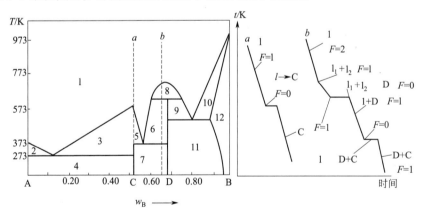

（3）质量分数为 0.40 的熔液冷却过程中到 3 区，可得到纯 C(s)。当温度靠近三相线即 273K 时，可得到最多的纯 C(s)。由杠杆规则可得

$$m_{C(s)} \times (0.52-0.40) = m_1 \times (0.40-0.12)$$
$$m_{C(s)} + m_1 = 1kg$$

解得
$$m_{C(s)} = 0.7kg$$

即最多可得 0.7kg 纯固态 C 稳定化合物。

4.25 A 和 B 两组分凝聚系统的相图如下图所示。标出各相区相态，并写出图中三相线上的相平衡关系。

解：图中所示各相区的相态列于下表中。

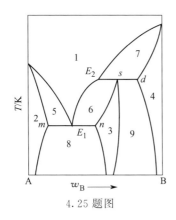

相区	相态
1	l
2	α
3	β
4	γ
5	l+α
6	l+β
7	l+γ
8	α+β
9	β+γ

4.25 题图

mE_1n 三相平衡线：α(组成为 w_m)+β(组成为 w_n)⇌l(组成为 E_1)

E_2sd 三相平衡线：l(组成为 E_2)+γ(组成为 w_d)⇌β(组成为 w_s)

4.26 A 和 B 两组分凝聚系统的相图如下图所示。标出各相区相态，并写出图中三相线上的相平衡关系。

解： 如图所示的各相区的相态列于下表中。

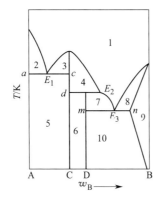

相区	相态
1	l
2	l+A(s)
3	l+C(s)
4	l+C(s)
5	A(s)+C(s)
6	D(s)+C(s)
7	l+D(s)
8	l+α
9	α
10	D(s)+α

4.26 题图

aE_1c 三相平衡线：l(组成为 E_1)⇌A(s)+C(s)

dE_2 三相平衡线：C(s)+l(组成为 E_2)⇌D(s)

mE_3n 三相平衡线：D(s)+α(组成为 n)⇌l(组成为 E_3)

第 **5** 章

电化学

基本知识点归纳及总结

一、电解质溶液

1. 离子迁移数

$$t_+ = \frac{Q_+}{Q_+ + Q_-} = \frac{u_+}{u_+ + u_-} = \frac{U_+}{U_+ + U_-}$$

$$t_- = \frac{Q_-}{Q_+ + Q_-} = \frac{u_-}{u_+ + u_-} = \frac{U_-}{U_+ + U_-}$$

2. 电导 G、电导率 κ 和摩尔电导率 Λ_m

$$G = \frac{1}{R} = \frac{1}{\rho} \cdot \frac{A}{l} = \kappa \cdot \frac{A}{l}$$

$$\Lambda_m \xlongequal{\text{def}} \frac{\kappa}{c}$$

3. 离子独立运动定律

$$\Lambda_m^\infty = \nu_+ \Lambda_{m,+}^\infty + \nu_- \Lambda_{m,-}^\infty$$

其中

$$\Lambda_{m,+}^\infty = \frac{\Lambda_m^\infty t_+^\infty}{\nu_+} \qquad \Lambda_{m,-}^\infty = \frac{\Lambda_m^\infty t_-^\infty}{\nu_-}$$

对强电解质，在浓度较低的范围内，有下列经验公式

$$\Lambda_m = \Lambda_m^\infty - B\sqrt{c}$$

对于弱电解质溶液 $\qquad \Lambda_m = \alpha \Lambda_m^\infty$

4. 离子平均活度和离子平均活度系数

$$a_\pm \xlongequal{\text{def}} (a_+^{\nu_+} a_-^{\nu_-})^{\frac{1}{\nu}}$$

$$\gamma_\pm \xlongequal{\text{def}} (\gamma_+^{\nu_+} \gamma_-^{\nu_-})^{\frac{1}{\nu}}$$

$$b_\pm \xlongequal{\text{def}} (b_+^{\nu_+} b_-^{\nu_-})^{\frac{1}{\nu}}$$

$$a_\pm = \gamma_\pm \frac{b_\pm}{b^\ominus}$$

$$a = a_+^{\nu_+} a_-^{\nu_-} = a_\pm^{\nu}$$

式中，$\nu = \nu_+ + \nu_-$。

5. 离子强度与德拜-休克尔极限公式

$$\lg\gamma_\pm = -A|z_+z_-|\sqrt{I}$$

$$I \stackrel{\text{def}}{=\!=} \frac{1}{2}\sum_B b_B z_B^2$$

298.12K 时，$A = 0.509$，即

$$\lg\gamma_\pm = -0.509|z_+z_-|\sqrt{I}$$

二、可逆电池及其电动势

1. 可逆电池热力学

电池电动势与热力学量的关系

$$\Delta_r G_m = W'_{r,m} = -zFE$$

$$\Delta_r S_m = -\left(\frac{\partial \Delta_r G_m}{\partial T}\right)_p = zF\left(\frac{\partial E}{\partial T}\right)_p$$

$$\Delta_r H_m = \Delta_r G_m + T\Delta_r S_m = -zFE + zFT\left(\frac{\partial E}{\partial T}\right)_p$$

$$Q_R = T\Delta_r S_m = zFT\left(\frac{\partial E}{\partial T}\right)_p$$

2. 电动势的计算，能斯特方程

对于任一化学反应 $\qquad 0 = \sum_B \nu_B B$

$$E = E^\ominus - \frac{RT}{zF}\ln\prod_B a_B^{\nu_B}$$

当电池反应达平衡时，$\Delta_r G_m = 0$，$E = 0$，则

$$\ln K^\ominus = \frac{zFE^\ominus}{RT}$$

对于任一电极反应 $\qquad Ox + ze^- \longrightarrow Red$

$$E(Ox\mid Red) = E^\ominus(Ox\mid Red) - \frac{RT}{zF}\ln\prod_B a_B^{\nu_B}$$

3. 电动势及电极电势测定的应用

可用于判断反应趋势；求算电池反应的平衡常数，包括弱电解质的解离常数、难溶盐的溶度积等；求算热力学数据；求算溶液中电解质的平均活度系数；测定溶液的 pH 等。

三、不可逆电极过程

1. 电极的极化和超电势

无论是电解还是电池放电，不可逆电极过程总是使阳极电势升高，阴极电势降低。

阳极： $\qquad \eta_阳 = E_{IR,阳} - E_{R,阳}$

阴极： $\qquad \eta_阴 = E_{R,阴} - E_{IR,阴}$

2. 分解电压

$$E_d = E_{i,d} + \eta_阳 + \eta_阴 + IR$$

3. 析出电极电势

$$E_{析出,阳}=E_{R,阳}+\eta_{阳}$$

$$E_{析出,阴}=E_{R,阴}-\eta_{阴}$$

电解时，阳极上，析出电势越小（代数值）的越先在阳极上氧化析出；阴极上，析出电势越大（代数值）的越先在阴极上还原析出。

---------------------- **例题分析** ----------------------

例题 5.1　某水溶液含 $0.100\,\mathrm{mol\cdot dm^{-3}}$ KCl 和 $0.200\,\mathrm{mol\cdot dm^{-3}}$ RbCl，若 K^+、Rb^+ 和 Cl^- 离子的摩尔电导率分别是 $74\,\mathrm{S\cdot cm^2\cdot mol^{-1}}$、$40\,\mathrm{S\cdot cm^2\cdot mol^{-1}}$ 和 $76\,\mathrm{S\cdot cm^2\cdot mol^{-1}}$，试求该溶液的电导率是多少？

解：由题给的数据可分别求出两电解质的摩尔电导率

$$\Lambda_m(KCl)=\Lambda_m(K^+)+\Lambda_m(Cl^-)=(74+76)\,\mathrm{S\cdot cm^2\cdot mol^{-1}}$$
$$=1.50\times10^{-2}\,\mathrm{S\cdot m^2\cdot mol^{-1}}$$
$$\Lambda_m(RbCl)=\Lambda_m(Rb^+)+\Lambda_m(Cl^-)=(40+76)\,\mathrm{S\cdot cm^2\cdot mol^{-1}}$$
$$=1.16\times10^{-2}\,\mathrm{S\cdot m^2\cdot mol^{-1}}$$

电解质的电导率分别为

$$\kappa(KCl)=\Lambda_m(KCl)\cdot c=(1.50\times10^{-2}\times0.100\times10^3)\,\mathrm{S\cdot m^{-1}}=1.50\,\mathrm{S\cdot m^{-1}}$$
$$\kappa(RbCl)=\Lambda_m(RbCl)\cdot c=(1.16\times10^{-2}\times0.200\times10^3)\,\mathrm{S\cdot m^{-1}}=2.32\,\mathrm{S\cdot m^{-1}}$$

所以，该溶液的电导率为

$$\kappa=\kappa(KCl)+\kappa(RbCl)=(1.50+2.32)\,\mathrm{S\cdot m^{-1}}=3.82\,\mathrm{S\cdot m^{-1}}$$

例题 5.2　$300.2\mathrm{K}$、$101325\mathrm{Pa}$ 下，用 $5.00\mathrm{A}$ 的直流电来电解极稀的硫酸溶液。问：欲获得 $1.00\times10^{-3}\,\mathrm{m^3}$ 氧气，需通电多少时间？欲获得 $1.00\times10^{-3}\,\mathrm{m^3}$ 氢气，需通电多少时间？

解：（1）阳极反应为 $4OH^-(aq)\longrightarrow2H_2O(l)+O_2(g)+4e^-$

$$n_e=4n(O_2)=\frac{4pV}{RT}=\left(\frac{4\times101325\times1.00\times10^{-3}}{8.314\times300.2}\right)\mathrm{mol}=0.162\,\mathrm{mol}$$

由 $Q=It=n_eF$ 可得

$$t=\frac{n_eF}{I}=\frac{0.162\times96500}{5.00}\mathrm{s}=3127\mathrm{s}$$

（2）阴极反应为 $2H^+(aq)+2e^-\longrightarrow H_2(g)$

$$n_e=2n(H_2)=\frac{2pV}{RT}=\left(\frac{2\times101325\times1.00\times10^{-3}}{8.314\times300.2}\right)\mathrm{mol}=0.0812\,\mathrm{mol}$$

由 $Q=It=n_eF$ 可得

$$t=\frac{n_eF}{I}=\left(\frac{0.0812\times96500}{5.00}\right)\mathrm{s}=1567\mathrm{s}$$

例题 5.3　在 $1000\mathrm{g}$ 水中含有 $15.96\mathrm{g}$ $CuSO_4$ 和 $17.00\mathrm{g}$ NH_3，现将此溶液放在两个铜电极间电解。在 $25^\circ\mathrm{C}$ 时有 $0.01F$ 的电量通过溶液，通电后在 $103.66\mathrm{g}$ 阳极溶液中含有 $2.09\mathrm{g}$ $CuSO_4$ 和 $1.570\mathrm{g}$ NH_3。计算配离子 $[Cu(NH_3)_x]^{2+}$ 中 x 值及迁移数。

解： 假设水不迁移，对 Cu^{2+} 作物料衡算，有

$$n_{前} = \left[\frac{15.96 \times (103.66 - 2.09 - 1.57)}{1000 \times 159.6}\right] mol = 0.01 mol$$

$$n_{迁} = n_{前} - n_{后} + n_{电} = \left(0.01 - \frac{2.09}{159.6} + \frac{0.01}{2}\right) mol = 0.0019 mol$$

迁出阳极区 NH_3 的物质的量

$$n(NH_3) = \left[\frac{17.00 \times (103.66 - 2.09 - 1.57)}{1000 \times 17} - \frac{1.57}{17}\right] mol = 7.65 \times 10^{-3} mol$$

所以

$$x = \frac{n(NH_3)}{n_{迁}} = \frac{7.65 \times 10^{-3}}{1.9 \times 10^{-3}} = 4$$

$$t_+ = \frac{Q_+}{Q_{总}} = \frac{1.9 \times 10^{-3} \times 2F}{0.01F} = 0.38$$

$$t_- = 1 - 0.38 = 0.62$$

例题 5.4 在等温等压下，对同一电池，下列三种情况下的 W'、Q_p、$\Delta_r G_m$、$\Delta_r S_m$ 及 $\Delta_r H_m$ 关系如何？设三种情况下的电池反应相同。

（1）可逆放电，电动势为 E；

（2）电池短路；

（3）不可逆放电，两极电势差 E'。

解： 因为 G、S 及 H 是状态函数，且三种情形下的电池反应相同，所以三种情形下 $\Delta_r G_m$、$\Delta_r S_m$ 及 $\Delta_r H_m$ 相同。

$$\Delta_r G_m = -zFE,$$

$$\Delta_r S_m = zF\left(\frac{\partial E}{\partial T}\right)_p$$

$$\Delta_r H_m = \Delta_r G_m + T\Delta_r S_m = -zFE + zFT\left(\frac{\partial E}{\partial T}\right)_p$$

W' 是非体积功，对于不同的过程，功的数值不同。

① 可逆放电，电动势为 E，此时的 W' 为电功，且为最大功，$W' = -zFE$。

② 电池短路时不做电功，$W' = 0$。

③ 不可逆放电，两极电势差为 E' 时，所做电功 $W' = -zFE'$。

Q_p 是恒压热，热的数值也与过程有关。

① 可逆放电，电动势为 E 时，$W' = -zFE = \Delta_r G_m$

$$Q_p = Q_r = T\Delta_r S_m$$

② 电池短路时不做电功 $\qquad W' = 0$，$Q_p = \Delta_r H_m$

③ 不可逆放电，两极电势差为 E' 时，由热力学第一定律，$\Delta U = Q + W$，有

$$Q_p = \Delta_r U_m - W = \Delta_r U_m - (-p\Delta_r V_m + W')$$

$$= \Delta_r H_m - W' = \Delta_r G_m + T\Delta_r S_m - W'$$

$$W' = -zFE'，且 \Delta_r G_m = -zFE，则$$

$$Q_p = -zFE + T\Delta_r S_m + zFE'$$

$$= zF(E' - E) + T\Delta_r S_m = zF\Delta E + Q_r$$

上式是电池实际工作时热效应的计算公式，ΔE 是电池的实际工作电压与可逆电池电动势的差值，ΔE 越大，电池输出的电功越少，散失的热量越多。电池短路时，$E' = 0$，

$Q_p = \Delta_r H_m$。

例题 5.5　分别测得电池 $Zn(s)|Zn^{2+}[a(Zn^{2+})=1] \| Cu^{2+}[a(Cu^{2+})=1]|Zn(s)$ 的电动势 $E_1(298.15K)=1.103V$，$E_2(313.15K)=1.0961V$。该电池在上述温度范围内温度系数为常数，求该电池反应在 25℃时的 $\Delta_r G_m^\ominus$、$\Delta_r H_m^\ominus$、$\Delta_r S_m^\ominus$、Q_R 及标准平衡常数。

解：电极反应

$$（-）Zn(s) \longrightarrow Zn^{2+}(aq)+2e^-$$
$$（+）Cu^{2+}(aq)+2e^- \longrightarrow Cu(s)$$

电池反应

$$Zn(s)+Cu^{2+}(aq) \longrightarrow Zn^{2+}(aq)+Cu(s), z=2$$

因参与电池反应的各物质的活度均为1，故实测的电动势就是电池的标准电动势，即 $E=E^\ominus$，所以

$$\left(\frac{\partial E^\ominus}{\partial T}\right)_p = \frac{E_2^\ominus - E_1^\ominus}{T_2-T_1} = \left(\frac{1.0961-1.1030}{313.15-298.15}\right)V \cdot K^{-1}$$
$$= -4.6 \times 10^{-4} V \cdot K^{-1}$$

298.15K 时

$$\Delta_r G_m^\ominus = -zFE_1^\ominus = (-2 \times 96485 \times 1.1030)J \cdot mol^{-1}$$
$$= -212.85 kJ \cdot mol^{-1}$$

$$\Delta_r S_m^\ominus = zF\left(\frac{\partial E^\ominus}{\partial T}\right)_p = [2 \times 96485 \times (-4.6 \times 10^{-4})]J \cdot mol^{-1} \cdot K^{-1}$$
$$= -88.77 J \cdot mol^{-1} \cdot K^{-1}$$

$$\Delta_r H_m^\ominus = \Delta_r G_m^\ominus + T\Delta_r S_m^\ominus = -zFE_1^\ominus + zFT\left(\frac{\partial E^\ominus}{\partial T}\right)_p$$
$$= [-212.85 + 298.15 \times (-88.77 \times 10^{-3})]kJ \cdot mol^{-1}$$
$$= -239.32 kJ \cdot mol^{-1}$$

$$Q_R = T\Delta_r S_m^\ominus = [298.15 \times (-88.77)]J \cdot mol^{-1} = -26.47 kJ \cdot mol^{-1}$$

$$\ln K^\ominus = -\frac{\Delta G^\ominus}{RT} = -\frac{-212.85 \times 10^3}{8.314 \times 298.15} = 85.868$$

$$K^\ominus = 1.96 \times 10^{37}$$

例题 5.6　电池 $Hg|Hg_2Br_2(s)|Br^-(aq)|AgBr(s)|Ag$，在标准压力下，电池电动势与温度的关系是：$E=68.04+0.312(T-298.15)$，写出通过 $1F$ 电量时的电极反应与电池反应，计算 25℃时该电池反应的 $\Delta_r G_m^\ominus$、$\Delta_r H_m^\ominus$、$\Delta_r S_m^\ominus$。若通过 $2F$ 电量，则电池所做的可逆电功是多少？

解：通过 $1F$ 电量时，$z=1$

电极反应

$$（-）Hg(l)+Br^-(aq) \longrightarrow \frac{1}{2}Hg_2Br_2(s)+e^-$$
$$（+）AgBr(s)+e^- \longrightarrow Ag(s)+Br^-(aq)$$

电池反应

$$Hg(l)+AgBr(s) \longrightarrow \frac{1}{2}Hg_2Br_2(s)+Ag(s)$$

在标准压力下，参加电池反应的各物质均处在标准态，电池电动势即电池标准电动势，所以 25℃时

$$E^\ominus = 68.04 mV = 6.804 \times 10^{-2} V$$

则

$$\Delta_r G_m^\ominus = -zFE^\ominus = (-1 \times 96485 \times 6.804 \times 10^{-2})J \cdot mol^{-1}$$
$$= -6.565 kJ \cdot mol^{-1}$$

由题意 $\left(\dfrac{\partial E}{\partial T}\right)_p = 0.312 \times 10^{-3} \, \text{V} \cdot \text{K}^{-1}$，则

$$\Delta_r S_m^{\ominus} = zF \left(\frac{\partial E}{\partial T}\right)_p = (1 \times 96485 \times 0.312 \times 10^{-3}) \, \text{J} \cdot \text{mol}^{-1} \cdot \text{K}^{-1}$$
$$= 30.1 \, \text{J} \cdot \text{mol}^{-1} \cdot \text{K}^{-1}$$
$$\Delta_r H_m^{\ominus} = \Delta_r G_m^{\ominus} + T \Delta_r S_m^{\ominus} = (-6565 + 298.15 \times 30.1) \, \text{J} \cdot \text{mol}^{-1}$$
$$= 2409 \, \text{J} \cdot \text{mol}^{-1}$$

若通过 $2F$ 电量，$z = 2$，则电池所做电功为

$$W' = -zFE = (2 \times 96485 \times 6.804 \times 10^{-2}) \, \text{J} \cdot \text{mol}^{-1} = -13.13 \, \text{kJ} \cdot \text{mol}^{-1}$$

例题 5.7 在 298K 时，电极 $\text{Ag} | \text{Ag}^+(\text{aq})$ 和 $\text{Ag} | \text{AgCl(s)} | \text{Cl}^-(\text{aq})$ 的标准电极电势分别为 0.7994V 和 0.2224V，试计算：

（1）AgCl 的活度积；

（2）该活度下 AgCl 在纯水中的溶解度。

解： 依题意，由给定两极组成原电池

$$\text{Ag} | \text{Ag}^+(\text{aq}) \, \vdots \, \text{Cl}^-(\text{aq}) | \text{AgCl(s)} | \text{Ag}$$

电极反应
$$(-) \; \text{Ag} \longrightarrow \text{Ag}^+(\text{aq}) + e^-$$
$$(+) \; \text{AgCl(s)} + e^- \longrightarrow \text{Ag} + \text{Cl}^-(\text{aq})$$

电池反应
$$\text{AgCl(s)} \longrightarrow \text{Ag}^+(\text{aq}) + \text{Cl}^-(\text{aq})$$

$$E = E^{\ominus} - \frac{RT}{F} \ln \frac{a(\text{Ag}^+) \cdot a(\text{Cl}^-)}{a[\text{AgCl(s)}]}$$

其中
$$E^{\ominus} = E^{\ominus}[\text{AgCl(s)} | \text{Ag}] - E^{\ominus}(\text{Ag}^+ | \text{Ag})$$
$$= 0.2224 \, \text{V} - 0.7994 \, \text{V} = -0.5770 \, \text{V}$$

在电池达平衡时 $E = 0$，$a(\text{Ag}^+) \cdot a(\text{Cl}^-) = K_{sp}$，所以 $E^{\ominus} = \dfrac{RT}{F} \ln K_{sp}$，当 $T = 298\text{K}$，可求得 $K_{sp} = 1.74 \times 10^{-10}$。

例题 5.8 设 25℃ 时有下列电池：$\text{Au} | \text{AuI(s)} | \text{HI}(b) | \text{H}_2(\text{g}, p^{\ominus}) | \text{Pt}$

（1）写出电极反应和电池反应；

（2）当 $b(\text{HI}) = 1.0 \times 10^{-4} \, \text{mol} \cdot \text{kg}^{-1}$ 时，$E = -0.97\text{V}$；当 $b(\text{HI}) = 3.0 \, \text{mol} \cdot \text{kg}^{-1}$ 时，$E = -0.41\text{V}$。计算 3.0mol·kg^{-1} HI 溶液的平均活度系数 $\gamma_{\pm}$；

（3）已知 $E^{\ominus}(\text{Au}^+ / \text{Au}) = 1.68\text{V}$，计算 AuI 的溶度积 K_{sp}。

解：（1）电极反应 $\quad (-) \text{Au(s)} + \text{I}^-[a(\text{I}^-)] \longrightarrow \text{AuI(s)} + e^-$

$$(+) \text{H}^+[a(\text{H}^+)] + e^- \longrightarrow \frac{1}{2} \text{H}_2(\text{g}, p^{\ominus})$$

电池反应 $\text{Au(s)} + \text{H}^+[a(\text{H}^+)] + \text{I}^-[a(\text{I}^-)] \longrightarrow \text{AuI(s)} + \dfrac{1}{2} \text{H}_2(\text{g}, p^{\ominus})$

（2）
$$E = E^{\ominus} - \frac{RT}{F} \ln \frac{a[\text{AuI(s)}] \cdot [p(\text{H}_2)/p^{\ominus}]^{1/2}}{a[\text{Au(s)}] \cdot a(\text{H}^+) \cdot a(\text{I}^-)}$$
$$= E^{\ominus} + 0.05916 \text{Vlg}[a(\text{H}^+) \cdot a(\text{I}^-)]$$
$$= E^{\ominus} + 0.05916 \text{Vlg}\left[\left(\frac{b}{b^{\ominus}}\right)^2 \cdot \gamma_{\pm}^2\right]$$

当 $b(\text{HI}) = 1.0 \times 10^{-4} \, \text{mol} \cdot \text{kg}^{-1}$ 时，溶液为稀溶液，$\gamma_{\pm} = 1$，有

$$E^{\ominus}=E-0.05916\mathrm{Vlg}\left(\frac{b}{b^{\ominus}}\right)^2=-0.97\mathrm{V}-0.05916\mathrm{Vlg}\left(\frac{1.0\times10^{-4}}{1}\right)^2$$

$$=-0.4967\mathrm{V}$$

$b(\mathrm{HI})=3.0\mathrm{mol\cdot kg^{-1}}$ 时，有

$$-0.41\mathrm{V}=-0.4967\mathrm{V}+0.05916\mathrm{Vlg}(3.0^2\times\gamma_\pm^2)$$

解得

$$\gamma_\pm=1.80$$

（3）AuI 的溶度积可设计成如下电池

$$\mathrm{Au(s)|Au^+}(a_1)\ \vdots\ \mathrm{I^-}(a_2)|\mathrm{AuI(s)|Au(s)}$$

电池反应

$$\mathrm{AuI=Au^++I^-}$$

该电池的标准电动势　$E_2^{\ominus}=E^{\ominus}(\mathrm{AuI|Au})-E^{\ominus}(\mathrm{Au^+|Au})$

根据（2）的结果可知：

$$E^{\ominus}=E^{\ominus}(\mathrm{H^+|H_2})-E^{\ominus}(\mathrm{AuI|Au})=-E^{\ominus}(\mathrm{AuI|Au})=-0.4967\mathrm{V}$$

即

$$E^{\ominus}(\mathrm{AuI|Au})=0.4967\mathrm{V}$$

所以

$$E_2^{\ominus}=E^{\ominus}(\mathrm{AuI|Au})-E^{\ominus}(\mathrm{Au^+|Au})=0.4967\mathrm{V}-1.68\mathrm{V}=-1.18\mathrm{V}$$

因　　$\ln K_{\mathrm{sp}}=\dfrac{FE_2^{\ominus}}{RT}=\dfrac{96485\times(-1.18)}{8.314\times298.15}=-45.93$

则　　$K_{\mathrm{sp}}=1.13\times10^{-20}$

例题 5.9　298K 时，电池 $\mathrm{Cd|CdCl_2}(0.01\mathrm{mol\cdot kg^{-1}})|\mathrm{AgCl(s)|Ag}$ 的电动势为 0.7585V，标准电动势为 0.5732V。试计算该 $\mathrm{CdCl_2}$ 溶液中的平均活度系数。

解： 电极反应：　　$(-)\mathrm{Cd(s)\longrightarrow Cd^{2+}}[a(\mathrm{Cd^{2+}})]+2\mathrm{e^-}$

$$(+)2\mathrm{AgCl(s)}+2\mathrm{e^-}\longrightarrow2\mathrm{Ag(s)}+2\mathrm{Cl^-}[a(\mathrm{Cl^-})]$$

电池反应：

$$\mathrm{Cd(s)}+2\mathrm{AgCl(s)}\longrightarrow2\mathrm{Ag(s)}+2\mathrm{Cl^-}[a(\mathrm{Cl^-})]+\mathrm{Cd^{2+}}[a(\mathrm{Cd^{2+}})]$$

$$E=E^{\ominus}-\frac{RT}{zF}\ln[a^2(\mathrm{Cl^{-1}})\cdot a(\mathrm{Cd^{2+}})]$$

$$=E^{\ominus}-\frac{RT}{zF}\ln[(2b\cdot\gamma_\pm)^2(b\cdot\gamma_\pm)]$$

$$=E^{\ominus}-\frac{RT}{zF}\ln(4b^3\gamma_\pm^3)$$

已知 $b=0.01\mathrm{mol\cdot kg^{-1}}$，$E=0.7585\mathrm{V}$，$E^{\ominus}=0.5732\mathrm{V}$，$z=2$

所以

$$\ln(4\times10^{-6}\gamma_\pm^3)=\frac{(0.5732-0.7585)\times2\times96485}{8.314\times298}=-14.43$$

则　　$\gamma_\pm=0.51$

例题 5.10　298K 时，$2\mathrm{H_2O(g)}\longrightarrow2\mathrm{H_2(g)}+\mathrm{O_2(g)}$ 的 $K^{\ominus}=9.7\times10^{-81}$，水在此温度下的饱和蒸气压为 3.167kPa，求 298K 时电池 $\mathrm{Pt|H_2}(\mathrm{g},100\mathrm{kPa})|\mathrm{H_2SO_4}(0.01\mathrm{mol\cdot kg^{-1}})|\mathrm{O_2}(\mathrm{g},100\mathrm{kPa})|\mathrm{Pt}$ 的标准电动势。

解： 电极反应　　$(-)\mathrm{H_2(g)}\longrightarrow2\mathrm{H^+(aq)}+2\mathrm{e^-}$

$$(+)\frac{1}{2}\mathrm{O_2(g)}+2\mathrm{H^+(aq)}+2\mathrm{e^-}\longrightarrow\mathrm{H_2O(l)}$$

电池反应　　$\dfrac{1}{2}\mathrm{O_2(g)}+\mathrm{H_2(g)}\longrightarrow\mathrm{H_2O(l)},z=2$

欲求该电池的标准电动势，需先求该电池反应的 $\Delta_r G_m^{\ominus}$，可设计下述过程：

$$
\begin{array}{ccc}
H_2(g) + \dfrac{1}{2}O_2(g) & \xrightarrow{\Delta G_1} & H_2O(g, 100kPa) \\
\Big\downarrow{\scriptstyle \Delta_r G_m^{\ominus}} & & \Big\downarrow{\scriptstyle \Delta G_2} \\
& & H_2O(g,\ 3.167kPa) \\
& & \Big\downarrow{\scriptstyle \Delta G_3} \\
H_2O(l,100kPa) & \xleftarrow{\Delta G_4} & H_2O(l,3.167kPa)
\end{array}
$$

因　　　$\Delta_r G_m^{\ominus} = \Delta G_1 + \Delta G_2 + \Delta G_3 + \Delta G_4$

$$\Delta G_1 = RT\ln(9.7 \times 10^{-81})^{1/2}, \quad \Delta G_2 = RT\ln\frac{3.167}{100}, \quad \Delta G_3 = 0, \quad \Delta G_4 \approx 0$$

$$\Delta_r G_m^{\ominus} = \frac{1}{2}RT\ln(9.7 \times 10^{-81}) + RT\ln\frac{3.167}{100} = -2FE^{\ominus}$$

所以　　　$E^{\ominus} = 1.227V$

例题 5.11　在 298K、$p^{\ominus}$ 下，电解含 Zn^{2+} 溶液，希望当 Zn^{2+} 浓度降至 $1 \times 10^{-4} mol \cdot kg^{-1}$ 时，仍不会有 $H_2(g)$ 析出，问溶液的 pH 值应控制为何值？已知 $H_2(g)$ 在 Zn 电极上的超电势 $\eta(H_2) = 0.72V$，且与浓度无关；$E^{\ominus}(Zn^{2+}|Zn) = -0.7628V$；设所有活度系数均为 1。

解：在阴极，析出电势越大的物质优先析出，因此欲使 $H_2(g)$ 不析出，必须满足 $E_{析}(Zn^{2+}|Zn) \geqslant E_{析}(H^+|H_2)$，由于金属析出时超电势很小，可略去，故

$$E_{析}(Zn^{2+}|Zn) = E^{\ominus}(Zn^{2+}|Zn) - \frac{RT}{zF}\ln\frac{1}{a(Zn^{2+})}$$

$$= -0.7628V + \frac{0.05916V}{2}\lg(1 \times 10^{-4})$$

$$= -0.8811V$$

$$E_{析}(H^+|H_2) = E^{\ominus}(H^+|H_2) + \frac{RT}{F}\ln a(H^+) - \eta(H_2)$$

$$= -0.05916V \times pH - 0.72V$$

所以　　　　　　　$-0.8811V \geqslant -0.05916V\ pH - 0.72V$

$$pH \geqslant \frac{0.8811 - 0.72}{0.05916} = 2.72$$

思 考 题

1. 电导率与浓度的关系如何？摩尔电导率与浓度的关系如何？强电解质溶液和弱电解质溶液摩尔电导率随浓度的变化规律是否相同？为什么？

答：略。

2. 如何用外推法求无限稀释电解质溶液的摩尔电导率，该方法适用哪种电解质？

答：用电导水配制一系列不同浓度的稀电解质溶液，测其和电导水的电导率，利用 $\kappa_{电解质} = \kappa_{溶液} - \kappa_{水}$，求得电解质电导率。再根据 $\Lambda_m = \dfrac{\kappa}{c}$ 求得摩尔电导率，作 $\Lambda_m - \sqrt{c}$ 关系曲

线，外推至 $c=0$，即可得到无限稀释摩尔电导率。该法适用于强电解质。

3. 何谓电极电势？何谓标准电极电势？标准电极电势的数值是怎样确定的？其符号和数值大小有什么物理意义？

答：略。

4. 标准电极电势是否等于电极与周围活度为 1 的电解质溶液之间的电势差？标准电极电势是否是与温度无关的常数？

答：（1）不是，电极与周围电解质溶液之间的真实电势差是无法测量的，标准电极电势是相对于标准氢电极的还原电极电势，即是通过用标准氢电极（作负极）和待测电极（作正极）在标准状态下组成电池，并规定标准氢电极的电极电势为零，测得该电池的电动势值即为待测电极的标准电极电势。

（2）不是，标准电极电势的大小主要取决于电极的本性，并受温度、介质等因素的影响，通常测定的温度为 298.15K。

5. 原电池反应书写形式不同是否会影响该原电池的电动势和反应的吉布斯函数变 $\Delta_r G_m^{\ominus}$ 以及反应的标准平衡常数？

答：原电池的书写形式不同不会影响该原电池的电动势，这是因为 $E^{\ominus}$ 值的大小和符号与组成电极的物质种类有关，而与电极反应的写法无关，但会影响反应的吉布斯函数变 $\Delta_r G_m^{\ominus}$ 的值，这是因为 $\Delta_r G_m^{\ominus} = -zFE^{\ominus}$，化学计量式的写法决定了 z 的大小。同理，因 $E^{\ominus} = \dfrac{RT}{zF}\ln K^{\ominus}$，所以对反应标准平衡常数也有影响。

6. 电池电动势 $E = E_+ - E_-$，标准电池电动势 $E^{\ominus} = \dfrac{RT}{zF}\ln K^{\ominus}$，电池反应吉布斯函数 $\Delta_r G_m^{\ominus} = -zFE$，试问：

（1）电池中电解质溶液的浓度是否影响 E（电极）、E、$E^{\ominus}$ 和 $\Delta_r G_m$？

（2）电池反应的得失电子数是否影响 E（电极）、E、$E^{\ominus}$ 和 $\Delta_r G_m$？

（3）$E^{\ominus}$ 是电池反应达平衡时的电动势吗？

答：（1）根据电极电势能斯特方程可知，电解质溶液的浓度会影响 E（电极），因此由 $E = E_+ - E_-$ 可知，也会影响 E 值，但当电池总反应中无电解质溶液项时，由电池电动势的能斯特方程可知，电解质溶液的浓度对 E 值就无影响。与此相对应，由 $\Delta_r G_m = -zFE$ 可知，电解质溶液的浓度对 $\Delta_r G_m$ 可能有影响（电池总反应含有电解质溶液项时），也可能没有影响（电池总反应不含有电解质溶液项时）。但不管哪种情况，电解质溶液的浓度均不影响 $E^{\ominus}$，这是因为标准电动势是在电解质溶液活度为 1 时测定的。

（2）E（电极）、E（电动势）和 $E^{\ominus}$ 不会因为电池反应的写法不同而发生变化的，即不受得失电子数的影响；但由 $\Delta_r G_m^{\ominus} = -zFE$ 可知，得失电子数不同，$\Delta_r G_m^{\ominus}$ 值就不同。

（3）$E^{\ominus}$ 不是电池反应达平衡时的电动势，反应达平衡时电动势为零。

7. 测量原电池电动势时，为什么要在通电的电流趋于零的条件下进行？否则会有什么不同？

答：电池电动势是通过原电池电流为零（电池反应达平衡）时的电动势。因为当有电流通过时，由于电池中要发生反应，使溶液浓度不断变化，电动势也随之改变，同时电极上还会发生极化现象，使电极偏离平衡状态，因此为避免测量时有电流通过，不能用伏特计直接测量，只能采用对消法。

8. Hg-Cd 相图如右图所示，根据相图说明为什么在一定温度下，Cd 的质量分数在 5%～14% 之间，韦斯顿标准电池的电动势为定值？

答： 由相图可见，Cd 的质量分数在 5%～14% 之间的 Cd-Hg 落在 Cd-Hg 固溶体的两相平衡区，在一定温度下，Cd-Hg 的活度有定值。因为标准电池的电动势在定温下只与 Cd-Hg 的活度有关，所以电动势也有定值，但电动势会随温度变化而变化。

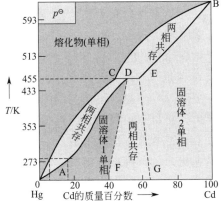

9. 讨论盐桥的作用及选用盐桥时应注意的问题？

答： 为了使液体接界电势可以减小到忽略不计。选用盐桥时应注意盐桥溶液中的各离子不能与电池中的电解质发生反应，且正、负离子的迁移数近似相等，$t_+ \approx t_-$，盐桥中盐的浓度要很高，常用饱和溶液。

10. 下列电极可构成浓差电池，从理论上判断，哪一个是正极？

（1）$Cu(s)|Cu^{2+}(1mol \cdot kg^{-1})$；$Cu(s)|Cu^{2+}(0.01mol \cdot kg^{-1})$

（2）$Ag(s)|AgCl,Cl^-(1mol \cdot kg^{-1})$；$Ag(s)|AgCl,Cl^-(0.01mol \cdot kg^{-1})$

答：（1）Cu^{2+} 浓度较大的电极为正极。因为对于 Cu 电极，$E = E^{\ominus} + \dfrac{RT}{2F}\ln a(Cu^{2+})$，$Cu^{2+}$ 浓度越大，其活度越大，电极电势越大，为正极。

（2）Cl^- 浓度较小的电极为正极。因为对于 $Ag(s)|AgCl(s)$ 电极，其电极电势 $E = E^{\ominus} + \dfrac{RT}{F}\ln a(Cl^-)$，$Cl^-$ 浓度越小，其活度越小，电极电势越大，为正极。

11. 根据下列反应设计原电池，用电池表示式表示，并写出对应的电极反应。

（1）$\qquad 2Ag^+ + Cu(s) \longrightarrow 2Ag(s) + Cu^{2+}$

（2）$\qquad Pb^{2+} + Cu(s) + S^{2-} \longrightarrow Pb(s) + CuS$

（3）$Pb(s) + 2H^+ + 2Cl^- \longrightarrow PbCl_2(s) + H_2(g)$

答：（1）$Cu(s)|Cu^{2+}(aq) \vdots Ag^+(aq)|Ag(s)$

电极反应：$(-)Cu(s) \longrightarrow Cu^{2+}(aq) + 2e^-$

$\qquad\qquad (+)Ag^+(aq) + e^- \longrightarrow Ag(s)$

（2）$Cu(s)|CuS(s)|S^{2-}(aq) \vdots Pb^{2+}(aq)|Pb(s)$

电极反应：$(-)Cu(s) + S^{2-}(aq) \longrightarrow CuS(s) + 2e^-$

$\qquad\qquad (+)Pb^{2+}(aq) + 2e^- \longrightarrow Pb(s)$

（3）$Pb(s)|PbCl_2(s)|HCl(aq)|H_2(g)|Pt(s)$

电极反应：$(-)Pb(s) + 2Cl^-(aq) \longrightarrow PbCl_2(s) + 2e^-$

$\qquad\qquad (+)2H^+(aq) + 2e^- \longrightarrow H_2(g)$

12. 等温等压反应 $Zn + Cu^{2+} \longrightarrow Zn^{2+} + Cu$，可通过下述三种方式实现。

（1）在烧杯中将 Zn 投入 Cu^{2+} 溶液中。

（2）构成原电池不可逆放电。

（3）构成原电池可逆放电。

试问上述三种情况下 Q 是否相同？ $\Delta_r H_m$ 是否相同？ $\Delta_r G_m$ 是否相同？ $\Delta_r S_m$ 如何求得？

答：因为 Q 与具体的途径有关，上述三种情况途径不同，所以 Q 不相同。在（1）中，因无其他功，Q_p 等于 $\Delta_r H_m$，而在（2）中，$Q_p = \Delta_r U_m - W'$，在无体积变化或可忽略体积变化的情况下，$Q_p = \Delta_r U_m - W' \approx \Delta_r H_m - W' = \Delta_r H_m + zFE$。在（3）中，$Q_p = T\Delta_r S_m = zFT\left(\dfrac{\partial E}{\partial T}\right)_p$。

因 H 和 G 都是状态函数，其变化只与始终态有关，与具体的途径无关，所以 $\Delta_r H_m$ 和 $\Delta_r G_m$ 在三种情况下均相同。

$\Delta_r S_m$ 可以利用可逆电池中的电动势温度系数求得，$\Delta_r S_m = zF\left(\dfrac{\partial E}{\partial T}\right)_p$。

13. 如何用电化学的方法测定下列热力学量？

（1）$H_2O(l)$ 的标准生成吉布斯函数。

（2）$AgCl(s)$ 的标准摩尔生成焓。

答：联系电化学与热力学量的主要公式是

$$\Delta_r G_m = -zFE,\quad \Delta_r G_m^{\ominus} = -zFE^{\ominus},\quad \Delta_r S_m^{\ominus} = zF\left(\frac{\partial E^{\ominus}}{\partial T}\right)_p$$

电化学中可以通过实验测定 E、$E^{\ominus}$ 和 $\left(\dfrac{\partial E}{\partial T}\right)_p$，进而求得热力学量。因此，用电化学法测定热力学量的关键是能够设计合适的原电池，使电池反应就是所要求的反应，显然可设计的电池不止 1 个，以下仅提供 1 个参考答案。

（1）设计电池为 $Pt \mid H_2(p^{\ominus}) \mid H_2O$ 溶液（pH = 1 ~ 14）$\mid O_2(p^{\ominus}) \mid Pt$

电池反应
$$H_2(p^{\ominus}) + \frac{1}{2}O_2(p^{\ominus}) \longrightarrow H_2O(l)$$

$$\Delta_f G_m^{\ominus}(H_2O,l) = -zFE^{\ominus}$$

（2）设计电池为
$$Ag \mid AgCl(s) \mid Cl^-(b) \mid Cl_2(p^{\ominus}) \mid Pt$$

电池反应
$$Ag + \frac{1}{2}Cl_2(g) \longrightarrow AgCl(s)$$

$$\Delta_f H_m^{\ominus}(AgCl) = \Delta_r H_m^{\ominus} = \Delta_r G_m^{\ominus} + T\Delta_r S_m^{\ominus} = -zFE^{\ominus} + zFT\left(\frac{\partial E^{\ominus}}{\partial T}\right)_p$$

14. 什么是分解电压？为什么分解电压总要比理论分解电压高？

答：电解池不断工作所必需外加的最小电压，称为分解电压。要使电解池顺利地进行连续反应，除了克服作为原电池时的可逆电动势外（原电池逆向工作时，可逆电动势称为理论分解电压），还要克服由于极化在阴、阳两极上产生的超电势 η（阴）和 η（阳），以及克服电池电阻所产生的电位降 IR。这三者的加和就为实际分解电压，即

$$E_d = E_{i,d} + \eta_{阳} + \eta_{阴} + IR$$

显然分解电压总要比理论分解电压高，且其数值会随着通入电流强度的增加而增加。

15. 在电解池和原电池中，极化曲线有何异同？

答：外加电流通过电极时，其电极电位会发生变化，这种现象称为电极的极化。不论是原电池，还是电解池，单个电极极化的结果是相同的，即，极化使阴极电极电势变得更负、阳极电极电势变得更正。

不同之处是，由于在电解池中正极是阳极，而原电池中正极是阴极，使得电解池中由于超电势的存在，使分解电压变大，额外消耗了电能；而在原电池中由于超电势的存在使电池

的不可逆电动势下降，做电功能力也下降。

16. 电解时，主要承担电量迁移任务的离子与首先在电极上发生反应的离子间有什么关系？

答：电解时，主要承担电量迁移任务的离子不一定是首先在电极上发生反应的离子。在阴极上，析出电势越大越先还原，在阳极上，析出电势越小越先氧化。

17. 金属电化学腐蚀的特点是什么？防止或延缓腐蚀的方法有哪些？

答：略。

18. 为了防止铁生锈，分别镀上一层锌和一层锡，两者的防腐效果是否一样？

答：两种镀层在没有被破坏之前，其防腐效果是一样的。但镀层一旦破损，两者的防腐效果就大不一样了。锌比铁活泼，镀锌层可作为原电池的阳极，称为阳极保护层，锌被腐蚀，而铁得到保护；而锡没有铁活泼，镀锡层与铁组成原电池后，铁作为阳极，腐蚀得更快。

19. 解释或回答下列问题？

(1) 含杂质主要为 Cu、Fe 的粗锌比纯锌更容易在硫酸中溶解。

(2) 在水面附近的金属比在水中的金属更易腐蚀。

(3) 铜制水龙头与铁制水管组合，什么部位易遭腐蚀？为什么？

答：(1) 纯锌在硫酸中只能发生置换反应而溶解；但粗锌中所含杂质 Cu 或 Fe 可与 Zn 构成原电池，因此在硫酸中既有锌与硫酸的置换反应，同时还有电化学腐蚀，由于锌较活泼作阳极，所以锌溶解就更快。

(2) 主要是因为在水面附近的金属发生了差异充气腐蚀。水面附近的部位，溶液中氧气的溶解浓度较大，作为原电池的正极，氧气发生还原反应生成 OH^-；浸入水中的部位，溶液中氧气的溶解浓度较小，作为原电池的负极，金属发生氧化反应而被腐蚀。

(3) 在铜制水龙头与铁制水管接触处的铁水管部位最易遭腐蚀。因为铜与铁在水中能形成腐蚀原电池，铁作为阳极被腐蚀，铜为阴极促进了铁的腐蚀。

20. 在一磨光的铁片上，滴上一滴有少量酚酞的 $K_3[Fe(CN)_6]$ 和 NaCl 溶液，十分钟后有何现象？试解释之。

答：铁片中心有蓝色沉淀生成，而液滴的边缘变红，且随时间的延长，红色的宽度增加。这是因为在液滴的中心与边缘之间形成了差异充气腐蚀电池。在液滴的边缘，氧气的溶解浓度较大，作为原电池的正极，氧气发生还原反应生成 OH^-，$O_2 + 2H_2O + 4e^- = 4OH^-$，生成的 OH^- 使液滴中的酚酞变红，且随着时间的延长，红色逐渐由边缘向中心扩散；在液滴的中心，氧气的溶解浓度较小，作为原电池的负极，金属 Fe 发生氧化反应而溶解，$Fe = Fe^{2+} + 2e^-$，溶解生成的 Fe^{2+} 与 $K_3[Fe(CN)_6]$ 反应生成蓝色的 $Fe_3[Fe(CN)_6]_2$ 络合物沉淀。

21. 常见的化学电源有哪些类型？写出铅蓄电池放电和充电时的两极反应和电池反应。

答：一次电池、二次电池和燃料电池。

铅蓄电池图示如下：

$$(-)Pb \mid PbSO_4(s) \mid H_2SO_4(w) \mid PbSO_4(s) \mid PbO_2 \mid Pb(+)$$

负极反应：$Pb + HSO_4^- \Longrightarrow PbSO_4 + H^+ + 2e^-$

正极反应：$PbO_2 + HSO_4^- + 3H^+ + 2e^- \Longrightarrow PbSO_4 + 2H_2O$

电池反应：$Pb + PbO_2 + 2H_2SO_4 \Longrightarrow 2PbSO_4 + 2H_2O$

正向过程表示放电，逆向过程表示充电。

概 念 题

1. 下列各电解质水溶液中，摩尔电导率最大的是

(A) $0.01 mol \cdot kg^{-1}$ 的 HCl　　　　(B) $0.01 mol \cdot kg^{-1}$ 的 NaOH

(C) $0.01 mol \cdot kg^{-1}$ 的 NaCl　　　　(D) $0.01 mol \cdot kg^{-1}$ 的 HAc

2. 在 298K 时，无限稀释的水溶液中

(A) Na^+ 的迁移数为定值　　　　(B) Na^+ 的迁移速率为定值

(C) Na^+ 的电迁移率为定值　　　　(D) Na^+ 的摩尔电导率为定值

3. 在使用 Hittorff 法测迁移数的实验中，用 Ag 电极电解 $AgNO_3$ 溶液，测出在阳极 $AgNO_3$ 的量增加了 $x(mol)$，而串联在电路中的 Ag 库仑计上有 $y(mol)$ 的 Ag 析出，则 Ag^+ 迁移数为_____。

(A) x/y　　　(B) y/x　　　(C) $(x-y)/x$　　　(D) $(y-x)/y$

4. 浓度为 b 的 $Al_2(SO_4)_3$ 溶液中，正、负离子的活度系数分别为 γ_+ 和 γ_-，则平均活度系数 $\gamma_\pm$ 等于_____。

(A) $(108)^{1/5}b$　　(B) $(\gamma_+^2 \gamma_-^2)^{1/5}b$　　(C) $(\gamma_+^2 \gamma_-^3)^{1/5}$　　(D) $(\gamma_+^3 \gamma_-^2)^{1/5}$

5. 式 $\Lambda_m = \Lambda_m^\infty - B\sqrt{c}$ 适用于

(A) 弱电解质　　　　(B) 强电解质

(C) 无限稀溶液　　　　(D) 强电解质的稀溶液

6. 下列哪一个公式表示了离子独立移动定律____？

(A) $\alpha = \Lambda_m / \Lambda_m^\infty$　　　　(B) $\Lambda_{m,+}^\infty = t_+^\infty \Lambda_m^\infty$

(C) $\Lambda_{m,+}^\infty = \Lambda_m^\infty - \Lambda_{m,-}^\infty$　　　　(D) $\Lambda_m = \kappa/c$

7. 已知电极反应 $ClO_3^- + 6H^+ + 6e^- \Longrightarrow Cl^- + 3H_2O$ 的 $\Delta_r G_m^\ominus = -839.6 kJ \cdot mol^{-1}$，则 $E^\ominus(ClO_3^- | Cl^-)$ 值为_____。

(A) 1.45V　　　(B) 0.73V　　　(C) 2.90V　　　(D) $-1.45V$

8. 测定电池 $Ag(s)|AgNO_3(aq) \vdots KCl(aq)|AgCl(s)|Ag(s)$ 的电动势，组装实验装置时，下列哪一组件不能使用？

(A) 电位差计　　　(B) 标准电池　　　(C) 直流检流计　　　(D) 饱和氯化钾盐桥

9. 电池在等温等压及可逆条件下放电，则其与环境的热交换为

(A) $\Delta_r H$　　　　(B) $T\Delta_r S$

(C) 一定为零　　　　(D) 与 $\Delta_r H$、$T\Delta_r S$ 均无关

10. 通过测定原电池电动势求得 AgBr 的溶度积，可设计如下哪一个电池？

(A) $Ag(s)|AgBr(s)|HBr(aq)|Br_2(l)|Pt$

(B) $Ag(s)|AgNO_3(aq) \vdots HBr(aq)|AgBr(s)|Ag(s)$

(C) $Ag(s)|AgBr(s)|HBr(aq) \vdots AgNO_3(aq)|Ag(s)$

(D) $Pt|Br_2(l)|HBr(aq) \vdots AgNO_3(aq)|Ag(s)$

11. 在下列电池中，哪个电池的电动势与氯离子的活度无关？

(A) $Ag(s)|AgCl(s)|KCl(a)|Cl_2(g)|Pt$

(B) $Zn(s)|ZnCl_2(a_1) \colon\colon KCl(a_2)|AgCl(s)|Ag(s)$

(C) $Zn(s)|ZnCl_2(a)|Cl_2(g)|Pt$

(D) $Hg|Hg_2Cl_2(s)|KCl(a) \colon\colon AgNO_3(a_2)|Ag(s)$

12. 下列电池中液接电势不能被忽略的是_____。

(A) $Pt|H_2(p_1)|HCl(b)|H_2(p_2)|Pt$

(B) $Pt|H_2(p_1)|HCl(b_1) \colon\colon HCl(b_2)|H_2(p_2)|Pt$

(C) $Pt|H_2(p_1)|HCl(b_1) \colon HCl(b_2)|H_2(p_2)|Pt$

(D) $Pt|H_2(p_1)|HCl(b_1)|AgCl(s)|Ag(s)-Ag(s)|AgCl(s)|HCl(b_2)|H_2(p_2)|Pt$

13. 已知某氧化还原反应的 $\Delta_rG_m^{\ominus}$、$K^{\ominus}$、$E^{\ominus}$，下列对三者值判断合理的一组是_____。

(A) $\Delta_rG_m^{\ominus}>0$，$E^{\ominus}<0$，$K^{\ominus}>1$ (B) $\Delta_rG_m^{\ominus}>0$，$E^{\ominus}>0$，$K^{\ominus}>1$

(C) $\Delta_rG_m^{\ominus}<0$，$E^{\ominus}>0$，$K^{\ominus}>1$ (D) $\Delta_rG_m^{\ominus}<0$，$E^{\ominus}>0$，$K^{\ominus}<1$

14. 下述电池的电动势应为（设活度系数均为1）_____。

$Pt|H_2(p^{\ominus})|HI(0.01mol \cdot kg^{-1})|AgI(s)|Ag(s)-Ag(s)|AgI(s)|HI(0.001mol \cdot kg^{-1})|H_2(p^{\ominus})|Pt$

     (A) $-0.059V$ (B) $0.059V$ (C) $0.0295V$ (D) $-0.118V$

15. 醌氢醌电极电势能反映氢离子活度，称为氢离子指示电极。实验中测量 pH 时该电极在一定 pH 范围内电极电势稳定，该稳定范围是_____。

     (A) 大于 8.5   (B) 小于 8.5   (C) 等于 8.5   (D) 没有限定

16. 电解时，在阳极上首先发生氧化作用而放电的是_____。

(A) 标准还原电极电势最大者

(B) 标准还原电极电势最小者

(C) 考虑极化后，实际还原电极电势最大者

(D) 考虑极化后，实际还原电极电势最小者

17. 298K，$0.10mol \cdot kg^{-1}$ 的 HCl 溶液中，氢电极的可逆电势约为 $-0.060V$。当用 Cu 电极电解此溶液，氢在 Cu 电极上的析出电势应_____。

     (A) 大于 $-0.060V$ (B) 小于 $-0.060V$

     (C) 等于 $-0.060V$ (D) 无法判定

18. 下列对铁表面防腐方法中属于"电化学保护"的是_____。

(A) 表面喷漆   (B) 电镀

(C) Fe 件上嵌 Zn 块   (D) 加缓蚀剂

答案：

1. A   2. C、D   3. D   4. C   5. D   6. C   7. A   8. D   9. B   10. B

11. A   12. C   13. C   14. A   15. B   16. D   17. B   18. C

提示：

1. A   相同条件下，强酸的电导率最大，强碱次之，盐类较小，弱电解质最小。

3. D   银库仑计上有 y mol Ag 析出，即 $n(电)=y$；阳极区硝酸银的浓度增加 x mol，即 $n(后)-n(始)=x$ mol。则迁出阳极区的 Ag^+ 的物质的量 $n(迁)=n(始)-n(后)+n(电)=y-x$；所以 $t(Ag^+)=\dfrac{y-x}{y}$。

4. C 根据 $\gamma_{\pm} = (\gamma_{+}^{\nu_{+}} \gamma_{-}^{\nu_{-}})^{1/(\nu_{+}+\nu_{-})}$ 可得。

7. A 根据式 $\Delta_r G_m^{\ominus} = -zE^{\ominus}F$ 可求得 25℃时的电极的标准电极电势。

8. D 因电解质溶液中含有银离子，故不能使用氯化钾盐桥，可改用硝酸铵盐桥。

9. B 电池在恒温恒压及可逆条件下放电时，与环境交换的热为 $Q_R = T\Delta_r S_m = zFT$ $\left(\dfrac{\partial E}{\partial T}\right)_p$。当 $\left(\dfrac{\partial E}{\partial T}\right)_p = 0$，电池可逆工作时与环境没有热量交换。

10. B 所设计的电池反应应为 AgBr 的溶解反应，电池（B）的反应

$$（-）Ag \longrightarrow Ag^+ + e^-$$
$$（+）AgBr + e^- \longrightarrow Ag + Br^-$$

电池反应 $AgBr \longrightarrow Ag^+ + Br^-$

11. A 电池反应中不应含有 Cl^-，电池（A）的反应

$$（-）Ag + Cl^- \longrightarrow AgCl + e^-$$
$$（+）Cl_2(g) + 2e^- \longrightarrow 2Cl^-$$

电池反应 $2Ag + Cl_2 \longrightarrow 2AgCl$

所以
$$E = E^{\ominus} - \frac{RT}{2F}\ln\frac{a_{AgCl}^2}{a_{Ag}^2 \cdot \dfrac{p_{Cl_2}}{p^{\ominus}}} = E^{\ominus} - \frac{RT}{2F}\ln\frac{1}{\dfrac{p_{Cl_2}}{p^{\ominus}}}$$

12. C （C）中在两个盐酸溶液之间没有使用盐桥，两溶液之间有液体接界电势；（D）为两个电池反串联，可以消除液体接界电势。

13. C 根据公式 $\Delta_r G_m^{\ominus} = -RT\ln K^{\ominus} = -zE^{\ominus}F$ 可确定。

14. A 此为由两个电解质溶液浓度不同电池反串联组成的双联浓差电池。

左半电池反应 $\dfrac{1}{2}H_2(g, p^{\ominus}) + AgI(s) \longrightarrow Ag(s) + HI(0.01\,mol\cdot kg^{-1})$

右半电池反应 $Ag(s) + HI(0.001\,mol\cdot kg^{-1}) \longrightarrow \dfrac{1}{2}H_2(g, p^{\ominus}) + AgI(s)$

总反应为 $HI(0.001\,mol\cdot kg^{-1}) \longrightarrow HI(0.01\,mol\cdot kg^{-1})$

则电动势为 $E = E(左) + E(右) = -\dfrac{RT}{F}\ln\dfrac{0.01}{0.001}$。

17. B 氢气在阴极上析出，由于氢气的超电势不能忽略，而阴极的超电势使阴极的析出电势更负，所以，析出氢气的电势一定比氢电极的可逆电势更负。

习题解答

5.1 采用 Cu 电极电解 $CuSO_4$ 溶液。电解前每 1kg 溶液中含 100.6g $CuSO_4$，电解后阳极区溶液为 27.283g，含 $CuSO_4$ 2.863g，测得库仑计中析出银 0.2504g，计算 Cu^{2+} 和 SO_4^{2-} 的离子迁移数。

解：以阳极区的 Cu^{2+} 进行物料衡算，假设电解前后电极各区的水量不变

$$n(电解前) = \left(\frac{100.6}{159.60} \times \frac{27.283 - 2.863}{1000 - 100.6}\right)mol = 17.12 \times 10^{-3}\,mol$$

$$n(电解后)=\left(\frac{2.863}{159.60}\right)mol=17.94\times10^{-3}\ mol$$

$$n(电解)=\left(\frac{0.2504}{107.87}\times\frac{1}{2}\right)mol=1.161\times10^{-3}\ mol$$

$$n(迁移)=n(电解前)-n(电解后)+n(电解)$$
$$=[(17.12-17.94+1.161)\times10^{-3}]mol=0.34\times10^{-3}\ mol$$

所以 $t(Cu^{2+})=\dfrac{0.34\times10^{-3}}{1.161\times10^{-3}}=0.29$

$$t(SO_2^{4-})=1-t(Cu^{2+})=1-0.29=0.71$$

5.2 将某电导池盛以 $0.01mol\cdot dm^{-3}$ KCl 溶液，在 298K 时测得其电阻为 161.5Ω，换以 $2.50\times10^{-3}\ mol\cdot dm^{-3}$ 的 K_2SO_4 溶液后测得电阻为 326Ω。已知 298K 时 $0.01mol\cdot dm^{-3}$ KCl 溶液的电导率为 $0.14114S\cdot m^{-1}$，求 K_2SO_4 溶液的电导率和摩尔电导率。

解： $\dfrac{l}{A}=\dfrac{\kappa}{G}=\kappa R=(0.14114\times161.5)\ m^{-1}=22.79m^{-1}$

$$\kappa(K_2SO_4)=\frac{l}{A}G=\frac{l}{A}\cdot\frac{1}{R}=\left(22.79\times\frac{1}{326}\right)S\cdot m^{-1}=69.9\times10^{-3}\ S\cdot m^{-1}$$

$$\Lambda_m(K_2SO_4)=\frac{\kappa}{c}=\left(\frac{69.9\times10^{-3}}{2.50\times10^{-3}\times10^3}\right)S\cdot m^2\cdot mol^{-1}=27.96\times10^{-3}\ S\cdot m^2\cdot mol^{-1}$$

5.3 已知 291K 时 $NaIO_3$，CH_3COONa，CH_3COOAg 的无限稀释摩尔电导率分别为 7.694×10^{-3}、7.861×10^{-3}、$8.88\times10^{-3}\ S\cdot m^2\cdot mol^{-1}$。求 $AgIO_3$ 在 291K 时的无限稀释摩尔电导率。

解： $\Lambda_m^\infty(AgIO_3)=\Lambda_m^\infty(NaIO_3)+\Lambda_m^\infty(CH_3COOAg)-\Lambda_m^\infty(CH_3COONa)$
$$=[(7.694+8.88-7.816)\times10^{-3}]S\cdot m^2\cdot mol^{-1}$$
$$=8.76\times10^{-3}\ S\cdot m^2\cdot mol^{-1}$$

5.4 25℃时，LiCl 的无限稀释摩尔电导率为 $115.03\times10^{-4}\ S\cdot m^2\cdot mol^{-1}$，$t^\infty(Cl^-)=0.663$。试计算 Li^+ 和 Cl^- 的无限稀释摩尔电导率。

解： $\Lambda_m^\infty(Cl^-)=t^\infty(Cl^-)\times\Lambda_m^\infty(LiCl)$
$$=(0.663\times115.03\times10^{-4})S\cdot m^2\cdot mol^{-1}$$
$$=76.26\times10^{-4}\ S\cdot m^2\cdot mol^{-1}$$
$$\Lambda_m^\infty(Li^+)=t^\infty(Li^+)\times\Lambda_m^\infty(LiCl)$$
$$=[(1-0.663)\times115.03\times10^{-4}]S\cdot m^2\cdot mol^{-1}$$
$$=38.77\times10^{-4}\ S\cdot m^2\cdot mol^{-1}$$

5.5 浓度为 $0.00319mol\cdot dm^{-3}$ 的 NaCl 溶液，$t_+=0.394$，$\Lambda_m^\infty(NaCl)=1.264\times10^{-2}\ S\cdot m^2\cdot mol^{-1}$，若该溶液遵守 Onserger 关系，$\Lambda_m=\Lambda_m^\infty-b\sqrt{c}$，其中 $b=1.918\times10^{-4}\ S\cdot m^{7/2}\cdot mol^{-3/2}$，计算电解质 NaCl 在该浓度下的摩尔电导率、电导率，以及钠离子和氯离子的摩尔电导率和电导率。

解： $\Lambda_m(NaCl)=\Lambda_m^\infty(NaCl)-B\sqrt{c}$
$$=(1.264\times10^{-2}-1.918\times10^{-4}\times\sqrt{0.00319\times10^3})S\cdot m^2\cdot mol^{-1}$$
$$=1.230\times10^{-2}\ S\cdot m^2\cdot mol^{-1}$$
$$\kappa=\Lambda_m(NaCl)\cdot c=(1.230\times10^{-2}\times0.00319\times10^3)S\cdot m^{-1}$$

$$=0.0392 S \cdot m^{-1}$$

$$\Lambda_m(Na^+) = t_+ \Lambda_m / \nu_+ = (0.394 \times 1.230 \times 10^{-2}) S \cdot m^2 \cdot mol^{-1}$$

$$= 4.846 \times 10^{-3} S \cdot m^2 \cdot mol^{-1}$$

$$\kappa(Na^+) = c(Na^+) \Lambda_m(Na^+) = (0.00319 \times 10^3 \times 4.846 \times 10^{-3}) S \cdot m^{-1}$$

$$= 1.546 \times 10^{-2} S \cdot m^{-1}$$

$$\Lambda_m(Cl^-) = t_- \Lambda_m / \nu_- = [(1-0.394) \times 1.230 \times 10^{-2}] S \cdot m^2 \cdot mol^{-1}$$

$$= 7.45 \times 10^{-3} S \cdot m^2 \cdot mol^{-1}$$

$$\kappa(Cl^-) = c(Cl^-) \Lambda_m(Cl^-) = (0.00319 \times 10^3 \times 7.45 \times 10^{-3}) S \cdot m^{-1}$$

$$= 2.377 \times 10^{-2} S \cdot m^{-1}$$

5.6 已知 298K 时纯水的电导率为 $5.5 \times 10^{-6} S \cdot m^{-1}$，纯水的密度为 $997 kg \cdot m^{-3}$。试计算纯水在 298K 时的解离度及离子积。

解： 由于水的物质的量浓度 $c = \dfrac{997}{18.02} = 55.3 mol \cdot dm^{-3}$，则

$$\Lambda_m = \frac{\kappa}{c} = \left(\frac{5.5 \times 10^{-6}}{55.3 \times 10^3}\right) S \cdot m^2 \cdot mol^{-1} = 9.9 \times 10^{-11} S \cdot m^2 \cdot mol^{-1}$$

查表得，298K 时，有

$$\Lambda_m^\infty(H_2O) = \Lambda_m^\infty(H^+) + \Lambda_m^\infty(OH^-)$$

$$= (349.8 \times 10^{-4} + 198.0 \times 10^{-4}) S \cdot m^2 \cdot mol^{-1}$$

$$= 5.478 \times 10^{-2} S \cdot m^2 \cdot mol^{-1}$$

则水的解离度

$$\alpha = \frac{\Lambda_m}{\Lambda_m^\infty} = \frac{9.9 \times 10^{-11}}{5.478 \times 10^{-2}} = 1.81 \times 10^{-9}$$

所以

$$c(H^+) = c(OH^-) = c(H_2O) \times \alpha$$

$$= 55.3 mol \cdot dm^{-3} \times 1.81 \times 10^{-9}$$

$$= 1.0 \times 10^{-7} mol \cdot dm^{-3}$$

则

$$K_w = \frac{c(H^+)}{c^\ominus} \times \frac{c(OH^-)}{c^\ominus} = 1.00 \times 10^{-14}$$

5.7 计算 25℃时与含有 0.050%（体积分数）CO_2 的压力为 101325Pa 的空气成平衡的蒸馏水的电导率。计算时只考虑 H^+ 与 HCO_3^- 的导电作用，它们在无限稀释时的离子摩尔电导率分别为 $349.8 \times 10^{-4} S \cdot m^2 \cdot mol^{-1}$ 与 $44.5 \times 10^{-4} S \cdot m^2 \cdot mol^{-1}$。已知 25℃、$CO_2$ 的分压为 101325Pa 时，$1 dm^3$ 水中可溶解 $0.8266 dm^3$ CO_2（25℃，101325Pa 下的体积）；H_2CO_3 的一级解离平衡常数为 4.7×10^{-7}。

解： 由题意知，25℃下分压为 101325Pa 的 CO_2 在 $1 dm^3$ 水中可溶解的 CO_2 的物质的量为：

$$n_{CO_2} = \frac{pV_{CO_2}}{RT} = \frac{101325 \times 0.8266 \times 10^{-3}}{8.314 \times 298.15} mol = 3.379 \times 10^{-2} mol$$

则分压为 $0.05\% \times 101325Pa$ 时，溶解于 $1 dm^3$ 水中的 CO_2 的物质的量为

$$n_{CO_2} = \frac{101325 \times 0.05\%}{101325} \times 0.03379 mol = 1.69 \times 10^{-5} mol$$

所以水溶液中二氧化碳浓度为 $c = \dfrac{n_{CO_2}}{V} = 1.69 \times 10^{-5}$ mol·dm^{-3}

$$H_2CO_3 \longrightarrow H^+ + HCO_3^-$$

平衡时 $c(1-\alpha)$ $c\alpha$ $c\alpha$

所以 $K^{\ominus} = \dfrac{\left(\dfrac{c}{c^{\ominus}}\right)^2 \alpha^2}{\dfrac{c}{c^{\ominus}}(1-\alpha)} = \dfrac{\dfrac{c}{c^{\ominus}}\alpha^2}{1-\alpha} = \dfrac{1.69 \times 10^{-5} \times \alpha^2}{1-\alpha} = 4.7 \times 10^{-7}$

解得 $\alpha = 0.153$

又 $\Lambda_m^{\infty}(H_2CO_3) = \Lambda_m^{\infty}(H^+) + \Lambda_m^{\infty}(HCO_3^-)$

$$= (349.8 \times 10^{-4} + 44.5 \times 10^{-4}) \text{ S·m}^2\text{·mol}^{-1}$$

$$= 394.3 \text{ S·m}^2\text{·mol}^{-1}$$

因为 $\alpha = \dfrac{\Lambda_m}{\Lambda_m^{\infty}}$

所以 $\Lambda_m = \alpha\Lambda_m^{\infty} = (0.153 \times 394.3 \times 10^{-4}) \text{ S·m}^2\text{·mol}^{-1}$

$$= 60.33 \times 10^{-4} \text{ S·m}^2\text{·mol}^{-1}$$

$$\kappa = \Lambda_m c = (60.33 \times 10^{-4} \times 1.69 \times 10^{-5} \times 10^3) \text{ S·m}^{-1}$$

$$= 1.02 \times 10^{-4} \text{ S·m}^{-1}$$

5.8 18℃时测得 CaF_2 的饱和水溶液的电导率为 38.6×10^{-4} S·m^{-1}，水的电导率为 1.5×10^{-4} S·m^{-1}。已知无限稀释时的摩尔电导率为 $\Lambda_m^{\infty}\left(\dfrac{1}{2}CaCl_2\right) = 0.01167$ S·m^2·mol^{-1}，$\Lambda_m^{\infty}(NaCl) = 0.01089$ S·m^2·mol^{-1}，$\Lambda_m^{\infty}(NaF) = 0.00902$ S·m^2·mol^{-1}。求 18℃时 CaF_2 的溶度积。

解： $\kappa(CaF_2) = \kappa(\text{溶液}) - \kappa(\text{水})$

$$= (38.6 \times 10^{-4} - 1.5 \times 10^{-4}) \text{ S·m}^{-1} = 37.1 \times 10^{-4} \text{ S·m}^{-1}$$

$$\Lambda_m^{\infty}(CaF_2) = 2\Lambda_m^{\infty}\left(\frac{1}{2}CaCl_2\right) + 2\Lambda_m^{\infty}(NaF) - 2\Lambda_m^{\infty}(NaCl)$$

$$= (2 \times 0.01167 + 2 \times 0.00902 - 2 \times 0.01089) \text{ S·m}^2\text{·mol}^{-1}$$

$$= 0.0196 \text{ S·m}^2\text{·mol}^{-1}$$

$$c(CaF_2) = \frac{\kappa(CaF_2)}{\Lambda_m(CaF_2)} \approx \frac{\kappa(CaF_2)}{\Lambda_m^{\infty}(CaF_2)}$$

$$= \frac{37.1 \times 10^{-4}}{0.0196} \text{ mol·m}^{-3} = 1.89 \times 10^{-4} \text{ mol·dm}^{-3}$$

$$K_{sp} = \frac{c(Ca^{2+})}{c^{\ominus}} \times \left[\frac{c(F^-)}{c^{\ominus}}\right]^2 = \frac{c(CaF_2)}{c^{\ominus}} \times \left[\frac{2c(CaF_2)}{c^{\ominus}}\right]^2 = 4\left[\frac{c(CaF_2)}{c^{\ominus}}\right]^3$$

$$= 4 \times (1.89 \times 10^{-4})^3 = 2.70 \times 10^{-11}$$

5.9 25℃时，在同一个溶液中，$CuSO_4$ 和 Na_2SO_4 的浓度分别为 0.001mol·kg^{-1} 和 0.003mol·kg^{-1}。

（1）计算该溶液的离子强度。

（2）计算 Cu^{2+} 和 SO_4^{2-} 的活度系数。

（3）计算 $CuSO_4$ 的平均活度系数。

解：（1）$I = \dfrac{1}{2}\sum b_B z_B^2$

$$= \dfrac{1}{2}[0.001 \times 2^2 + 0.004 \times (-2)^2 + 0.006 \times 1^2] \, mol \cdot kg^{-1} = 0.013 \, mol \cdot kg^{-1}$$

（2）因为　$\lg\gamma_B = -Az_B^2\sqrt{I}$，25℃，$A = 0.509$

所以　$\lg\gamma_{Cu^{2+}} = -0.509 \times 2^2 \times \sqrt{0.013} = -0.232$

解得　$\gamma_{Cu^{2+}} = 0.586$

同理　$\gamma_{SO_4^{2-}} = 0.586$

（3）因为　$\lg\gamma_{\pm} = -0.509|z_+z_-|\sqrt{I} = -0.232$

所以　　$\gamma_{\pm} = 0.586$

5.10　写出下列各电池的电池反应，应用表 5-7 的数据计算 25℃时各电池的电动势、各电池反应的摩尔吉布斯函数变及标准平衡常数，并指明各电池反应能否自发进行。

（1）$Cd|Cd^{2+}[a(Cd^{2+})=0.01] \,\vdots\vdots\, Cl^-[a(Cl^-)=0.5]|Cl_2(g,100kPa)|Pt$

（2）$Zn|Zn^{2+}[a(Zn^{2+})=0.0004] \,\vdots\vdots\, Cd^{2+}[a(Cd^{2+})=0.2]|Cd$

解：（1）电极反应　$(-)Cd(s)\longrightarrow Cd^{2+}[a(Cd^{2+})=0.01]+2e^-$

$\qquad\qquad\qquad (+)Cl_2(g,100kPa)+2e^-\longrightarrow 2Cl^-[a(Cl^-)=0.5]$

电池反应

$$Cl_2(g,100kPa)+Cd(s)\longrightarrow Cd^{2+}[a(Cd^{2+})=0.01]+2Cl^-[a(Cl^-)=0.5]$$

电极电势为　　　　$E = E^{\ominus} - \dfrac{RT}{2F}\ln[a(Cd^{2+})\cdot a^2(Cl^-)]$

查表得　$E^{\ominus}(Cl_2|Cl^-)=1.3580V$；$E^{\ominus}(Cd^{2+}|Cd)=-0.4030V$，则

$$E^{\ominus} = E^{\ominus}(Cl_2|Cl^-)-E^{\ominus}(Cd^{2+}|Cd)=[1.3580-(-0.4030)]V=1.7610V$$

所以　　　$E = \left[1.761 - \dfrac{8.314 \times 298.15}{2 \times 96485}\ln(0.01 \times 0.5^2)\right]V = 1.838V$

$$\Delta_r G_m = -zFE = -(2 \times 96485 \times 1.838)J \cdot mol^{-1} = -354.7kJ \cdot mol^{-1}$$

因为 $\Delta_r G_m < 0$，所以电池反应能自发进行

又　　　　　$\ln K^{\ominus} = \dfrac{zFE^{\ominus}}{RT} = \dfrac{2 \times 96485 \times 1.7610}{8.314 \times 298.15} = 137.1$

所以　　　　　$K^{\ominus} = 3.48 \times 10^{59}$

（2）电极反应　$(-)Zn(s)\longrightarrow Zn^{2+}[a(Zn^{2+})=0.0004]+2e^-$

$\qquad\qquad\qquad (+)Cd^{2+}[a(Cd^{2+})=0.2]+2e^-\longrightarrow Cd(s)$

电池反应

$$Cd^{2+}[a(Cd^{2+})=0.2]+Zn(s)\longrightarrow Cd(s)+Zn^{2+}[a(Zn^{2+})=0.0004]$$

查表得 $E^{\ominus}(Cd^{2+}|Cd)=-0.4030V$，$E^{\ominus}(Zn^{2+}|Zn)=-0.7630V$，则

$$E^{\ominus} = E^{\ominus}(Cd^{2+}|Cd)-E^{\ominus}(Zn^{2+}|Zn)=[-0.4030-(-0.7630)]V=0.3600V$$

所以　$E = E^{\ominus} - \dfrac{RT}{zF}\ln\dfrac{a(Zn^{2+})}{a(Cd^{2+})}$

$$= \left(0.3600 - \dfrac{8.314 \times 298.15}{2 \times 96485}\ln\dfrac{0.0004}{0.2}\right)V = 0.4398V$$

$$\Delta_r G_m = -zFE = (-2 \times 96485 \times 0.4398)J \cdot mol^{-1} = -84.89kJ \cdot mol^{-1}$$

因为 $\Delta_r G_m < 0$，所以电池能自发进行。

又　　　　$\ln K^{\ominus} = \dfrac{zFE^{\ominus}}{RT} = \dfrac{2 \times 96485 \times 0.3600}{8.314 \times 298.15} = 28.03$

所以　　　$K^{\ominus} = 1.48 \times 10^{12}$

5.11 在 298.15K 时，有下列反应

$$H_3AsO_4 + 2I^- + 2H^+ \Longrightarrow H_3AsO_3 + I_2 + H_2O$$

（1）已知 $E^{\ominus}(H_3AsO_4 \mid H_3AsO_3) = 0.5615V$，$E^{\ominus}(I_2 \mid I^-) = 0.5355V$，计算由该反应组成的原电池的标准电池电动势。

（2）计算该反应的标准摩尔吉布斯函数变，并指出在标准态时该反应能否自发进行。

（3）若溶液的 pH = 7，而 $a(H_3AsO_4) = a(H_3AsO_3) = a(I^-) = 1$，则该反应的 $\Delta_r G_m$ 是多少？此时反应进行的方向如何？

解：（1）已知 $E^{\ominus}(H_3AsO_4 \mid H_3AsO_3) = 0.5615V$，$E^{\ominus}(I_2 \mid I^-) = 0.5355V$，则

$E^{\ominus} = E^{\ominus}(H_3AsO_4 \mid H_3AsO_3) - E^{\ominus}(I_2 \mid I^-) = 0.5615V - 0.5355V = 0.0260V$

（2）$\Delta_r G_m^{\ominus} = -zFE^{\ominus} = (-2 \times 96485 \times 0.0260)J \cdot mol^{-1} = -5017J \cdot mol^{-1}$

因为 $\Delta_r G_m^{\ominus} < 0$，所以在标准态时电池反应能自发进行。

（3）　　　$E = E^{\ominus} - \dfrac{RT}{2F} \ln \dfrac{a(H_3AsO_3) \cdot a(I_2)}{a(H_3AsO_4) \cdot a^2(I^-) \cdot a^2(H^+)}$

$$= \left[0.0260 - \dfrac{8.314 \times 298.15}{2 \times 96485} \ln \dfrac{1}{(10^{-7})^2} \right]V = -0.3881V$$

所以 $\Delta_r G_m = -zFE = [-2 \times 96485 \times (-0.3881)]J \cdot mol^{-1} = 74.89kJ \cdot mol^{-1}$

因为 $\Delta_r G_m > 0$，所以电池反应逆向进行。

5.12 已知电池 $Pb(s) \mid Pb(NO_3)_2(a=1) \parallel AgNO_3(a=1) \mid Ag(s)$，298K 条件下，该电池反应的 $\Delta_r H_m^{\ominus} = -212.858kJ \cdot mol^{-1}$，$E^{\ominus}(Pb^{2+} \mid Pb) = -0.1265V$，$E^{\ominus}(Ag^+ \mid Ag) = 0.7994V$。

（1）写出上述电池的电极反应和电池反应。

（2）计算电池电动势 E、$\Delta_r G_m$、$K^{\ominus}$；并判断电池反应能否自发进行。

（3）计算电池电动势温度系数。

解：（1）电极反应　$(-)Pb(s) \longrightarrow Pb^{2+} + 2e^-$

$\qquad\qquad\qquad\qquad (+)2Ag^+ + 2e^- \longrightarrow 2Ag(s)$

电池反应　$Pb(s) + 2Ag^+ \longrightarrow Pb^{2+} + 2Ag(s)$

（2）$E = E^{\ominus} = E^{\ominus}(Ag^+ \mid Ag) - E^{\ominus}(Pb^{2+} \mid Pb) = (0.7994 + 0.1265)V = 0.9259V$

$\qquad \Delta_r G_m = \Delta_r G_m^{\ominus} = -zFE = (-2 \times 96485 \times 0.9259)J \cdot mol^{-1} = -178.7kJ \cdot mol^{-1}$

因为 $\Delta_r G_m < 0$，所以电池反应能自发进行。

$$K^{\ominus} = e^{-\frac{\Delta_r G_m^{\ominus}}{RT}} = e^{-\frac{-178.7 \times 10^3}{8.314 \times 298}} = 2.108 \times 10^{31}$$

（3）因为　$\Delta_r S_m^{\ominus} = \dfrac{\Delta_r H_m^{\ominus} - \Delta_r G_m^{\ominus}}{T}$

$$= \left(\dfrac{-212.858 \times 10^3 + 178.7 \times 10^3}{298} \right)J \cdot K^{-1} = -114.6J \cdot K^{-1}$$

则　　$\left(\dfrac{\partial E}{\partial T} \right)_p = \dfrac{1}{zF} \Delta_r S_m^{\ominus} = \dfrac{-114.6}{2 \times 96485}V \cdot K^{-1} = 5.939 \times 10^{-4} V \cdot K^{-1}$

5.13 电池 $Zn(s) \mid ZnCl_2(0.05mol \cdot kg^{-1}) \mid AgCl(s) \mid Ag(s)$ 的电动势 E 随温度的变化关

系为

$$E/V = 1.015 - 4.92 \times 10^{-4} (T/K - 298)$$

试计算在 298K 当电池有 2mol 电子的电量输出时，电池反应的 $\Delta_r G_m$，$\Delta_r S_m$，$\Delta_r H_m$ 及此过程的可逆热效应 Q_R。

解： 电池反应

$$Zn + 2AgCl \Longrightarrow 2Ag + ZnCl_2 (0.05 mol \cdot kg^{-1})$$

$$T = 298K, E = [1.015 - 4.92 \times 10^{-4} \times (298 - 298)]V = 1.015V$$

$$\left(\frac{\partial E}{\partial T}\right)_p = -4.92 \times 10^{-4} V \cdot K^{-1}$$

$$\Delta_r G_m = -zFE = (-2 \times 1.015 \times 96485)J \cdot mol^{-1} = -195.9 kJ \cdot mol^{-1}$$

$$\Delta_r S_m = zF \left(\frac{\partial E}{\partial T}\right)_p = [2 \times 96485 \times (-4.92 \times 10^{-4})]J \cdot K^{-1} \cdot mol^{-1}$$

$$= -94.94 J \cdot K^{-1} \cdot mol^{-1}$$

$$\Delta_r H_m = \Delta_r G_m + T\Delta_r S_m$$

$$= [-195.9 \times 10^3 + 298 \times (-94.94)]J \cdot mol^{-1} = -224.2 kJ \cdot mol^{-1}$$

$$Q_R = T\Delta_r S_m = [298 \times (-94.94)]J \cdot mol^{-1} = -28.3 kJ \cdot mol^{-1}$$

5.14 在 298K 时，试从标准生成吉布斯函数计算下列电池的电动势

$$Ag(s) | AgCl(s) | NaCl(a=1) | Hg_2Cl_2(s) | Hg(l)$$

已知 $AgCl(s)$ 和 $Hg_2Cl_2(s)$ $\Delta_f G_m^{\ominus}$ 分别为 $-109.57 kJ \cdot mol^{-1}$ 和 $-210.35 kJ \cdot mol^{-1}$。

解： 电池反应　　$Ag(s) + \frac{1}{2}Hg_2Cl_2(s) \Longrightarrow AgCl(s) + Hg(l)$

$$\Delta_r G_m^{\ominus} = \Delta_f G_m^{\ominus}[AgCl(s)] - \frac{1}{2}\Delta_f G_m^{\ominus}[Hg_2Cl_2(s)]$$

$$= \left(-109.57 + \frac{1}{2} \times 210.35\right)kJ \cdot mol^{-1} = -4.395 kJ \cdot mol^{-1}$$

$$E = E^{\ominus} = -\frac{\Delta_r G_m^{\ominus}}{zF} = -\frac{-4.395 \times 1000}{1 \times 96485}V = 0.04555V$$

5.15 电池 $Ag | AgCl(s) | KCl$ 溶液 $| Hg_2Cl_2(s) | Hg$ 的电池反应为

$$Ag + \frac{1}{2}Hg_2Cl_2(s) \Longrightarrow AgCl(s) + Hg$$

已知 25℃ 时，此电池反应的 $\Delta_r H_m = 5435 J \cdot mol^{-1}$，各物质的规定熵 S_m 分别为：$Ag(s)$，$42.55 J \cdot mol^{-1} \cdot K^{-1}$；$AgCl(s)$，$96.2 J \cdot mol^{-1} \cdot K^{-1}$；$Hg(l)$，$77.4 J \cdot mol^{-1} \cdot K^{-1}$；$Hg_2Cl_2(s)$，$195.8 J \cdot mol^{-1} \cdot K^{-1}$。试计算 25℃ 时电池的电动势及电动势的温度系数。

解：　　$\Delta_r S_m = \left(96.2 + 77.4 - \frac{1}{2} \times 195.8 - 42.55\right)J \cdot K^{-1} \cdot mol^{-1}$

$$= 33.15 J \cdot K^{-1} \cdot mol^{-1}$$

$$\Delta_r G_m = \Delta_r H_m - T\Delta_r S_m$$

$$= (5435 - 298.15 \times 33.15)J \cdot mol^{-1} = -4449 J \cdot mol^{-1}$$

$$E = -\frac{\Delta_r G_m}{zF} = \left(-\frac{-4449}{1 \times 96485}\right)V = 0.04611V$$

$$\left(\frac{\partial E}{\partial T}\right)_p = \frac{\Delta_r S_m}{zF} = \left(\frac{33.15}{1 \times 96485}\right) V \cdot K^{-1} = 3.436 \times 10^{-4} V \cdot K^{-1}$$

5.16 纳米材料的表面热力学性质对纳米材料的吸附、催化、传感等性能具有显著的影响，采用电化学法可以对纳米氧化亚铜的热力学函数进行测定。以纳米（nano）氧化亚铜和块体（bulk）氧化亚铜作为电极，以碱性溶液作为电解液组成可逆电池，电极反应如下：

$$(+) \ 2Cu^{2+} + 2OH^- + 2e^- \Longleftrightarrow Cu_2O(bulk, s)$$

$$(-) \ Cu_2O(nano, s) + H_2O \longrightarrow 2Cu^{2+} + 2OH^- + 2e^-$$

电池总反应为 $Cu_2O(nano, s) \longrightarrow Cu_2O(bulk, s)$，测得不同温度下可逆电池电动势随温度变化的关系为 $E/V = 0.30075 - 0.001T/K$，试求 25℃纳米氧化亚铜的标准摩尔熵、标准摩尔生成吉布斯函数和标准摩尔生成焓。已知块体氧化铜的热力学数据如下。

物质	$\Delta_f H_m^{\ominus}/kJ \cdot mol^{-1}$	$S_m^{\ominus}/J \cdot K^{-1} \cdot mol^{-1}$	$\Delta_f G_m^{\ominus}/kJ \cdot mol^{-1}$
$Cu_2O(bulk)$	-168.60	93.10	-149.00

解： 由于电池反应中的物质均为固体，没有离子，所以电解液的浓度不影响电池电动势，故所测得的电动势即为标准电池电动势。

因为 $E^{\ominus}/V = E/V = 0.30075 - 0.001T/K$，故

$$\left(\frac{\partial E^{\ominus}}{\partial T}\right)_p = -0.001 V/K$$

298.15K 时，$E^{\ominus}/V = (0.30075 - 0.001 \times 298.15)V = 0.0026V$

$$\Delta_r G_m^{\ominus} = -zFE^{\ominus} = -(2 \times 96485 \times 0.0026)J \cdot mol^{-1} = -501.7 J \cdot mol^{-1}$$

$$\Delta_r S_m^{\ominus} = zF\left(\frac{\partial E}{\partial T}\right)_p = [2 \times 96485 \times (-0.001)]J \cdot K^{-1} \cdot mol^{-1} = -192.97 J \cdot K^{-1} \cdot mol^{-1}$$

则 $\Delta_r H_m^{\ominus} = \Delta_r G_m^{\ominus} + T\Delta_r S_m^{\ominus} = [-501.7 + 298.15 \times (-192.97)]J \cdot mol^{-1} = -58.036 kJ \cdot mol^{-1}$

所以 $S_{m, nano}^{\ominus} = S_{m, bulk}^{\ominus} - \Delta_r S_m^{\ominus} = [93.10 - (-192.97)]J \cdot K^{-1} \cdot mol^{-1} = 286.07 J \cdot K^{-1} \cdot mol^{-1}$

$$\Delta_f H_{m, nano}^{\ominus} = \Delta_f H_{m, bulk}^{\ominus} - \Delta_r H_m^{\ominus} = (-168.60 + 58.036)kJ \cdot mol^{-1} = -110.56 kJ \cdot mol^{-1}$$

$$\Delta_f G_{m, nano}^{\ominus} = \Delta_f G_{m, bulk}^{\ominus} - \Delta_r G_m^{\ominus} = (-149.00 + 0.5017)kJ \cdot mol^{-1} = -148.50 kJ \cdot mol^{-1}$$

5.17 已知 25℃时，AgBr 的溶度积 $K_{sp} = 4.88 \times 10^{-13}$，$E^{\ominus}(Ag^+ \mid Ag) = 0.7994V$，$E^{\ominus}[Br_2(l) \mid Br^-] = 1.065V$。试计算 25℃时

(1) 银-溴化银电极的标准电极电势 $E^{\ominus}[AgBr(s) \mid Ag]$；

(2) AgBr(s)的标准生成吉布斯函数。

解： (1) 银-溴化银电极的标准电极电势可以通过设计原电池来进行求算（见例题 5.7），也可按下列方法进行计算。

已知 AgBr 的沉淀溶解平衡如下

$$AgBr(s) \longrightarrow Ag^+ [a(Ag^+)] + Br^- [a(Br^-)] \qquad ①$$

$$\Delta_r G_{m,1}^{\ominus} = -RT\ln K_{sp}$$

因为

$$Ag^+ [a(Ag^+)] + e^- \longrightarrow Ag(s) \qquad ②$$

$$\Delta_r G_{m,2}^{\ominus} = -FE^{\ominus}(Ag^+ \mid Ag)$$

$$AgBr(s) + e^- \longrightarrow Ag(s) + Br^- [a(Br^-)] \qquad ③$$

$$\Delta_r G_{m,3}^{\ominus} = -FE^{\ominus}(AgBr \mid Ag)$$

且 ③式 = ①式 + ②式

所以 $\qquad \Delta_r G_{m,3}^{\ominus} = \Delta_r G_{m,1}^{\ominus} + \Delta_r G_{m,2}^{\ominus}$

即 $\qquad -FE^{\ominus}(AgBr|Ag) = -RT\ln K_{sp} - FE^{\ominus}(Ag^+|Ag)$

解得 $\qquad E^{\ominus}(AgBr|Ag) = \dfrac{RT}{F}\ln K_{sp} + E^{\ominus}(Ag^+|Ag)$

$$= \left[\dfrac{8.314 \times 298.15}{96485} \ln(4.88 \times 10^{-13}) + 0.7994 \right] V$$

$$= 0.07105 V$$

（2）在标准状态下，AgBr 的生成反应为

$$Ag(s) + \frac{1}{2}Br_2(l) \longrightarrow AgBr(s)$$

设计电池如下 $\quad (-) Ag(s) + Br^-(aq) \longrightarrow AgBr(s) + e^-$

$$(+) \frac{1}{2}Br(l) + e^- \longrightarrow Br^-(aq)$$

电池反应 $\qquad Ag(s) + \frac{1}{2}Br_2(l) \longrightarrow AgBr(s)$

所以 AgBr(s) 生成反应的电池电动势为：

$$E = E^{\ominus} = E^{\ominus}(Br_2|Br^-) - E^{\ominus}(AgBr|Ag)$$

$$= (1.065 - 0.07105) V = 0.9940 V$$

AgBr(s) 的标准生成吉布斯函数

$$\Delta_f G_m^{\ominus} = -zFE^{\ominus}$$

$$= (-1 \times 96485 \times 0.09940) J \cdot mol^{-1} = -95.91 kJ \cdot mol^{-1}$$

5.18 设计一个电池，使其进行下列反应

$$Ag^+(a_1) + Fe^{2+}(a_2) \longrightarrow Ag(s) + Fe^{3+}(a_3)$$

（1）请写出电池表达式，并计算上述电池反应在 25℃ 时的标准平衡常数；

（2）将过量磨细的银粉加到浓度为 $0.04 mol \cdot kg^{-1}$ 的 $Fe(NO_3)_3$ 溶液中，当反应达到平衡后，Ag^+ 的浓度为多大？设活度系数为 1，已知 $E^{\ominus}(Ag^+|Ag) = 0.7991V$，$E^{\ominus}(Fe^{3+}|Fe^{2+}) = 0.771V$。

解：（1）电池表达式

$$(-)Pt|Fe^{2+}(a_2),Fe^{3+}(a_3)\|Ag^+(a_1)|Ag(s)(+)$$

$$\ln K^{\ominus} = \dfrac{zFE^{\ominus}}{RT} = \dfrac{1 \times 96485 \times (0.7991 - 0.771)}{8.314 \times 298.15} = 1.094$$

所以 $\quad K^{\ominus} = 2.99$

（2）$\qquad\qquad Fe^{3+} + Ag \Longrightarrow Fe^{2+} + Ag^+$

$t=0 \qquad\qquad 0.04 \qquad\qquad 0 \qquad\quad 0$

平衡时 $\qquad 0.04-x \qquad\quad x \qquad\quad x$

$$\dfrac{x^2}{0.04-x} = \dfrac{1}{K^{\ominus}} = \dfrac{1}{2.99}$$

解得 $\quad x = 0.036 mol \cdot kg^{-1}$

5.19 电池 $Zn(s)|ZnCl_2(0.555 mol \cdot kg^{-1})|AgCl(s)|Ag(s)$ 在 298K 时 $E = 1.015V$，$E^{\ominus}(Zn^{2+}|Zn) = -0.763V$，$E^{\ominus}(AgCl|Ag) = 0.222V$。试求该电池反应在 298K 时的平衡常数和电池内 $ZnCl_2$ 溶液的离子平均活度系数。

解： 电池反应为

$$Zn(s) + 2AgCl(s) \longrightarrow Zn^{2+}[a(Zn^{2+})] + 2Cl^-[a(Cl^-)] + 2Ag(s)$$

因为　　$\ln K^{\ominus} = \dfrac{zFE^{\ominus}}{RT} = \dfrac{2 \times 96485 \times (0.222 - (-0.763))}{8.314 \times 298} = 76.72$

所以　　　$K^{\ominus} = 2.08 \times 10^{33}$

又因为

$$E = E^{\ominus} - \frac{RT}{2F} \ln [a(Zn^{2+}) \cdot a^2(Cl^-)]$$

$$= E^{\ominus} - \frac{RT}{2F} \ln [b(Zn^{2+}) \gamma(Zn^{2+}) \cdot b^2(Cl^-) \gamma^2(Cl^-)]$$

$$= \left\{ [0.222 - (-0.763)] - \frac{8.314 \times 298}{2 \times 96485} \times \ln [0.555 \times (2 \times 0.555)^2 \gamma_{\pm}^3] \right\} V$$

$$= 1.015 V$$

解得　　$\gamma_{\pm} = 0.520$

5.20 有可逆电池：$Au(s) | AuI(s) | HI(b) | H_2(g, p^{\ominus}) | Pt$

(1) 写出上述电池的电极反应和电池反应；

(2) 温度为 298K 时，当 HI 溶液的浓度 $b_1 = 10^{-4} \text{mol} \cdot \text{kg}^{-1}$ 时，电池的电动势 $E_1 = -0.97V$；当 HI 溶液的浓度 $b_2 = 3.0 \text{mol} \cdot \text{kg}^{-1}$ 时，电池的电动势 $E_2 = -0.41V$。已知 HI 的浓度为 $10^{-4} \text{mol} \cdot \text{kg}^{-1}$ 时的离子平均活度系数 $\gamma_{\pm} \approx 1$。

试计算：HI 溶液的浓度为 $3.0 \text{mol} \cdot \text{kg}^{-1}$ 时的离子平均活度系数 $\gamma_{\pm}$。

解： (1)　　　$(-) Au(s) + I^- \longrightarrow AuI(s) + e^-$

$$(+) H^+ + e^- \longrightarrow \frac{1}{2} H_2(g)$$

电池反应　　$Au(s) + H^+ + I^- \longrightarrow AuI(s) + \dfrac{1}{2} H_2(g)$

(2) 因为　　$E = E^{\ominus} - \dfrac{RT}{zF} \ln \dfrac{[p(H_2)/p^{\ominus}]^{\frac{1}{2}}}{a(H^+) \cdot a(I^-)} = E^{\ominus} - \dfrac{RT}{zF} \ln \dfrac{1}{a_{\pm}^2}$

又因　　$a_{\pm}^2 = \gamma_{\pm}^2 (b_{\pm}/b^{\ominus})^2 = (\gamma_{\pm} \cdot b/b^{\ominus})^2$

所以　　$E_1 = E^{\ominus} - \dfrac{RT}{zF} \ln \dfrac{1}{(\gamma_{\pm,1} \cdot b_1/b^{\ominus})^2}$

$$E_2 = E^{\ominus} - \frac{RT}{zF} \ln \frac{1}{(\gamma_{\pm,2} \cdot b_2/b^{\ominus})^2}$$

上两式相减　　$E_1 - E_2 = \dfrac{RT}{zF} \ln \dfrac{(\gamma_{\pm,1} \cdot b_1)^2}{(\gamma_{\pm,2} \cdot b_2)^2}$

代入数据　　$-0.97 + 0.41 = \dfrac{8.314 \times 298 \times 2}{96485} \ln \dfrac{1 \times 10^{-4}}{\gamma_{\pm,2} \times 3.0}$

即　　　$\ln \dfrac{10^{-4}}{\gamma_{\pm,2} \times 3.0} = -10.904$

解得　　　$\gamma_{\pm,2} = 1.806$

5.21 298K 时，求下列浓差电池的电池电动势（消除了液体接界电势）

$$Ag(s) \mid AgNO_3(b=0.01mol \cdot kg^{-1}, \gamma_{\pm}=0.899) \mid AgNO_3(b=0.1mol \cdot kg^{-1}, \gamma_{\pm}=0.719) \mid Ag(s)$$

解：电池反应为　$Ag^+(a_{\pm,2}) \longrightarrow Ag^+(a_{\pm,1})$

所以，该浓差电池的电动势

$$E = -\frac{RT}{F}\ln\frac{a_{\pm,1}}{a_{\pm,2}} = -\left(\frac{8.314 \times 298}{96485} \times \ln\frac{0.01 \times 0.899}{0.1 \times 0.719}\right)V$$
$$= 0.0534V$$

5.22　用醌氢醌电极和甘汞电极组成电池测定溶液的 pH。已知 25℃ 下，醌氢醌电极的标准电极电势为 $0.6993V$，$1.0mol \cdot dm^{-3}$ 甘汞电极的电极电势为 $0.2799V$。在同温度下对于下边用来测定溶液 pH 的电池而言

$$Pt \mid Q \cdot H_2Q, H^+(pH=?) \parallel KCl(1.00mol \cdot dm^{-3}) \mid Hg_2Cl_2(s) \mid Hg$$

（1）当 pH 为 5.5 时，该电池的电动势是多少？

（2）当电动势为 $-0.1200V$ 时，待测液的 pH 为多少？

解：（1）$E(Q \mid H_2Q) = E^{\ominus}(Q \mid H_2Q) - \frac{RT}{2F}\ln\frac{a(H_2Q)}{a^2(Q)a^2(H^+)}$

25℃，$E^{\ominus}(Q \mid H_2Q) = 0.6993V$，$a(Q) = a(H_2Q)$，所以

$$E(Q \mid H_2Q) = 0.6993V - 0.05916V \times pH$$

则由题给电池可得

$$E = E(甘汞) - E(Q \mid H_2Q)$$
$$= E(甘汞) - 0.6993V + 0.05916V \times pH$$

当 pH = 5.5 时

$$E = 0.2799V - 0.6993V + 0.05916V \times 5.5$$
$$= -0.0940V$$

（2）当 $E = -0.1200V$ 时，即

$$-0.1200V = 0.2799V - 0.6993V + 0.05916VpH$$

解得　　　　　　　　　　　　　　pH = 5.06

5.23　用玻璃电极测定溶液的 pH 值时，在 25℃ 时，当先把玻璃电极和甘汞电极放入 pH 为 7.00 的标准缓冲溶液中，测得的电动势为 $0.062V$。然后把玻璃电极和甘汞电极再放入待测溶液中，测得的电动势为 $0.145V$。求待测溶液的 pH。

解：由式 $E = E(甘汞) - \left[E^{\ominus}(玻) - \frac{2.303RT}{F}pH\right]$，25℃ 时

$$E = E(甘汞) - [E^{\ominus}(玻) - 0.05916VpH]$$

当 pH = 7.00 时，$0.062V = E(甘汞) - [E^{\ominus}(玻) - 0.05916V \times 7.00]$　　　　　①

测未知溶液时，$0.145V = E(甘汞) - [E^{\ominus}(玻) - 0.05916VpH]$　　　　　②

②−①　　　　$0.145V - 0.062V = 0.05916V(pH - 7.00)$

解得　　　　pH = 8.40

5.24　25℃ 时用铜片作阴极，石墨作阳极，电解浓度为 $0.1mol \cdot kg^{-1}$ 的 $ZnCl_2$ 溶液，若电流密度为 $10mA \cdot cm^{-2}$，问在阴极上首先析出什么物质？在阳极上又析出什么物质？已知此电流密度下 H_2 在铜电极上的超电势为 $0.584V$，O_2 在石墨电极上的超电势为 $0.896V$，并假定 Cl_2 在石墨电极上的超电势可忽略不计，活度可用浓度代替。

解：可能的阴极反应

①　$Zn^{2+}(a=0.1) + 2e^- \longrightarrow Zn$

$$E_R = E^\ominus - \frac{RT}{2F}\ln\frac{1}{a(Zn^{2+})} = -0.7630V - \frac{0.05916V}{2}\lg\frac{1}{0.1} = -0.793V$$

$$E_{IR} = E_R = -0.0793V$$

② $H^+(pH=7) + e^- \longrightarrow \frac{1}{2}H_2(p^\ominus)$

$$E_R = E^\ominus - \frac{RT}{F}\ln\frac{1}{a(H^+)} = -(0.05916V \times 7) = -0.414V$$

$$E_{IR} = E_R - \eta = -0.414V - 0.584V = -0.998V$$

在阴极上，实际电势越大的越优先发生还原反应，所以 Zn 先析出。

可能的阳极反应

③ $2Cl^-(a=0.2) \longrightarrow Cl_2(p^\ominus) + 2e^-$

$$E_R = E^\ominus - \frac{RT}{F}\ln a(Cl^-) = 1.3580V - 0.05916V\lg0.2 = 1.399V$$

$$E_{IR} = E_R = 1.399V$$

④ $2OH^-(pH=7) \longrightarrow H_2O + \frac{1}{2}O_2(p^\ominus) + 2e^-$

$$E_R = E^\ominus - \frac{RT}{2F}\ln a(OH^-)^2 = 0.401V - 0.05916V \times (-7) = 0.815V$$

$$E_{IR} = E_R + \eta = 0.815V + 0.896V = 1.711V$$

在阳极上，实际电势越小的越优先发生氧化反应，所以氯气先析出。

5.25 在 25℃、一定条件下，用镍电极电解某镍盐溶液时，欲使 Ni^{2+} 的浓度降低到 $0.0015mol \cdot dm^{-3}$ 之前无氢气析出，那么电解液的 pH 应控制在多少？已知在实验条件下 $E^\ominus(Ni^{2+}|Ni) = -0.23V$，氢在镍电极上的超电势为 0.21V。

阴极 Ni 的析出电势为

解： $E(Ni^{2+}|Ni) = E^\ominus(Ni^{2+}|Ni) + \frac{RT}{2F}\ln\frac{c(Ni^{2+})}{c^\ominus}$

$$= -0.23V + \frac{RT}{2F}\ln0.0015$$

$$= -0.23V + \frac{0.05916V}{2}\lg0.0015 = -0.314V$$

$H_2(g)$ 的析出电势为

$$E(H^+|H_2) = \frac{RT}{2F}\ln\left[\frac{c(H^+)}{c^\ominus}\right]^2 - \eta$$

$$= -0.05916V \times pH - 0.21V$$

当 $E(Ni^{2+}|Ni) = E(H^+|H_2)$ 时，$H_2(g)$ 不析出。

解得 $pH \geqslant 1.76$，即 pH 高于 1.76 即可。

5.26 298K、标准压力下，用电解法分离含 Cd^{2+}、Zn^{2+} 混合溶液，已知 Cd^{2+} 和 Zn^{2+} 的浓度均为 $0.10mol \cdot kg^{-1}$，$H_2(g)$ 在 Cd(s) 和 Zn(s) 上的超电势分别为 0.48V 和 0.70V，电解液的 pH=7.0 不变。设活度系数均为 1，已知 $E^\ominus(Cd^{2+}|Cd) = -0.403V$，$E^\ominus(Zn^{2+}|Zn) = -0.763V$。试问：

（1）阴极上首先析出何种金属？

（2）第二种金属析出时第一种金属的离子残留浓度为多少？

（3）氢气是否有可能析出而影响分离效果？

解：（1）溶液中各种电极的电势分别为

$$E(\mathrm{Cd^{2+}}\,|\,\mathrm{Cd})=E^{\ominus}(\mathrm{Cd^{2+}}\,|\,\mathrm{Cd})-\frac{0.05916\mathrm{V}}{2}\lg\frac{1}{0.10}$$

$$=-0.403\mathrm{V}-\frac{0.05916\mathrm{V}}{2}=-0.433\mathrm{V}$$

$$E(\mathrm{Zn^{2+}}\,|\,\mathrm{Zn})=E^{\ominus}(\mathrm{Zn^{2+}}\,|\,\mathrm{Zn})-\frac{0.05916\mathrm{V}}{2}\lg\frac{1}{0.10}=-0.793\mathrm{V}$$

因为 $E(\mathrm{Cd^{2+}}\,|\,\mathrm{Cd})>E(\mathrm{Zn^{2+}}\,|\,\mathrm{Zn})$，所以阴极上先析出 Cd。

（2）当锌析出时 $E=-0.793\mathrm{V}$，此时镉离子的浓度是

$$E(\mathrm{Cd^{2+}}\,|\,\mathrm{Cd})=-0.403\mathrm{V}+\frac{0.05916\mathrm{V}}{2}\lg\frac{b_{\mathrm{Cd^{2+}}}}{b^{\ominus}}=-0.793\mathrm{V}$$

解得　　$b_{\mathrm{Cd^{2+}}}=6.7\times10^{-14}\,\mathrm{mol\cdot kg^{-1}}$

（3）$\mathrm{H_2}$ 在 Cd 上的析出电势是

$$E_{\mathrm{H_2(Cd)}}=E^{\ominus}(\mathrm{H^+}\,|\,\mathrm{H_2})-0.05916\mathrm{VpH}-\eta_{\mathrm{H_2(Cd)}}$$

$$=-0.05916\mathrm{V}\times7.0-0.48\mathrm{V}=-0.89\mathrm{V}$$

$\mathrm{H_2}$ 在 Zn 上的析出电势是

$$E_{\mathrm{H_2(Zn)}}=E^{\ominus}(\mathrm{H^+}\,|\,\mathrm{H_2})-0.05916\mathrm{VpH}-\eta_{\mathrm{H_2(Zn)}}$$

$$=-0.05916\mathrm{V}\times7.0-0.70\mathrm{V}=-1.11\mathrm{V}$$

由于 $E_{\mathrm{H_2(Cd)}}$ 和 $E_{\mathrm{H_2(Zn)}}$ 比 $E(\mathrm{Cd^{2+}}\,|\,\mathrm{Cd})$ 和 $E(\mathrm{Zn^{2+}}\,|\,\mathrm{Zn})$ 都更小，所以在 Cd、Zn 析出前，不会发生 $\mathrm{H_2}$ 的析出反应而影响分离效果。

5.27　海水直接电解制氢面临的主要挑战之一是海水中氯离子的氧化反应，其产物次氯酸根可能造成催化剂失活和电解槽的腐蚀，因此，研究设计阳极析氧反应的选择性催化剂有着非常重要的意义。若要在近中性及碱性条件下即 pH 大于 7.5 的条件下电解水，氧气分压为 0.21 个大气压，假设发生 $\mathrm{Cl^-}$ 氧化为 $\mathrm{ClO^-}$ 的反应时，$\mathrm{Cl^-}$ 与生成的 $\mathrm{ClO^-}$ 的活度相等，且其超电势可以忽略不计，则在 25℃ 下，若要在阳极上优先发生析氧反应，电解时氧气在所设计的阳极催化剂电极上的超电势应该小于多少？

解：在近中性及碱性条件下，阳极可能发生的反应为

$$\mathrm{Cl^-}+2\mathrm{OH^-}{=\!=\!=}\mathrm{ClO^-}+\mathrm{H_2O}+2\mathrm{e^-},\ E^{\ominus}(\mathrm{ClO^-}\,|\,\mathrm{Cl^-})=0.894\mathrm{V}$$

$$4\mathrm{OH^-}{=\!=\!=}2\mathrm{H_2O}+\mathrm{O_2}+4\mathrm{e^-},\ E^{\ominus}(\mathrm{O_2}\,|\,\mathrm{OH^-})=0.401\mathrm{V}$$

在阳极，析出电势小的物质优先析出，因此欲使 $\mathrm{O_2}$ 析出而不生成 $\mathrm{ClO^-}$，必须满足 $E_{\mathrm{析}}(\mathrm{O_2}\,|\,\mathrm{OH^-})<E_{\mathrm{析}}(\mathrm{ClO^-}\,|\,\mathrm{Cl^-})$，由于生成 $\mathrm{ClO^-}$ 的超电势很小，可略去，故

$$E_{\mathrm{析}}(\mathrm{ClO^-}\,|\,\mathrm{Cl^-})=E^{\ominus}(\mathrm{ClO^-}\,|\,\mathrm{Cl^-})-\frac{0.05916\mathrm{V}}{2}\ln\frac{a(\mathrm{Cl^-})a^2(\mathrm{OH^-})}{a(\mathrm{ClO^-})}$$

$$=E^{\ominus}(\mathrm{ClO^-}\,|\,\mathrm{Cl^-})-0.05916\mathrm{V}\ln a(\mathrm{OH^-})-\frac{0.05916\mathrm{V}}{2}\ln\frac{a(\mathrm{Cl^-})}{a(\mathrm{ClO^-})}$$

$$=E^{\ominus}(\mathrm{ClO^-}\,|\,\mathrm{Cl^-})-0.05916\mathrm{V}\ln\frac{10^{-14}}{a(\mathrm{H^+})}-\frac{0.05916\mathrm{V}}{2}\ln\frac{a(\mathrm{Cl^-})}{a(\mathrm{ClO^-})}$$

$$=0.894\mathrm{V}+0.05916\mathrm{V}\times14-0.05916\mathrm{VpH}$$

$$=1.72\mathrm{V}-0.05916\mathrm{VpH}$$

$$E_{析}(O_2|OH^-)=E^{\ominus}(O_2|OH^-)-\frac{0.05916}{4}\lg\frac{a^4(OH^-)}{p(O_2)/p^{\ominus}}+\eta(O_2)$$

$$=E^{\ominus}(O_2|OH^-)-0.05916V\lg\frac{10^{-14}}{a(H^+)}-\frac{0.05916V}{4}\lg\frac{1}{p(O_2)/p^{\ominus}}+\eta(O_2)$$

$$=E^{\ominus}(O_2|OH^-)+0.05916V\times14-0.05916VpH-\frac{0.05916V}{4}\lg\frac{1}{0.21}+\eta(O_2)$$

$$=0.401V+0.05916V\times14-0.05916VpH-0.01V+\eta(O_2)$$

$$=1.22V-0.05916VpH+\eta(O_2)$$

所以　$E_{析}(O_2|OH^-)<E_{析}(ClO^-|Cl^-)$

$1.22V-0.05916VpH+\eta(O_2)<1.72V-0.05916VpH$

$\eta(O_2)<0.50V$

即若氧气在所设计的阳极催化剂电极上的超电势小于 0.50V，可以使阳极上优先发生析氧反应而避免 ClO$^-$ 危害的发生。

第6章

统计热力学初步

基本知识点归纳及总结

一、各种运动形式的能级表达式

1. 三维平动子

$$\varepsilon_t = \frac{h^2}{8m} \times \left(\frac{n_x^2}{a^2} + \frac{n_y^2}{b^2} + \frac{n_z^2}{c^2} \right)$$

平动量子数 n_x、n_y、n_z 取 1，2，3 等正整数。

2. 刚性转子

$$\varepsilon_r = J(J+1) \frac{h^2}{8\pi^2 I}$$

$I = \mu R_0^2$；$\mu = \dfrac{m_1 m_2}{m_1 + m_2}$；转动量子数 J 取 0，1，2 等整数，简并度 $g_r = 2J + 1$。

3. 一维谐振子

$$\varepsilon_v = \left(v + \frac{1}{2} \right) h\nu$$

振动量子数 v 取 0，1，2 等整数；分子的振动频率 $\nu = \dfrac{1}{2\pi} \sqrt{\dfrac{k}{\mu}}$（$k$ 为力学常数，μ 为分子的折合质量）。任何振动能级的简并度 $g_v = 1$，是非简并的。

4. 电子及原子核运动

系统中各粒子的电子运动及核运动均处于基态。不同物质电子运动基态能级的简并度 $g_{e,0}$ 和核运动基态能级的简并度 $g_{n,0}$ 可能有区别，但对指定物质而言，都为常数。即 $g_{e,0}$＝常数，$g_{n,0}$＝常数。

二、能级分布的微态数及系统的总微态数

1. 定域子系统

$$W_D = \frac{N!}{\prod\limits_i n_i!}$$

2. 离域子系统

$$W_D = \prod_i \frac{(n_i + g_i - 1)!}{n_i!\,(g_i - 1)!}$$

当 $g_i \gg n_i$ 时，上式可进一步简化为

$$W_D \approx \prod_i \frac{g_i^{n_i}}{n_i!}$$

3. 系统的总微态数

$$\Omega = \sum_D W_D$$

三、玻尔兹曼分布

$$n_j = \frac{N}{q} e^{-\varepsilon_j/kT} \qquad (\varepsilon_j \text{ 为量子态能量})$$

$$n_i = \frac{N}{q} g_i e^{-\varepsilon_i/kT} \qquad (\varepsilon_i \text{ 为能级能量})$$

其中，q 为配分函数，其定义为

$$q \overset{\text{def}}{=\!=} \sum_j e^{-\varepsilon_j/kT}$$

$$q \overset{\text{def}}{=\!=} \sum_i g_i e^{-\varepsilon_i/kT}$$

任意能级 i 上分布的粒子数 n_i 与系统的总粒子数 N 之比为

$$\frac{n_i}{N} = \frac{g_i e^{-\varepsilon_i/kT}}{\sum_i g_i e^{-\varepsilon_i/kT}} = \frac{g_i e^{-\varepsilon_i/kT}}{q}$$

四、粒子配分函数

1. 配分函数的析因子性质

$$q = q_t q_r q_v q_e q_n$$

2. 能量零点的选择

一种是选取能量的绝对零点，此时基态能量为 ε_0，于是粒子配分函数

$$q = \sum_i g_i e^{-\varepsilon_i/kT} = g_0 e^{-\varepsilon_0/kT} + g_1 e^{-\varepsilon_1/kT} + g_2 e^{-\varepsilon_2/kT} + \cdots$$

另一种是规定各独立运动形式的基态能级作为各自能量的相对零点，即 $\varepsilon_0 = 0$。以此为基准的粒子配分函数以 q^0 表示，即

$$q^0 = \sum_i g_i e^{-\varepsilon_i^0/kT} = g_0 + g_1 e^{-\varepsilon_1^0/kT} + g_2 e^{-\varepsilon_2^0/kT} + \cdots$$

其中 $\varepsilon_i^0 = \varepsilon_i - \varepsilon_0$，为 i 能级相对于基态能级的能量。两种能量零点的粒子配分函数的关系

$$q = q^0 e^{-\varepsilon_0/kT} \qquad \text{或} \qquad q^0 = q e^{\varepsilon_0/kT}$$

3. 各种运动的配分函数的计算

（1）平动配分函数

$$q_t = q_{t,x} q_{t,y} q_{t,z} = \left(\frac{2\pi mkT}{h^2}\right)^{3/2} a \cdot b \cdot c = \left(\frac{2\pi mkT}{h^2}\right)^{3/2} V$$

（2）转动配分函数

$$q_r = \sum_{J=0}^{\infty} (2J+1) \exp\left[-J(J+1)\frac{\Theta_r}{T}\right]$$

Θ_r 为转动特征温度，在通常温度下，$T \gg \Theta_r$，转动配分函数可近似为

$$q_r = \frac{T}{\sigma\Theta_r} = \frac{8\pi^2 IkT}{\sigma h^2}$$

式中，σ 称为分子的对称数，对于同核双原子分子 $\sigma=2$，异核双原子分子 $\sigma=1$。

（3）振动配分函数

$$q_v = e^{-\Theta_v/2T} \sum_{v=0}^{\infty} e^{-v\Theta_v/T} = \frac{e^{-\Theta_v/2T}}{1-e^{-\Theta_v/T}}$$

Θ_v 为振动特征温度，通常温度下，$\dfrac{\Theta_v}{T} \gg 1$，　$e^{-\Theta_v/T} \ll 1$，则上式可简化为

$$q_v \approx e^{-\Theta_v/2T}$$

4. 电子运动及核运动配分函数

通常情况下，电子能级及核运动能级的间隔较大，绝大多数粒子的电子及核运动均处于基态，其配分函数的求和公式从第二项起可以忽略不计，即

$$q_e = g_{e,0}e^{-\varepsilon_{e,0}/kT} \quad \text{或} \quad q_e^0 = q_e e^{-\varepsilon_{e,0}/kT} = g_{e,0} = \text{常数}$$

$$q_n = g_{n,0}e^{-\varepsilon_{n,0}/kT} \quad \text{或} \quad q_n^0 = g_{n,0} = \text{常数}$$

五、热力学函数与配分函数的关系

1. 热力学能与配分函数的关系

$$U = \frac{N}{q}kT^2\left(\frac{\partial q}{\partial T}\right)_{V,N} = NkT^2\left(\frac{\partial \ln q}{\partial T}\right)_{V,N}$$

2. 熵与配分函数的关系

$$S = k \ln W_B$$

离域子系统　　　　　$$S = Nk\ln\frac{q^0}{N} + \frac{U^0}{T} + Nk$$

定域子系统　　　　　$$S = Nk\ln q^0 + \frac{U^0}{T}$$

3. 其他热力学函数与配分函数的关系

（1）亥姆霍兹函数 A

对于定域子系统　　　　$A = -kT\ln q^N$

对于离域子系统　　　　$A = -kT\ln(q^N/N!)$

（2）压力 p

$$p = -\left(\frac{\partial A}{\partial V}\right)_{T,N} = NkT\left(\frac{\partial \ln q}{\partial V}\right)_{T,N}$$

（3）吉布斯函数 G

定域子系统　　　　　$$G = -kT\ln q^N + NkTV\left(\frac{\partial \ln q}{\partial V}\right)_{T,N}$$

离域子系统　　　　　$$G = -kT\ln(q^N/N!) + NkTV\left(\frac{\partial \ln q}{\partial V}\right)_{T,N}$$

（4）焓 H

$$H = NkT^2 \left(\frac{\partial \ln q}{\partial T} \right)_{V,N} + NkTV \left(\frac{\partial \ln q}{\partial V} \right)_{T,N}$$

（5）等容热容 C_V

$$C_V = 2NkT \left(\frac{\partial \ln q}{\partial T} \right)_{V,N} + NkT^2 \left(\frac{\partial^2 \ln q}{\partial T^2} \right)_{V,N}$$

例题分析

例题 6.1 一个含有 N_A 个独立可辨的粒子体系，每一粒子都可处于能量分别为 ε_0 和 ε_1 的两个最低相邻的能级之一上，设两个能级皆为非简并的。若 $\varepsilon_0 = 0$ 时，求：（1）粒子的配分函数；（2）体系能量的表达式；（3）讨论在极高温度和极低温度下，体系能量的极限值。

解：（1）$\qquad q = \sum \exp(-\varepsilon_i / kT) = e^{-\varepsilon_0/kT} + e^{\varepsilon_1/kT} = 1 + e^{\varepsilon_1/kT}$

（2）$\qquad U = N_A kT^2 \left(\frac{\partial \ln q}{\partial T} \right)_{V,N} = N_A kT^2 \left(\frac{1}{1 + e^{-\varepsilon_1/kT}} \times e^{-\varepsilon_1/kT} \times \frac{\varepsilon_1}{kT} \right)$

$$= N_A \left(\frac{e^{-\varepsilon_1/kT}}{1 + e^{-\varepsilon_1/kT}} \right) \varepsilon_1$$

（3）极高温度：$kT \gg \varepsilon_1$，即 $e^{-\varepsilon_1/kT} \to 1$，所以 $U = \frac{1}{2} N_A \varepsilon_1$；

极低温度：$kT \ll \varepsilon_1$，即 $e^{-\varepsilon_1/kT} \to 0$，所以 $U = 0$。

例题 6.2 （1）计算运动于 $1 m^3$ 盒子的 O_2 分子 $n_x = 1$，$n_y = 1$，$n_z = 1$ 量子态的平动能；（2）计算 O_2 分子 $J = 1$ 转动量子态的转动能。已知氧气分子的核间距 $r = 1.2074 \times 10^{-10} m$；（3）计算 O_2 分子 $v = 0$ 振动量子态的振动能。已知氧气分子的 $\sigma = 1580.246 \times 10^{-3} m^{-1}$。

解：（1）$\qquad \varepsilon_t = \frac{h^2}{8mV^{2/3}} (n_x^2 + n_y^2 + n_z^2)$

$$= \frac{(6.626 \times 10^{-34} J \cdot s)^2 \times 3}{8 \times 5.31 \times 10^{-26} kg \times (1 m^3)^{2/3}}$$

$$= 3.1 \times 10^{-42} J$$

（2）$\qquad \varepsilon_r = J(J+1) \frac{h^2}{8\pi^2 I} = J(J+1) \frac{h^2}{8\pi^2 \mu r^2}$

$$= 1 \times 2 \times \frac{(6.626 \times 10^{-34} J \cdot s)^2}{8 \times 3.14^2 \times 1.33 \times 10^{-26} kg \times (1.2074 \times 10^{-10} m)^2}$$

$$= 5.74 \times 10^{-23} J$$

（3）$\qquad \varepsilon_v = \left(v + \frac{1}{2} \right) h\nu = \frac{1}{2} hc\sigma$

$$= \frac{1}{2} \times 6.626 \times 10^{-34} \text{J} \cdot \text{s} \times 3 \times 10^{8} \text{m} \cdot \text{s}^{-1} \times 1580246 \text{m}^{-1}$$

$$= 1.57 \times 10^{-19} \text{J}$$

以上计算可见，$\varepsilon_t < \varepsilon_r < \varepsilon_v$。在室温 300K 时，$kT = 4 \times 10^{-21}$J。平动、转动能级间隔同 kT 相比很小，因此室温时平动、转动能可看作是连续的，在求算配分函数时加号变为积分号。振动能级间隔比 kT 大，此时振动能不能看作连续的。一般电子运动能级间隔和核运动能级间隔比 kT 大得多，此时电子和原子核基本上处于基态。

例题 6.3　按照能量均分定律，每摩尔气体分子在各平动自由度上的平均动能为 $RT/2$。现有 1mol CO 气体于 0℃、101.325kPa 条件下置于立方容器中，试求：

（1）每个 CO 分子的平动能 $\bar{\varepsilon}$；

（2）能量与此 $\bar{\varepsilon}$ 相当的 CO 分子的平动量子数平方和 $(n_x^2 + n_y^2 + n_z^2)$。

解：（1）CO 分子有三个自由度，因此

$$\bar{\varepsilon} = \frac{3RT}{2L} = \frac{3 \times 8.314 \text{J} \cdot \text{mol}^{-1} \cdot \text{K}^{-1} \times 273.15 \text{K}}{2 \times 6.022 \times 10^{23} \text{mol}^{-1}} = 5.657 \times 10^{-21} \text{J}$$

（2）由三维势箱中粒子的能级公式

$$\varepsilon = \frac{h^2}{8ma^2} \times (n_x^2 + n_y^2 + n_z^2)$$

所以

$$(n_x^2 + n_y^2 + n_z^2) = \frac{8ma^2 \varepsilon}{h^2} = \frac{8mV^{2/3} \bar{\varepsilon}}{h^2} = \frac{8m\bar{\varepsilon}}{h^2} \left(\frac{nRT}{p}\right)^{2/3}$$

$$= \frac{8 \times 28.0104 \text{g} \cdot \text{mol}^{-1} \times 5.657 \times 10^{21} \text{J}}{(6.6261 \times 10^{-34} \text{J} \cdot \text{s})^2 \times 6.022 \times 10^{26} \text{mol}^{-1}} \left(\frac{1 \times 8.314 \text{J} \cdot \text{mol}^{-1} \cdot \text{K}^{-1} \times 273.15 \text{K}}{101325 \text{Pa}}\right)^{2/3}$$

$$= 3.811 \times 10^{20}$$

例题 6.4　已知 H_2 分子的转动特征温度 Θ_r 为 85.4K，振动特征温度 Θ_v 为 6100K。在温度 25℃时，请计算：

（1）运动在 1m^3 盒子里的 H_2 分子平动的配分函数；

（2）H_2 分子转动的配分函数。

解：（1）$q_t = \left(\frac{2\pi mkT}{h^2}\right)^{3/2} V$，其中 m 为 H_2 分子的摩尔质量，为 $2.0 \times 10^{-3} \text{kg} \cdot \text{mol}^{-1}$，$T$ 为 298.15K，V 为 1m^3，代入得

$$q_t = 2.74 \times 10^{30}$$

（2）因为 $T \gg \Theta_v$，所以 $q_v = \frac{e^{-\Theta_v/2T}}{1 - e^{-\Theta_v/T}} = 3.61 \times 10^{-5}$

例题 6.5　已知 N_2 分子的转动特征温度为 2.86K，用统计热力学方法计算在 298K，101325Pa 下，1mol N_2 分子气体的下列转动热力学函数：U_r，$C_{m,r}$，S_r，A_r。

解：（1）因为 $q_r = \frac{T}{\sigma \Theta_r}$，所以

$$U_r = RT^2 \times \frac{\text{dln}q_r}{\text{d}T} = RT = 8.314 \text{J} \cdot \text{mol}^{-1} \cdot \text{K}^{-1} \times 298 \text{K} = 2477.6 \text{J} \cdot \text{mol}^{-1}$$

（2）　　　　$C_{m,r} = \frac{\text{d}U_r}{\text{d}T} = R = 8.314 \text{J} \cdot \text{mol}^{-1} \cdot \text{K}^{-1}$

（3）

$$S_r = R\ln q_r + RT \times \frac{\ln q_r}{dT} = \left(8.314 \times \ln\frac{298}{2 \times 2.86} + 8.314\right) J \cdot mol^{-1} \cdot K^{-1} = 41.18 J \cdot mol^{-1} \cdot K^{-1}$$

（4）$A_r = -LkT\ln q_r = -8.314 J \cdot mol^{-1} \cdot K^{-1} \times 298K \times \ln\frac{298}{2 \times 2.86} = 9794.1 J \cdot mol^{-1}$

思 考 题

1. 何谓数学概率和热力学概率？它们之间有什么关系？

答：系统的微观状态数又称为热力学概率，它可以是很大的数目。数学概率 P 的原始定义是以事件发生的可能性为基础的，某种分布出现的数学概率为

$$P = \frac{某种分布的热力学概率}{系统总的热力学概率}，\quad 且有 \quad 0 \leqslant P \leqslant 1。$$

2. 部分氘化的氨样品经分析后发现有等物质的量的氢和氘。假定分布是完全任意的，那么 NH_3、NH_2D、NHD_2 和 ND_3 的比例如何？

答：相当于 3 个 H 和 3 个 D 任意取 3 个进行组合，对应的微观状态数分别为：$\Omega_j = C_3^n C_3^{3-n}$。故 $n(NH_3) : n(NH_2D) : n(NHD_2) : n(ND_3) = 1 : 9 : 9 : 1$。

3. 何谓最概然分布？何谓平衡分布？它们之间有什么关系？Boltzmann 分布是否是平衡分布？

答：在 N、U、V 确定的条件下，微态数最大的分布称为最概然分布。而当 N 很大时，出现的分布方式几乎可以用最概然分布来代表。N、U、V 确定的系统平衡时，粒子的分布方式几乎不随时间而变化的分布，称为平衡分布。当系统中粒子数足够大时，最概然分布的那些分布即可代表平衡分布。Boltzmann 分布是平衡分布。

4. 按统计热力学的系统分类，理想气体属于什么系统，实际气体属于什么系统？

答：理想气体属于独立离域子系统，实际气体属于相依离域子系统。

5. 分子能量零点的选择方式有几种？由于能量零点选择方式的不同，对能级的能量值有无影响？对分子的配分函数值有无影响？按 Boltzmann 分布定律，对分子在各能级上的分布数有无影响？

答：能量零点的选择有两种：一种是选取能量的绝对零点，另一种是规定各独立运动形式的基态能级作为各自能量的相对零点。对能级的能量值有影响，对分子的配分函数值有影响，但并不影响玻尔兹曼分布。

6. 在相同条件下，定域子系统的微观状态数是离域子系统的 $N!$ 倍，所以定域子系统的熵值应该比离域子系统的大 $k\ln N!$。但实际上，固体物质的摩尔熵值总是比其蒸气的小，道理何在？

答：从 $S = Nk\ln q + \dfrac{U}{T}$（定域子系统）和 $S = Nk\ln\dfrac{q}{N} + \dfrac{U}{T} + Nk$（离域子系统）可以看出，两者的差别不仅限于 $k\ln N!$，还有 q 的不同。气体分子的运动包括平动、转动和振动等，而固体分子则没有平动和转动。其中气体的平动配分函数在 10^{30} 数量级以上，远大于 N，所以气体物质的熵值要比固体的大。

7. 低温条件下，能否应用公式 $q_r = T/\sigma\Theta_r$ 求算分子转动配分函数？为什么？

答：不能。转动配分函数 $q_r = \sum_{J=0}^{\infty} (2J+1) \exp\left[-\frac{J(J+1)\Theta_r}{T}\right]$，在 $(\Theta_r/T) \ll 1$ 条件下，该式为一系列连续相差很小数值的加和，可用积分代替加和，得 $q_r = T/\sigma\Theta_r$。低温下，不能满足 $(\Theta_r/T) \ll 1$ 的条件，所以不能以积分代替加和。

---------------------------------- 概 念 题 ----------------------------------

1. 质量为 m 的粒子在长度为 a 的一维势箱中运动，其基态能量

（A）$E < 0$ （B）$E = 0$ （C）$E > 0$ （D）不确定

2. 统计热力学中实际气体属于

（A）独立离域子系统   （B）独立定域子系统

（C）相依离域子系统   （D）相依定域子系统

3. 下列系统中为定域子系统的是

（A）液溴   （B）石墨   （C）水蒸气   （D）一氧化碳气体

4. 对于粒子数 N、体积 V 和能量 U 一定的体系，其微观状态数最大的分布就是最概然分布，得出这一结论的理论依据是

（A）玻尔兹曼分布定律   （B）分子运动论

（C）能量均分原理   （D）等概率假定（定律）

5. 玻尔兹曼统计认为

（A）玻尔兹曼分布既是最概然分布，也是平衡分布

（B）玻尔兹曼分布既不是最概然分布，也不是平衡分布

（C）玻尔兹曼分布只是最概然分布，但不是平衡分布

（D）玻尔兹曼分布不是最概然分布，只是平衡分布

6. 对于粒子数 N、体积 V 和能量 U 一定的体系，玻尔兹曼方程 $S \propto k \ln\Omega$ 中 Ω 的意义是

（A）此条件下的总微观状态数

（B）最概然分布的微态数

（C）此条件下，可能出现分布的种数

（D）任一分布的微态数

7. 将能量零点选为各运动的基态，下列哪个配分函数不受影响？

（A）q_t （B）q_r （C）q_v （D）q_e, q_n

8. 能量零点的选择对下列哪些函数没有影响？

（A）A （B）U （C）G （D）C_V

9. 公式 $A = -kT\ln(q^N/N!)$ 可用于下列哪些系统中？其中 q 和 N 分别为粒子的配分函数和系统的粒子数。

（A）H_2（看作理想气体）   （B）水蒸气

（C）$Cu(s)$ （D）$CH_3OH(l)$

10. 对于粒子数 N、体积 V 和能量 U 确定的独立子系统，沟通热力学与统计力学的关系式是：

(A) $U = \sum_i n_i \varepsilon_i$ (B) $p = NkT \left(\dfrac{\partial \ln q}{\partial V} \right)_{T,N}$

(C) $S = k \ln \Omega$ (D) $q = \sum_i g_i \mathrm{e}^{-\varepsilon_i/kT}$

答案：

1. C   2. C   3. B   4. D   5. A   6. A   7. B   8. D   9. A   10. C

提示：

1. C   一维势箱中，平动能级公式 $\varepsilon_t = \dfrac{h^2}{8m} \times \dfrac{n_x^2}{a^2}$。基态时 $n_x = 1$，基态能量 $\varepsilon_t = \dfrac{h^2}{8ma^2} > 0$。

9. A   公式 $A = -kT \ln (q^N / N!)$ 适用于独立离域子系统。水蒸气和乙醇属于相依子系统，固体铜属于定域子系统。

习题解答

6.1   设有一个由三个定位的一维谐振子组成的系统，这三个振子分别在各自的位置上振动，系统的总能量为 $11h\nu/2$。试求系统的全部可能的微观状态数。

解： 对振动能级 $\varepsilon_v = \left(v + \dfrac{1}{2} \right) h\nu$，在总能量 $\varepsilon_v = \dfrac{11}{2} h\nu$ 时，三个单维简谐振子可能有以下四种分布方式

(1) $v_1 = 0$，$v_2 = 2$，$v_3 = 2$

$$\varepsilon_{v,1} = \frac{1}{2} h\nu, \quad \varepsilon_{v,2} = \frac{5}{2} h\nu, \quad \varepsilon_{v,3} = \frac{5}{2} h\nu$$

$$t_1 = \frac{3!}{1! \times 2!} = 3$$

(2) $v_1 = 0$，$v_2 = 1$，$v_3 = 3$

$$\varepsilon_{v,1} = \frac{1}{2} h\nu, \quad \varepsilon_{v,2} = \frac{3}{2} h\nu, \quad \varepsilon_{v,3} = \frac{7}{2} h\nu$$

$$t_2 = \frac{3!}{1! \times 1! \times 1!} = 6$$

(3) $v_1 = 0$，$v_2 = 0$，$v_3 = 4$

$$\varepsilon_{v,1} = \frac{1}{2} h\nu, \quad \varepsilon_{v,2} = \frac{1}{2} h\nu, \quad \varepsilon_{v,3} = \frac{9}{2} h\nu$$

$$t_3 = \frac{3!}{1! \times 2!} = 3$$

(4) $v_1 = 0$，$v_2 = 0$，$v_3 = 4$

$$\varepsilon_{v,1} = \frac{1}{2} h\nu, \quad \varepsilon_{v,2} = \frac{1}{2} h\nu, \quad \varepsilon_{v,3} = \frac{9}{2} h\nu$$

$$t_3 = \frac{3!}{1! \times 2!} = 3$$

故 $t = t_1 + t_2 + t_3 + t_4 = 3 + 6 + 3 + 3 = 15$

6.2   某分子的两个能级的能量值分别为 $\varepsilon_1 = 6.1 \times 10^{-21} \text{J}$、$\varepsilon_2 = 8.4 \times 10^{-21} \text{J}$，相应的

简并度 $g_1=3$、$g_2=5$。求该分子组成的系统中，在 300K 和 3000K 时分布在两个能级上的粒子数之比 n_1/n_2 各为多少?

解：300K 时，$\dfrac{n_1}{n_2}=\dfrac{g_1}{g_2}\exp\left[\dfrac{-(\varepsilon_1-\varepsilon_2)}{kT}\right]=\dfrac{3}{5}\exp\left[\dfrac{-(6.1-8.4)\times10^{-21}\text{J}}{1.38\times10^{-23}\text{J·K}^{-1}\times300\text{K}}\right]=1.05$

3000K 时，$\dfrac{n_1}{n_2}=\dfrac{3}{5}\exp\left[\dfrac{-(6.1-8.4)\times10^{-21}\text{J}}{1.38\times10^{-23}\text{J·K}^{-1}\times3000\text{K}}\right]=0.63$

6.3　一个系统中有四个可分辨的粒子，这些粒子许可的能级为 $\varepsilon_0=0$，$\varepsilon_1=\omega$，$\varepsilon_2=2\omega$，$\varepsilon_3=3\omega$，其中 ω 为某种能量单位，当系统的总量为 2ω 时，试计算：

(1) 若各能级非简并，则系统可能的微观状态数为多少?

(2) 如果各能级的简并度分别为 $g_0=1$，$g_1=3$，$g_2=3$，则系统可能的微观状态数又为多少?

解：(1) 许可的分布 $\{2，2，0，0\}$ $\{3，0，1，0\}$，微观状态数为 $C_4^2+C_4^1=10$

(2) 微观状态数为 $g_0^2g_1^2C_4^2+g_0^3g_2C_4^1=66$

6.4　在一个猴舍中有三只金丝猴和两只长臂猿。金丝猴有红、绿两种帽子可任戴一种，长臂猿有黄、灰和黑三种帽子可任戴一种。试问陈列于该猴舍中的猴子能出现几种不同的陈列情况?

解：依题意 $n_1=3$、$n_2=2$、$g_1=2$、$g_2=3$，故

$$W=\prod_i\frac{(n!+g!-1)!}{n!\times(g_i-1)}=\frac{(3+2-1)!}{3!\times(2-1)!}\times\frac{(2+3-1)!}{2!\times(2-1)!}=24$$

6.5　已知某分子的第一电子激发态的能量比基态高 400kJ·mol^{-1}，且基态和第一激发态都是非简并的，试计算：

(1) 300K 时处于第一激发态的分子所占分数；

(2) 分配到此激发态的分子数占总分子数 10% 时温度应为多高?

解：(1) $\dfrac{N_1}{N}=\dfrac{\text{e}^{-\varepsilon_1/kT}}{\text{e}^{-\varepsilon_0/kT}+\text{e}^{-\varepsilon_1/kT}}=\dfrac{\text{e}^{-(\varepsilon_1-\varepsilon_0)/kT}}{1+\text{e}^{-(\varepsilon_1-\varepsilon_0)/kT}}=2.2\times10^{-70}$

(2) $\dfrac{N_1}{N}=\dfrac{\exp\left(-\dfrac{400\times10^3}{8.314}\right)}{1+\exp\left(-\dfrac{400\times10^3}{8.314}\right)}=0.1$

解得　$T=2.2\times10^4\text{K}$

6.6　HCl 分子的振动能级间隔为 $5.94\times10^{-20}\text{J}$，试计算 298.15K 某一能级与其较低一能级上的分子数的比值。对于 I_2 分子，振动能级间隔为 $0.43\times10^{-20}\text{J}$，试作同样的计算。

解：根据玻耳兹曼分布，分配于 i 与 $i+1$ 能级上的分子数之比应为

$$\frac{n_{i+1}}{n_i}=\frac{g_{i+1}\text{e}^{-\varepsilon_{i+1}/kT}}{g_i\text{e}^{-\varepsilon_i/kT}}$$

由于振动能级是非简并的，即 $g_i=g_{i+1}=1$。所以

$$\frac{n_{i+1}}{n_i}=\text{e}^{-(\varepsilon_{i+1}-\varepsilon)/kT}=\text{e}^{-\Delta\varepsilon/kT}$$

对于 HCl　$\dfrac{n_{i+1}}{n_i}=\text{e}^{-\Delta\varepsilon/kT}=\exp\left(\dfrac{-5.94\times10^{-20}\text{J}}{1.38\times10^{-23}\text{J·K}^{-1}\times298\text{K}}\right)=5.37\times10^{-7}$

对于 I_2 $\dfrac{n_{i+1}}{n_i}=\mathrm{e}^{-\Delta\varepsilon/kT}=\exp\left(\dfrac{-0.43\times10^{-20}\,\mathrm{K}}{1.38\times10^{-23}\,\mathrm{J\cdot K^{-1}}\times298\mathrm{K}}\right)=0.352$

6.7 一氧化氮晶体是由形成二聚物的 N_2O_2 分子组成，该分子在晶格中有两种随机的空间取向，求算 1mol NO 在 0K 时的熵值。

解：0K 时，完美晶体中分子的空间取向都是相同的，此类微观状态数 $\Omega=1$。根据玻尔兹曼定理，$S=0$。这与热力学第二定律是一致的，而 N_2O_2 分子既然可能有两种不同的空间取向，则 $\Omega\neq1$，故 $S\neq0$。NO 分子在 0K 时聚合成 $L/2$ 个 N_2O_2 分子，每个分子都可能有两种空间取向，因此其微观状态数 $\Omega=2^{L/2}$

$$S=k\ln\Omega=k\ln2^{L/2}=\frac{1}{2}R\ln2=2.88\mathrm{J\cdot K^{-1}}$$

6.8 2mol N_2 置于一容器中，$T=400\mathrm{K}$，$p=50\mathrm{kPa}$，试求容器中 N_2 分子的平动配分函数。

解：分子的平动配分函数为

$$q_{\mathrm{t}}=\left(\frac{2\pi mkT}{h^2}\right)^{3/2}V$$

对于压力为 p，分子数为 N 的理想气体，有

$$V=\frac{nRT}{p}=\frac{NRT}{Lp}=\frac{nkT}{p}$$

上式可写为

$$
\begin{aligned}
q_{\mathrm{t}}&=\left[\frac{2\times3.1415\times1.3807\times10^{-23}}{(6.626\times10^{-34})^2}\right]^{3/2}\times1.3807\times10^{-23}Nm^{3/2}T^{5/2}p^{-1}\\
&=3.835\times10^{43}Nm^{3/2}T^{5/2}p^{-1}\\
&=3.835\times10^{43}nL^{-1/2}m^{3/2}T^{5/2}p^{-1}\\
&=3.835\times10^{43}\times2\times(6.022\times10^{23})^{-1/2}\times0.02801^{3/2}\times400^{5/2}\times5000^{-1}\\
&=2.965\times10^{31}
\end{aligned}
$$

6.9 CO 的转动惯量 $I=1.45\times10^{-46}\mathrm{kg\cdot m^2}$，振动特征温度 $\Theta_{\mathrm{v}}=3084\mathrm{K}$，试求 25℃ 时 CO 的标准摩尔熵。

解：CO 为双原子分子，其摩尔熵为

$$S_{\mathrm{m}}=S_{\mathrm{m,t}}+S_{\mathrm{m,r}}+S_{\mathrm{m,v}}$$

因为 $M_{\mathrm{CO}}=28.0101\times10^{-3}\mathrm{kg\cdot mol^{-1}}$，$T=298.15\mathrm{K}$，$p=1\times10^5\mathrm{Pa}$，所以

$$
\begin{aligned}
S_{\mathrm{m,t}}^{\ominus}&=k\left\{\frac{3}{2}\ln[M/(\mathrm{kg\cdot mol^{-1}})]+\frac{5}{2}\ln(T/\mathrm{K})-\ln(p/\mathrm{Pa})+20.723\right\}\\
&=8.314\mathrm{J\cdot mol^{-1}\cdot K^{-1}}\times\left[\frac{3}{2}\ln(28.0101\times10^{-3})+\frac{5}{2}\ln298.15-\ln(1\times10^5)+20.723\right]\\
&=150.42\mathrm{J\cdot mol^{-1}\cdot K^{-1}}
\end{aligned}
$$

CO 为异核双原子，对称数 $\sigma=1$

$$
\begin{aligned}
\Theta_{\mathrm{r}}&=\frac{h^2}{8\pi^2Ik}\\
&=\frac{(6.626\times10^{-34}\mathrm{J\cdot s})^2}{8\times3.1416^2\times1.45\times10^{-46}\mathrm{kg\cdot m^2}\times1.3807\times10^{-23}\mathrm{J\cdot K^{-1}}}\\
&=2.7778\mathrm{K}
\end{aligned}
$$

所以　　$S_{m,r} = k\ln\dfrac{T}{\Theta_r\sigma} + k$

$\qquad\qquad = 8.314 \text{J·mol}^{-1}\text{·K}^{-1} \times \ln\dfrac{298.15}{2.7778} + 8.314\text{J·mol}^{-1}\text{·K}^{-1}$

$\qquad\qquad = 47.193 \text{J·mol}^{-1}\text{·K}^{-1}$

$\qquad S_{m,v} = k\ln(1-e^{-\Theta_v/T})^{-1} + R\Theta_v T^{-1}(e^{\Theta_v/T}-1)^{-1}$

$\qquad\qquad = 8.314\text{J·mol}^{-1}\text{·K}^{-1} \times \ln(1-e^{-3084/298.15})^{-1} + \dfrac{8.314\text{J·mol}^{-1}\text{·K}^{-1} \times 3084\text{K}}{928.15\text{K} \times (e^{3084/298.15}-1)}$

$\qquad\qquad = 3.071 \times 10^{-3}\text{J·mol}^{-1}\text{·K}^{-1}$

故　　$S_m^{\ominus}(298.15\text{K}) = S_{m,t}^{\ominus} + S_{m,r} + S_{m,v} = 197.6\text{J·mol}^{-1}\text{·K}^{-1}$

6.10　已知 CO 分子的基态振动波数为 $\tilde{\nu} = 2168\text{cm}^{-1}$，求 CO 分子的特征温度 Θ_v 和 25℃时的振动配分函数 q_v。

解：　　$\Theta_v = \dfrac{h\nu}{k} = \dfrac{hc\tilde{\nu}}{k} = 3123K$

$\qquad q_v^0 \approx 1$（因 $\Theta_v \gg T$）

$\qquad q_v \approx e^{-\Theta_v/2T} = 5.33 \times 10^{-3}\text{J·K}^{-1}\text{·mol}^{-1}$

6.11　已知 F_2 分子的转动特征温度 $\Theta_r = 1.24K$，振动特征温度 $\Theta_v = 1284K$，求 F_2 在 25℃时的标准摩尔熵 $S_m^{\ominus}$ 和定压摩尔热容 $C_{p,m}$。

解：　　$q_t^{\ominus} = \left(\dfrac{2\pi k}{h^2 L}\right)^{3/2}(MT)^{3/2}\dfrac{RT}{p^{\ominus}} = 5.536 \times 10^{30}$

$\qquad\qquad q_r = T/(\sigma\Theta_r) = 298K/1.24K = 120.2$

$S_{m,t}^{\ominus} + S_{m,r} = R\ln\dfrac{q_t^{\ominus}q_r}{(L/\text{mol}^{-1})} + \dfrac{7}{2}R = 202.2\text{J·K}^{-1}\text{·mol}^{-1}$

$C_{p,m,t} + C_{p,m,r} = \dfrac{7}{2}R = 29.10\text{J·K}^{-1}\text{·mol}^{-1}$

$\qquad\qquad q_v^0 = \left[1-\exp\left(\dfrac{-\Theta_v}{T}\right)\right]^{-1} = 1.014$

$(U-U_0)_{m,v} = RT^2\left[\dfrac{\partial\ln q_v^0}{\partial T}\right]_{V,N} = \dfrac{R\Theta_v}{\exp(\Theta_v/T)^{-1}} = 145.6\text{J·mol}^{-1}$

$\qquad S_{m,v} = R\ln q_v^0 + \dfrac{(U-U_0)_{m,v}}{T} = 0.60\text{J·K}^{-1}\text{·mol}^{-1}$

$\qquad C_{p,m,v} = C_{V,m,v} = \left[\dfrac{\partial(U-U_0)_{m,v}}{\partial T}\right]_{V,N}$

$\qquad\qquad = R\left(\dfrac{\Theta_v}{T}\right)^2\exp\left(\dfrac{\Theta_v}{T}\right)\left[\exp\left(\dfrac{\Theta_v}{T}\right)^{-1}\right]^{-2} = 2.13\text{J·K}^{-1}\text{·mol}^{-1}$

$\qquad S_m^{\ominus} = S_{m,t}^{\ominus} + S_{m,r} + S_{m,v} = 202.8\text{J·K}^{-1}\text{·mol}^{-1}$

$\qquad C_{p,m} = C_{p,m,t} + C_{p,m,r} + C_{p,m,v} = 31.23\text{J·K}^{-1}\text{·mol}^{-1}$

第 **7** 章

界面现象

一、表面张力、表面功和表面吉布斯函数

$$\gamma = \frac{\delta W'}{\mathrm{d}A} = \left(\frac{\partial G}{\partial A}\right)_{T,p}$$

表面张力、比表面功、比表面吉布斯函数三者虽为不同的物理量，但它们的数值和量纲却是等同的。

二、液体对固体的润湿现象

1. 铺展系数 $\qquad\qquad\qquad S = \gamma_{GS} - \gamma_{LS} - \gamma_{GL}$

2. 杨氏方程 $\qquad \gamma_{GS} = \gamma_{LS} + \gamma_{GL}\cos\theta \quad$ 或 $\quad \cos\theta = \dfrac{\gamma_{GS} - \gamma_{LS}}{\gamma_{GL}}$

① 当 $\gamma_{LS} > \gamma_{GS}$ 时，$\cos\theta < 0$，$\theta > 90°$，液体对固体表面不润湿，θ 越大，就越不能润湿，当 θ 大到接近 $180°$ 时，则为完全不润湿。

② 当 $\gamma_{LS} < \gamma_{GS}$ 时，$\cos\theta > 0$，$\theta < 90°$，液体对固体表面润湿，θ 越小，润湿的程度就越高。

③ 当 $\gamma_{GS} - \gamma_{LS} = \gamma_{GL}$ 时，$\cos\theta = 1$，$\theta = 0°$，此时 $S = 0$，液体刚好能在固体表面铺展，即完全润湿。

④ 当 $\gamma_{GS} - \gamma_{LS} > \gamma_{GL}$ 时，$\cos\theta > 1$，接触角 θ 不满足杨氏方程，但此时 $S > 0$，铺展系数 S 比第③种情况还要大，表明液体更易在固体表面铺展。

三、弯曲液面的附加压力——拉普拉斯方程

$$\Delta p = \frac{2\gamma}{r} = \Delta\rho g h$$

r 为弯曲液面的曲率半径，对于凸液面取正值、凹液面取负值。显然附加压力总是指向曲面的球心。

四、弯曲表面上的蒸汽压——开尔文公式

$$RT\ln\frac{p_r}{p} = \frac{2\gamma M}{\rho r}$$

对于凸液面，如小液滴，$r>0$，则 $p_r>p$，即小液滴的饱和蒸气压大于平面液体的饱和蒸气压，且 r 越小，其饱和蒸气压越大；对于凹液面，如液体中的小气泡，$r<0$，则 $p_r<p$，即小气泡内的蒸气压小于平液面的蒸气压，且 r 越小，其饱和蒸气压越小。

五、固体吸附（固气表面）

1. 朗格缪尔吸附等温式

$$\theta=\frac{bp}{1+bp}$$

$$V^a=V_m^a\theta=V_m^a\frac{bp}{1+bp}$$

2. BET 多分子层吸附等温式——二常数公式

$$V^a=V_m^a\frac{c(p/p^*)}{(1-p/p^*)[1+(c-1)p/p^*]}$$

利用 BET 公式可以求吸附剂的比表面积。

六、溶液表面的吸附现象——吉布斯吸附等温式

$$\Gamma=-\frac{c}{RT}\cdot\frac{d\gamma}{dc}$$

① 若 $d\gamma/dc<0$，即增加浓度使表面张力降低时，$\Gamma>0$，溶质在表面层发生正吸附。
② 若 $d\gamma/dc>0$，即增加浓度使表面张力升高时，$\Gamma<0$，溶质在表面层发生负吸附。
③ 某溶质的 $-d\gamma/dc$ 绝对值越高，则它在表面上的吸附量也越大，所以 $-d\gamma/dc$ 可以代表溶质表面活性的大小。

表面活性剂分子或离子都包含有亲水的极性基团和憎水的非极性基团两部分，使其在溶液与气相的界面上，亲水基团朝向溶液内部，而憎水基团朝向空气，形成定向排列。到一定浓度时，表面层吸附达到饱和，而成为紧密的单分子层，饱和吸附量 Γ_∞ 不再随浓度变化。利用 Γ_∞ 可以计算表面活性剂分子的横截面积。临界胶束浓度（CMC）是表面活性剂的一个非常重要的参数，表面活性剂溶液的许多性质都在 CMC 附近发生急剧的变化。表面活性剂的重要作用有润湿、增溶、乳化、起泡、去污等。

例题分析

例题 7.1　已知在 300K 时纯水的饱和蒸气压 $p^*=3.592$kPa，密度 $\rho=997$kg·m^{-3}，表面张力 $\gamma=0.0718$N·m^{-1}。在该温度下：（1）将半径 $r_1=5.0\times10^{-4}$m 的洁净玻璃毛细管插入纯水中，管内液面上升的高度为 $h=2.8$cm，试计算水与玻璃之间的接触角；（2）若玻璃毛细管的半径为 $r_2=2.0$nm，求水蒸气在该毛细管中发生凝聚的最低蒸气压。

解：（1）根据 Laplace 公式，附加压力为

$$\Delta p=\frac{2\gamma\cos\theta}{r_1}=(\rho-\rho_0)gh=\Delta\rho gh\quad（\rho\text{ 为水的密度，}\rho_0\text{ 为空气密度}）$$

设 $\Delta\rho\approx\rho=997$kg·m^{-3}，所以

$$\cos\theta=\frac{\rho ghr_1}{2\gamma}$$

$$= \frac{997 \text{kg} \cdot \text{m}^{-3} \times 9.8 \text{m} \cdot \text{s}^{-2} \times 2.8 \times 10^{-2} \text{m} \times 5.0 \times 10^{-4} \text{m}}{2 \times 0.0718 \text{N} \cdot \text{m}^{-1}}$$

$$= 0.9526$$

解得　　　$\theta = 17.7°$

（2）凹面的曲率半径为 r，则

$$r = \frac{r_2}{\cos\theta} = \frac{2.0 \times 10^{-9} \text{m}}{\cos 17.7°} = 2.1 \times 10^{-9} \text{m}$$

根据开尔文公式，可计算凹面上的饱和蒸气压

$$\ln \frac{p_r}{p^*} = -\frac{2\gamma M}{RT\rho r}$$

$$\ln \frac{p_r}{p^*} = -\frac{2 \times 0.0718 \text{N} \cdot \text{m}^{-1} \times 0.018 \text{kg} \cdot \text{mol}^{-1}}{8.314 \text{J} \cdot \text{mol}^{-1} \cdot \text{K}^{-1} \times 300 \text{K} \times 997 \text{kg} \cdot \text{m}^{-3} \times 2.1 \times 10^{-9} \text{m}} = -0.495$$

则　　　　　　　$\frac{p_r}{p^*} = 0.610$

$$p_r = 0.610 p^* = 0.610 \times 3.529 \text{kPa} = 2.153 \text{kPa}$$

例题 7.2　如果水中仅含有半径为 1.00×10^{-3} mm 的空气泡，试求这样的水开始沸腾的温度为多少？已知 100℃ 以上水的表面张力为 $0.0589 \text{N} \cdot \text{m}^{-1}$，汽化焓为 $40.7 \text{kJ} \cdot \text{mol}^{-1}$。

解：空气泡上的附加压力为 $\Delta p = 2\gamma/r$，当水沸腾时，空气泡中的水蒸气压力等于 $p^\ominus + \Delta p$，应用克劳修斯-克拉佩龙方程可求出蒸气压为 $p^\ominus + \Delta p$ 时的平衡温度 T_2，此即沸腾温度。

$$p - p^\ominus + \Delta p = p^\ominus + \frac{2\gamma}{r} - \left(10^5 + \frac{2 \times 0.0589}{1.00 \times 10^{-6}}\right) \text{Pa} = 2.18 \times 10^5 \text{Pa}$$

由克劳修斯-克拉佩龙方程 $\ln \frac{p_2}{p_1} = \frac{\Delta_{vap} H_m}{R}\left(\frac{1}{T_1} - \frac{1}{T_2}\right)$，可得

$$\ln \frac{2.18 \times 10^5}{10^5} = \frac{40.7 \times 10^3}{8.314}\left(\frac{1}{373} - \frac{1}{T_2/\text{K}}\right)$$

解得　　　　　　　$T_2 = 396 \text{K} = 123℃$

例题 7.3　已知 100℃ 时水的表面张力 $\gamma = 0.05885 \text{N} \cdot \text{m}^{-1}$，密度 $\rho = 950 \text{kg} \cdot \text{m}^{-3}$。

（1）100℃ 时，若水中有一半径为 1.00×10^{-3} mm 的气泡，求气泡内水的蒸气压。

（2）气泡内的气体受到的附加压力为多大？气泡能否稳定存在？

解：（1）根据开尔文公式

$$\ln \frac{p_r}{p} = \frac{2\gamma M}{RT\rho r}$$

$$= \frac{2 \times 0.05885 \times 18.02 \times 10^{-3}}{8.314 \times 373.15 \times 950 \times (-1 \times 10^{-6})}$$

$$= -0.0007196$$

解得　　　　　　　$p_r = 101.25 \text{kPa}$

（2）　　　　$\Delta p = \frac{2\gamma}{r} = \left(\frac{2 \times 0.05885}{1 \times 10^{-6}}\right) \text{Pa} = 117.7 \text{kPa}$

气泡内的气体受到的附加压力大于蒸气的压力，故气泡不能稳定存在。

例题 7.4　473.15K 时,测定氧在某催化剂表面上的吸附作用。当平衡压力分别为 101.325kPa 及 1013.25kPa 时,每千克催化剂的表面吸附氧的体积分别为 $2.5 \times 10^{-3} \text{m}^3$ 及 $4.2 \times 10^{-3} \text{m}^3$(已换算为标准状况下的体积)。假设该吸附服从朗格缪尔公式,试计算当氧的吸附量为饱和吸附量 V_m^a 的一半时,氧的平衡压力为多少?

解: $p_1 = 101.325\text{kPa}, V_1^a = 2.5 \times 10^{-3} \text{m}^3; p_2 = 1013.25\text{kPa}, V_2^a = 4.2 \times 10^{-3} \text{m}^3$

根据题给数据利用朗格缪尔公式可列出下列联立方程式

$$V_1^a = V_m^a \cdot \frac{bp_1}{1+bp_1}$$

$$V_2^a = V_m^a \cdot \frac{bp_2}{1+bp_2}$$

上述二式相除,整理可得吸附系数

$$b = \frac{p_2 V_1^a - p_1 V_2^a}{p_1 p_2 (V_2^a - V_1^a)} = \left[\frac{1013.25 \times 2.5 \times 10^{-3} - 101.325 \times 4.2 \times 10^{-3}}{101.325 \times 1013.25 \times (4.2 \times 10^{-3} - 2.5 \times 10^{-3})} \right] \text{kPa}^{-1}$$

$$= 12.075 \times 10^{-3} \text{kPa}^{-1}$$

由式 $V^a = V_m^a \cdot \dfrac{bp}{1+bp}$ 可知,当 $V^a = V_m^a/2$ 时,在一定温度下吸附的平衡压力 p 与吸附系数之间的关系为

$$p = \frac{1}{b} = \left(\frac{1}{12.075 \times 10^{-3}} \right) \text{kPa} = 82.814\text{kPa}$$

例题 7.5　1173K 时,N_2O(A)在 Au 上吸附(符合朗格缪尔吸附)分解,得下列实验数据:

t/s	0	1800	3900	6000
$p_A/10^4 \text{Pa}$	2.667	1.801	1.140	0.721

讨论 N_2O(A)在 Au 上的吸附强弱。

解: 由朗格缪尔吸附等温式 $\theta = \dfrac{bp_A}{1+bp_A}$ 得吸附分解反应速率 v

$$v = k\theta = k \frac{bp_A}{1+bp_A}$$

若为弱吸附,则 $bp_A \ll 1$,$v = kbp_A$,表现为一级反应;若为强吸附,则 $bp_A \gg 1$,$v = k$,表现为零级反应。

将已知的试验数据分别代入一级反应、零级反应的积分式

对一级反应,$k = \dfrac{1}{t} \ln \dfrac{p_{A,0}}{p_A}$,求得

$$k_1 = 2.16 \times 10^{-4} \text{s}^{-1}, \quad k_2 = 2.18 \times 10^{-4} \text{s}^{-1}, \quad k_3 = 2.18 \times 10^{-4} \text{s}^{-1}$$

对零级反应,$k = \dfrac{p_{A,0} - p_A}{t}$,求得

$$k_1 = 4.81 \times 10^{-4} \text{Pa·s}^{-1}, \quad k_2 = 3.92 \times 10^{-4} \text{Pa·s}^{-1}, \quad k_3 = 3.24 \times 10^{-4} \text{Pa·s}^{-1}$$

可见,由一级反应所求得的速率常数 k 基本不变为常数,说明实验结果符合一级反应规律,故可确定 N_2O(A)在 Au 上的吸附属于弱吸附。

例题 7.6　在一定温度下,各种饱和脂肪酸(如丁酸)水溶液的表面张力 γ 与溶质 B 的物质的量浓度 c_B 之间的关系可以表示为

$$\gamma = \gamma_0 - a\ln(bc_B + 1)$$

式中，γ_0 为同温度下纯水的表面张力；a 与 b 为与溶质、溶剂的性质及温度有关的常量。试求该溶液中溶质 B 的表面吸附量 Γ 与 c_B 的函数关系式及 B 的饱和吸附量 Γ_∞ 的计算式。

解： 根据吉布斯吸附等温式 $\Gamma = -\dfrac{c}{RT} \cdot \dfrac{d\gamma}{dc}$ 可知，只要求出表面张力随浓度的变化率，就可以得到溶质 B 的表面吸附量 Γ 与 c_B 的函数关系式。

在一定温度下，对题给方程式对 c_B 微分，可得

$$\left(\frac{\partial\gamma}{\partial c_B}\right)_T = -a\left[\frac{\partial\ln(bc_B + 1)}{\partial c_B}\right]_T = -\frac{ab}{bc_B + 1}$$

将上式代入吉布斯吸附等温式，得

$$\Gamma = -\frac{c_B}{RT} \cdot \frac{d\gamma}{dc_B} = \frac{abc_B}{RT(bc_B + 1)}$$

当 c_B 足够大时，$bc_B \gg 1$，液面层中 B 的饱和吸附量为

$$\Gamma_\infty = \frac{a}{RT}$$

思 考 题

1. 解释下列现象：

（1）当用滴管移取相同体积的水、氯化钠溶液和乙醇时，三个滴管所滴的液体的滴数是否相同？为什么？

（2）两个平行的纸条静置在水面上，若在两纸条间滴上一滴肥皂水，将会有何现象发生？为什么？

（3）在一只洁净的杯子里注满矿泉水，然后往杯子里逐粒加入洁净的砂子，会有何现象发生？若再继续滴加一滴肥皂水，又会有何现象发生？

（4）如图所示在平静的水面上静置一个小纸船，若在纸船的右尾端涂上肥皂，会有什么现象发生？

（5）为什么气泡、液滴、肥皂泡等都是呈圆形？玻璃管口加热后会变得光滑并缩小（俗称圆口），这些现象的本质是什么？

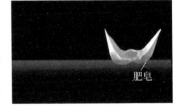

肥皂

答：（1）不相同。因为液体在滴管口即将滴落时，所受到的附加压力和重力相平衡，即

$$\Delta p = \frac{2\gamma}{r} = V\rho g$$

而

$$V = \frac{4}{3}\pi r^3$$

所以

$$r^4 = \frac{3\gamma}{2\pi\rho g}$$

可见，液滴半径的四次方与液体的表面张力成正比，而与密度成反比。氯化钠溶液的密度与水的密度相近，但表面张力比水的大，滴出的液滴半径大，故在滴出等体积液体时，滴数较水的少；乙醇的密度比水小，但其表面张力比水的小得多，总结果是使滴出液滴的半径小，故在滴出等体积液体时，滴数较水的多。

（2）两纸条向两边分开。因为两纸条间滴入肥皂水后表面张力变小，而纸条另一边水的表面张力不变，使纸条受力不平衡，在两纸条外端较大的表面张力的作用下使两纸条分开。

（3）因为泉水中的无机矿物质较多，使泉水的表面张力较大。加入沙子后，较大的表面张力能够承受突出液面的泉水的质量，使液面变成凸液面，高于杯面，但是并不流出。加入肥皂水后，由于表面张力迅速减小，液体的表面张力不再能够承受突出液面的泉水的质量，而使水沿着杯沿溢出。

（4）静置在水面上的小纸船所受力平衡，当在右尾端涂上肥皂后，液体表面张力变小，而左端水的表面张力不变，使纸船所受力不再平衡，而在左端更大的表面张力的作用下，使小纸船向左移动。

（5）表面层分子总是受到本体内部分子的拉力，有进入本体内部的趋势，即总是使表面积缩小到最小的趋势，因为相同体积的球形表面积最小，所以都成球形，而玻璃管口加热后变为圆口也是减小曲率半径，使表面积缩小到最小。

2. 请回答下列问题：

（1）在一个封闭的钟罩内，有大小不等的两个球形液滴，问长时间恒温存放后会出现什么现象？

（2）纯液体、溶液和固体怎样降低自身的表面吉布斯函数？

（3）物理吸附与化学吸附本质的区别是什么？

答：（1）小液滴消失，大液滴变大。

（2）纯液体通过缩小表面积来降低自身表面吉布斯函数；溶液既可以通过缩小表面积又可以通过溶解溶质降低溶液表面张力来降低自身表面吉布斯函数；固体只能通过表面吸附气体分子或液体分子来降低表面张力，从而降低自身表面吉布斯函数。

（3）吸附作用力不同。物理吸附是范德华力，而化学吸附是化学键力。

3. 两块玻璃板和两块石蜡板当中夹带水后，欲将两块板分开，哪个要费力气大？为什么？

答： 水在玻璃板间形成了凹液面，而在石蜡板间形成凸液面。对玻璃板，附加压力 Δp 指向液体外部，说明液体压力小于外压力，且两板越靠近，此压力差越大，使两板难以拉开。石蜡板的情况相反，液体压力大于外压力，易于拉开。

4. 根据已有的经验表明，水磨米粉比干磨米粉要细得多，工业上也是如此，湿法粉碎原料，要比干法粉碎的效率高得多。试问：

（1）干法为何效率低？如何才能使干法提高效率，从而得到分散度大的微粒？

（2）湿法除了粉碎效率高以外，还有什么优点？

答：（1）因为当磨细到颗粒度达几十微米以下时，颗粒很微小，比表面很大，使系统具有很大的表面吉布斯函数，系统处于热力学不稳定状态。在没有表面活性物质存在情况下，颗粒会发生团聚，增大表面积以降低吉布斯函数。

加入适量的助磨剂，例如水、油酸等，可以降低固体颗粒的表面张力，也即降低系统的表面吉布斯函数，从而得到分散度大的微粒。

（2）稳定、降低挥发性、防止产生粉尘引起爆炸等。

5. 玻璃管两端分别有一个大的和一个小的肥皂泡，又可通过玻璃管相互连通（如图所示）。假如肥皂泡不会马上破裂的话，打开活塞后，将会出现什么现象？为什么？

答： 小泡变小，直到成为一个凸面；大泡变大，当两者的曲率半径相等时达到平衡。

6. 如图所示，直管毛细管与弯管毛细管的半径相同，弯管高度低于直管中水的液面，弯管中滴下的水可使叶片转动，试问这样的永动机能否实现？为什么？

 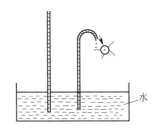

答：不能实现。这是因为导致毛细管中水面上升的本质是毛细管内水面呈凹液面。若要在管口处形成液滴落下，首先要在管口处形成凸液面，凸液面的形成将导致附加压力的方向由原来的指向气体变为指向液体内部，则无法保持毛细管内升高的液面了。所以凸液面不能形成，也就不可能形成液滴落下。

7. 如图所示，在装有少量液体的毛细管中，当在一端加热时，问润湿液体向毛细管的哪端移动？不润湿液体向哪端移动？为什么？

答：（a）管中润湿液体向左移动，（b）管中不润湿液向右移动。因为加热后液体的表面张力变小，根据两端附加压力受力方向分析可得上述结论。

8. 制造金属陶瓷材料，如铜-氧化锆金属陶瓷，若在 1373K 的纯铜液中，加入 0.25% 左右的镍后，测定含镍铜液在氧化锆表面上的接触角 θ，由原纯铜液的 135° 降至 45°。这个现象说明了什么？对生产是否有利？

答：说明镍铜液的润湿性比纯铜液的好，对生产有利。

9. 用学到的关于界面现象的知识解释以下几种做法或现象的基本原理：（1）人工降雨；（2）有机蒸馏中加沸石；（3）毛细凝聚；（4）过饱和溶液、过饱和蒸气、过冷液体等过饱和现象；（5）重量分析中的"陈化"过程；（6）喷洒农药时常常要在药液中加少量表面活性剂。

答：（1）人工降雨：提供 AgI 颗粒，使之成为水的凝结中心，降低水滴形成时所需的水蒸气的过饱和程度。

（2）有机蒸馏中加沸石：利用沸石孔道中的气泡，作为汽化中心，降低小气泡生成时所需的液体的温度，防止过热液体的产生从而导致液体发生暴沸。

（3）毛细凝聚：水蒸气在亲水的毛细孔道中凝结生产的液面是凹液面，而凹液面的饱和蒸气压较平液面的小，这使得水蒸气更易在毛细孔道中发生凝结。

（4）过饱和溶液、过饱和蒸汽、过冷液体：这些现象的产生均是由于新相最初形成的颗粒非常微小，表面吉布斯函数很大，使系统处于一个不稳定状态，所以自动产生新相比较困难。由于新相难生成而引起处于亚稳状态的过饱和溶液、过饱和蒸汽、过冷液体等。

（5）重量分析中的"陈化"过程：陈化是一个悬浮液静置过程。在这个过程中，由于微小颗粒的溶解度比大颗粒大，因此悬浮液中的小晶粒不断被溶解，同时大晶粒不断长大，以维持溶解度平衡，随着陈化时间的延续，小晶粒逐渐消失，大晶粒逐渐变大，从而便于过滤；另一方面，随着小晶粒消失，大晶粒变大，其比表面积减小，对杂质的吸附量相应变小，从而使沉淀更为纯净。

（6）喷洒农药时常常在溶液中加入少量表面活性剂：改进药液对植物表面的润湿程度，使药液在植物叶子表面上铺展开，充分发挥农药的作用。

习题解答

7.1　银溶胶中，设每个银溶胶粒子均为立方体，边长为 $0.03\mu m$，银的密度 $\rho = 10.5 kg \cdot dm^{-3}$，试计算：

（1）$1 \times 10^{-4} kg$ 银可得多少个上述大小的溶胶粒子？

（2）全部粒子的总表面积为多少？

解：（1）$1 \times 10^{-4} kg$ 银能得边长为 $0.03\mu m$ 小立方体的数目为

$$n = \frac{银的总质量}{每一小立方体的质量} = \left[\frac{1 \times 10^{-4}}{(0.03 \times 10^{-6})^3 \times 10.5 \times 10^3} \right] = 3.527 \times 10^{14}$$

（2）全部粒子的总表面积

$$A = n \times 6L^2 = [3.527 \times 10^{14} \times 6 \times (0.03 \times 10^{-6})^2] m^2 = 1.905 m^2$$

7.2　已知 293K 时，水银-空气的界面张力 $\gamma = 476 \times 10^{-3} N \cdot m^{-1}$，试问半径 $r = 1.0 \times 10^{-4} m$ 的一小滴水银表面上的附加压力为多少？

解：
$$\Delta p = \frac{2\gamma}{r} = \left(\frac{2 \times 476 \times 10^{-3}}{1.0 \times 10^{-4}} \right) Pa = 9520 Pa$$

7.3　373K 时，水在压力为 101.325kPa 下沸腾，此时其表面张力 $\gamma = 58 \times 10^{-3} N \cdot m^{-1}$，计算含有 50 个水分子的蒸气泡中，水的蒸气压应为多少？（设蒸气泡为球形）

解：根据理想气体状态方程 $pV = nRT$，设蒸气泡的半径为 r，则由题意

$$\frac{4}{3}\pi r^3 \cdot p = \frac{50}{L} \cdot RT$$

$$r^3 = \frac{3}{4\pi} \times \frac{1}{pL} \times 50 \times RT = \left(\frac{3 \times 50 \times 8.314 \times 373}{4 \times 3.14 \times 101.325 \times 10^3 \times 6.02 \times 10^{23}} \right) m^3 = 6.07 \times 10^{-25} m^3$$

所以 $r = 8.45 \times 10^{-9} m$

由开尔文公式
$$\ln \frac{p_r}{p} = \frac{1}{RT} \cdot \frac{M}{\rho} \cdot \frac{2\gamma}{r}$$

其中，$r = -8.45 \times 10^{-9} m$，因为凹液面，$r$ 取负值，则

$$\ln \frac{p_r}{p} = \frac{1}{8.314 \times 373} \times \frac{18 \times 10^{-3}}{1 \times 10^3} \times \frac{2 \times 58 \times 10^{-3}}{-8.45 \times 10^{-9}} = -0.0797$$

所以 $p_r = (101.325 \times e^{-0.0797}) kPa = 93.56 kPa$

7.4　293K 时，根据下列表面张力的数据：

界面	苯-水	苯-气	水-气	汞-气	汞-水
$\gamma \times 10^3 / (N \cdot m^{-1})$	35	28.9	72.7	483	375

试判断下列情况能否铺展。

（1）苯在水面上（未互溶前）；

（2）水在水银面上。

解： (1) $S_1 = -\Delta G = -(\gamma_{苯-水} + \gamma_{苯-气} - \gamma_{水-气})$

$$= (72.7 - 35 - 28.9) \times 10^{-3} N \cdot m^{-1} = 8.8 \times 10^{-3} N \cdot m^{-1} > 0$$

所以苯在水面上能铺展。

(2) $S_2 = -\Delta G = -(\gamma_{汞-水} + \gamma_{水-气} - \gamma_{汞-气})$

$$= [483 - (375 + 72.7)] \times 10^{-3} N \cdot m^{-1} = 35.3 \times 10^{-3} N \cdot m^{-1} > 0$$

所以水在水银面上能铺展。

7.5 氧化铝瓷件上需要涂银，当加热至 1273K 时，试用计算接触角的方法判断液态银能否润湿氧化铝瓷件表面？已知该温度下固体 Al_2O_3 的表面张力 $\gamma_{s-g} = 1.0 \times 10^{-3} N \cdot m^{-1}$，液态银表面张力 $\gamma_{l-g} = 0.88 \times 10^{-3} N \cdot m^{-1}$，液态银与固体 Al_2O_3 的界面张力 $\gamma_{s-l} = 1.77 \times 10^{-3} N \cdot m^{-1}$。

解： $\gamma_{s-g} = \gamma_{l-g} \cdot \cos\theta + \gamma_{s-l}$

所以 $\cos\theta = \dfrac{\gamma_{s-g} - \gamma_{s-l}}{\gamma_{t-g}} = \dfrac{1.0 - 1.77}{0.88} = -0.875$

则 $\theta = 151° > 90°$

所以液态银不能润湿氧化铝瓷件表面。

7.6 用毛细管上升法测定某液体的表面张力。此液体的密度为 $0.790 g \cdot cm^{-3}$，在半径为 0.235mm 的玻璃毛细管中上升的高度为 $2.56 \times 10^{-2} m$，设此液体能很好地润湿玻璃，试求此液体的表面张力。

解： 因为题给液体能很好润湿玻璃，故 $\theta = 0°$

因为 $h = \dfrac{2\gamma\cos\theta}{r\rho g}$

所以 $\gamma = \dfrac{hr\rho g}{2\cos\theta} = \dfrac{2.56 \times 10^{-2} \times 0.235 \times 10^{-3} \times 0.790 \times 10^3 \times 9.8}{2} N \cdot m^{-1}$

$$= 2.33 \times 10^{-2} N \cdot m^{-1} = 23.3 mN \cdot m^{-1}$$

7.7 在 298K、101.325kPa 下，将直径为 $1\mu m$ 的毛细管插入水中，问需在管内加多大压力才能防止水面上升？若不加额外的压力，让水面上升，达平衡后管内液面上升多高？已知该温度下水的表面张力为 $0.072 N \cdot m^{-1}$，水的密度为 $1000 kg \cdot m^{-3}$，设接触角为 0°，重力加速度为 $g = 9.8 m \cdot s^{-2}$。

解： 因为 $\Delta p = \rho g h$

$$\Delta p = \dfrac{2\gamma\cos\theta}{r} = \dfrac{2 \times 0.072}{0.5 \times 10^{-6}} Pa = 288 kPa$$

所以 $h = \dfrac{\Delta p}{\rho g} = \left(\dfrac{288 \times 10^3}{1.0 \times 10^3 \times 9.8}\right) m = 29.4 m$

7.8 在 298K 时，平面水面上水的饱和蒸气压为 3168Pa，求在相同温度下，半径为 3nm 的小水滴上水的饱和蒸气压。已知此时水的表面张力 $0.072 N \cdot m^{-1}$，水的密度设为 $1000 kg \cdot m^{-3}$。

解： 由开尔文公式 $\ln\dfrac{p_r}{p} = \dfrac{1}{RT} \cdot \dfrac{M}{\rho} \cdot \dfrac{2\gamma}{r}$

则 $\ln\dfrac{p_r}{3168Pa} = \dfrac{1}{8.314 \times 298} \times \dfrac{18 \times 10^{-3}}{1 \times 10^3} \times \dfrac{2 \times 0.072}{3 \times 10^{-9}} = 0.3487$

$$p_r = (3168 \times e^{0.3487})Pa = 4490Pa$$

7.9　373K 时，水的表面张力为 0.0589N·m^{-1}，密度为 958.4kg·m^{-3}，问直径为 1×10^{-7}m 的气泡内（即球形凹面上），在 373K 时的水蒸气压力为多少？在 101.325kPa 外压下，能否从 373K 的水中蒸发出直径为 1×10^{-7}m 的蒸气泡？

解： 水为球形凹面时，曲率半径 $r = -0.5 \times 10^{-7}$m

由开尔文公式　　　$\ln \dfrac{p_r}{p} = \dfrac{1}{RT} \cdot \dfrac{M}{\rho} \cdot \dfrac{2\gamma}{r}$

则　　　　$\ln \dfrac{p_r}{101.325kPa} = \dfrac{1}{8.314 \times 373} \times \dfrac{18 \times 10^{-3}}{958.4} \times \dfrac{2 \times 0.0589}{-0.5 \times 10^{-7}} = -0.0143$

$$p_r = (101.325 \times e^{-0.0143})kPa = 99.89kPa$$

因为　　99.89kPa＜101.325kPa

所以不能从 373K 的水中蒸发出直径为 1×10^{-7}m 的蒸气泡。

7.10　水蒸气骤冷会发生过饱和现象。在夏天的乌云中，用飞机撒干冰微粒，使气温骤降至 293K，水气的过饱和度（p/p^*）达 4。已知在 293K 时，水的表面张力为 0.07288N·m^{-1}，密度为 997kg·m^{-3}，试计算：

（1）在此时开始形成雨滴的半径；

（2）每一雨滴中所含水分子数。

解：（1）由开尔文公式　$\ln \dfrac{p_r}{p} = \dfrac{1}{RT} \cdot \dfrac{M}{\rho} \cdot \dfrac{2\gamma}{r}$

代入题给数据　　　　　　$\ln 4 = \dfrac{1}{293 \times 8.314} \times \dfrac{18 \times 10^{-3}}{997} \times \dfrac{2 \times 0.07288}{r}$

解得　　　　　　　$r = \left(\dfrac{18 \times 10^{-3} \times 2 \times 0.07288}{\ln 4 \times 293 \times 8.314 \times 997} \right)m = 7.8 \times 10^{-10}m$

即开始形成雨滴的半径为 7.8×10^{-10}m。

（2）每一雨滴所含水分子个数

$$n = \frac{\text{一个小水滴的质量}}{\text{一个水分子的质量}} = \frac{\dfrac{4}{3}\pi r^3 \rho}{\dfrac{M}{L}}$$

$$= \frac{4 \times 3.14 \times (7.8 \times 10^{-10})^3 \times 997 \times 6.02 \times 10^{23}}{3 \times 18 \times 10^{-3}} = 66$$

7.11　用活性炭吸附 $CHCl_3$ 时，在 0℃时的饱和吸附量为 93.8dm^3·kg^{-1}，已知 $CHCl_3$ 分压为 13.375kPa 时的平衡吸附量为 82.5dm^3·kg^{-1}，求：

（1）朗格缪尔等温式中的 b 值；

（2）$CHCl_3$ 分压为 6.6672kPa 时的平衡吸附量。

解：（1）朗格缪尔吸附等温式为

$$V^a = V_m^a \cdot \frac{bp}{1+bp}$$

所以　　　　　$b = \dfrac{V^a}{p(V_m^a - V^a)} = \left[\dfrac{82.5}{13.375 \times (93.8 - 82.5)} \right]kPa^{-1}$

$$= 0.5459\text{kPa}^{-1}$$

（2）
$$V^a = V_m^a \frac{bp}{1+bp} = \left(93.8 \times \frac{0.5459 \times 6.6672}{1+0.5459 \times 6.6672}\right)\text{dm}^3 \cdot \text{kg}^{-1}$$

$$= 73.58\text{dm}^3 \cdot \text{kg}^{-1}$$

7.12 在 273.15K 及 N_2 的不同平衡压力下，实验测得每 1kg 活性炭吸附 N_2 的体积 V 数据（已换算成标准状态）如下：

p/kPa	0.5240	1.7305	3.0584	4.5343	7.4967
$V^a/\text{dm}^3 \cdot \text{kg}^{-1}$	0.987	3.043	5.082	7.047	10.310

试用作图法求朗格缪尔吸附等温式中的常数 b 和 V_m^a。

解： 由朗格缪尔吸附等温式变形得

$$\frac{p}{V^a} = \frac{p}{V_m^a} + \frac{1}{bV_m^a} \qquad ①$$

即 p/V^a 与 p 是线性关系。将题中数据进行 p/V^a 的计算并列表如下

p/kPa	0.5240	1.7305	3.0584	4.5343	7.4967
$\dfrac{p/V^a}{\text{kPa} \cdot \text{dm}^{-3} \cdot \text{kg}}$	0.531	0.569	0.602	0.643	0.727

将表中数据线性拟合，得

$$\frac{p}{V^a} = 0.0278p + 0.0518 \qquad ②$$

对比②式和①式，得

$$\frac{1}{V_m^a} = 0.0278\text{dm}^{-3} \cdot \text{kg}$$

$$\frac{1}{bV_m^a} = 0.518\text{kPa} \cdot \text{dm}^{-3} \cdot \text{kg}$$

所以
$$V_m^a = 36.0\text{dm}^3 \cdot \text{kg}^{-1}$$

$$b = \frac{1}{0.5192V_m^a} = \frac{0.0278}{0.518}\text{kPa}^{-1} = 0.0537\text{kPa}^{-1}$$

7.13 77K 时测得 N_2 在 TiO_2 上的吸附数据如下：

p/p^*	0.01	0.04	0.1	0.2	0.4	0.6	0.8
$V^a/\text{dm}^3 \cdot \text{kg}^{-1}$	1.0	2.0	2.5	2.9	3.6	4.3	5.0

试用 BET 公式计算每千克 TiO_2 的表面积，设每个 N_2 分子的截面积为 $1.62 \times 10^{-19}\text{m}^2$。

解： 由 BET 公式 $\dfrac{p}{V^a(p^*-p)} = \dfrac{1}{cV_m^a} + \dfrac{c-1}{cV_m^a} \cdot \dfrac{p}{p^*}$ 及题给数据得下表

p/p^*	0.01	0.04	0.1	0.2	0.4
$\dfrac{p}{V^a(p^*-p)}$	0.010	0.0208	0.044	0.086	0.0185

因为 BET 公式适用于相对压力 $p/p^* = 0.35$ 以下的条件，故用 $p/p^* = 0.4$ 以下数据作 $\dfrac{p}{V^a(p^*-p)}$-p/p^* 图，如下图所示

得直线，$y = 0.402x + 0.005$

斜率 $\dfrac{c-1}{cV_m^a} = 0.402$，截距 $\dfrac{1}{cV_m^a} = 0.005$，故

$c = 79.8$，$V_m^a = 2.45 \text{dm}^3 \cdot \text{kg}^{-1}$

由于每个 N_2 分子截面积为 $1.62 \times 10^{-19} \text{m}^2$，故

$$每千克 \, TiO_2 \, 表面积 = \left(1.62 \times 10^{-19} \times \frac{2.45}{22.4} \times 6.02 \times 10^{23}\right) \text{m}^2 \cdot \text{kg}^{-1}$$

$$= 1.07 \times 10^4 \, \text{m}^2 \cdot \text{kg}^{-1}$$

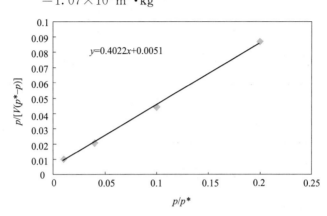

7.14 在 351.45K 时，用焦灰吸附 NH_3 测得如下数据：

p/kPa	0.7224	1.307	1.723	2.898	3.931	7.528	10.102
$V^a/\text{dm}^3 \cdot \text{kg}^{-1}$	10.2	14.7	17.3	23.7	28.4	41.9	50.1

试用图解法求佛罗因德利希经验式中的常数。

解： 对式 $V^a = kp^n$ 取对数可得

$$\lg V^a = \lg k + n\lg p$$

由题给数据算出 $\lg V^a$、$\lg p$，列表如下：

$\lg p$	−0.1412	0.1163	0.2363	0.4621	0.5945	0.8767	1.004
$\lg V^a$	1.0086	1.1673	1.2380	1.3747	1.4533	1.6222	1.6998

以 $\lg V^a$ 对 $\lg p$ 作图，如下图所示

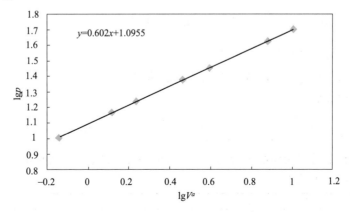

对该直线进行线性拟合，可得其斜率为：$n = 0.602$，截距 $\lg k = 1.0955$

所以

$$k = 12.46 \text{dm}^3 \cdot \text{kg}^{-1} \cdot (\text{kPa})^{-0.602}$$

7.15 在液氮温度时，N_2 在 $ZrSiO_4$ 上的吸附符合 BET 公式，今取 1.752×10^{-2} kg 样品进行吸附测定，$p^* = 101.325$ kPa，所有吸附体积都已换算成标准状况，数据如下：

p/kPa	1.39	2.77	10.13	14.93	21.01	25.37	34.13	52.16	62.82
$V^a \times 10^3 / dm^3$	8.16	8.96	11.04	12.16	13.09	13.73	15.10	18.02	20.32

（1）试计算形成单分子层所需 $N_2(g)$ 的体积；

（2）已知每个 N_2 分子的截面积为 1.62×10^{-19} m²，求每克样品的表面积。

解：（1）将 BET 吸附等温公式写成下列形式

$$\frac{p}{V^a(p^*-p)} = \frac{1}{V_m^a \cdot c} + \frac{c-1}{V_m^a \cdot c} \cdot \frac{p}{p^*}$$

根据题中所给数据，计算出 $\dfrac{p}{p^*}$ 和 $\dfrac{p}{V^a}(p^*-p)$ 的值，列表如下：

$\dfrac{p}{p^*} \times 10^2$	1.372	2.734	9.998	14.73	20.74	25.04	33.68	51.48	62.00
$\dfrac{p}{V^a}(p^*-p) \times 10^{-3}$	1.704	3.137	10.06	14.21	19.98	24.33	32.64	58.89	80.29

作 $\dfrac{p}{V^a}(p^*-p)$-$\dfrac{p}{p^*}$ 图，得一条直线，如下图所示。

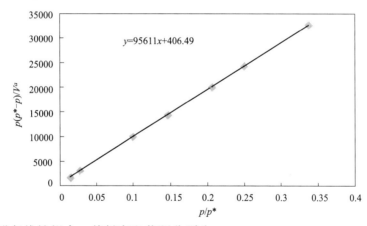

对该直线进行线性拟合，其斜率和截距分别为

$$斜率 = \frac{c-1}{cV_m^a} = 9.56 \times 10^4 \, m^{-3}, 截距 = \frac{1}{cV_m^a} = 4.06 \times 10^2$$

解得 $V_m^a = 1.05 \times 10^{-5} \, m^3 = 10.5 \, cm^3$

即试样表面形成单分子层吸附所需 $N_2(g)$ 的体积为 $1.05 \times 10^{-5} \, m^3$。

（2）样品的比表面

$$S_0 = \frac{A}{m} = \left(\frac{1.62 \times 10^{-19} \times 1.05 \times 10^{-5} \times 6.02 \times 10^{23}}{0.0224 \times 1.752 \times 10^{-2}} \right) m^2 \cdot kg^{-1} = 2609 \, m^2 \cdot kg^{-1}$$

7.16 已知在某活性炭样品上吸附 8.95×10^{-4} dm³ 的氮气（在标准状况下），吸附的平衡压力与温度之间的关系为

T/K	194	225	273
p/kPa	466.1	1165.2	3586.9

计算上述条件下，氮气在活性炭上的吸附热。

解：N_2 的临界温度为 126K，在上述实验条件下，可得 N_2 近似为理想气体，吸附量一定时，由 Clapeyron-Clausuis 方程式，有

$$\left(\frac{\partial \ln p}{\partial T}\right)_p = \frac{Q_m}{RT^2}$$

积分上式得

$$\ln p = -\frac{Q_m}{RT} + C$$

由题中所给数据，计算出 $\ln p$ 与 $\frac{1}{T}$ 的值如下

$\ln p / Pa$	13.05	13.96	15.08
$\frac{1}{T} \times 10^3 / K^{-1}$	5.155	4.444	3.663

以 $\ln p$ 对 $\frac{1}{T}$ 作图，得一条直线，如下图所示

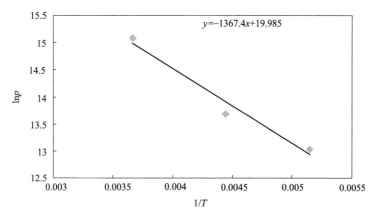

$$y = -1367.4x + 19.985$$

直线的斜率为

$$-Q_m/R = -1.3674 \times 10^3 \, K$$

所以

$$Q_m = (1.3674 \times 10^3 \times 8.314) \, J \cdot mol^{-1} = 1.137 \times 10^4 \, J \cdot mol^{-1}$$

$8.95 \times 10^{-7} \, m^3$ 的 N_2 在活性炭上的吸附热为

$$Q = [(8.95 \times 10^{-7} / 22.4 \times 10^{-3}) \times 1.137 \times 10^4] \, J = 0.454 \, J$$

7.17　291K 时，各种饱和脂肪酸水溶液的表面张力 γ 与浓度 c 的关系式可表示为 $\frac{\gamma}{\gamma_0} = 1 - b \lg \left(\frac{c}{A} + 1\right)$，其中 γ_0 为纯水的表面张力（$\gamma_0 = 0.07286 \, N \cdot m^{-1}$），常数 A 因不同酸而异，$b = 0.411$，试求：

（1）服从上述方程的脂肪酸吸附量等温式；

（2）在表面的一个紧密层中（$c \gg A$），每个酸分子所占据的面积。

解：（1）因为

$$\frac{\gamma}{\gamma_0} = 1 - b \lg \left(\frac{c}{A} + 1\right)$$

所以

$$\gamma = \gamma_0 - b \gamma_0 \lg \left(\frac{c}{A} + 1\right) = \gamma_0 - \frac{1}{2.303} b \gamma_0 \ln \left(\frac{c}{A} + 1\right)$$

$$\frac{d\gamma}{dc} = \frac{-b \gamma_0 \cdot \frac{1}{A}}{\left(\frac{c}{A} + 1\right) 2.303} = \frac{-b \gamma_0}{2.303(c + A)}$$

所以　　　　$\Gamma=-\dfrac{c}{RT}\cdot\dfrac{\mathrm{d}\gamma}{\mathrm{d}c}=\dfrac{c}{RT}\cdot\left(\dfrac{b\gamma_0}{2.303(c+A)}\right)=\dfrac{b\gamma_0 c}{2.303RT(c+A)}$

（2）当 $c\gg A$ 时，$c+A\approx c$，则

$$\Gamma=\dfrac{b\gamma_0}{2.303RT}$$

此时表面超量 Γ 与浓度无关，即达饱和吸附

$$\Gamma=\Gamma_{\mathrm{m}}=\left(\dfrac{0.411\times0.07286}{2.303\times8.314\times291}\right)\mathrm{mol\cdot m^{-2}}=5.37\times10^{-6}\,\mathrm{mol\cdot m^{-2}}$$

$$S=\dfrac{1}{\Gamma_{\mathrm{m}}}\times\dfrac{1}{L}=\left(\dfrac{1}{5.37\times10^{-6}}\times\dfrac{1}{6.02\times10^{23}}\right)\mathrm{m^2}=3.1\times10^{-19}\,\mathrm{m^2}$$

7.18　对于稀溶液来说，溶液表面张力近似地与溶质浓度 c 呈线性关系，$\gamma=\gamma^*-bc$，式中 b 为常数。试证明在稀溶液中，溶液表面的吸附量 Γ 为

$$\Gamma=\dfrac{\gamma^*-\gamma}{RT}$$

证明： 因为 $\gamma=\gamma^*-bc$，所以 $\dfrac{\mathrm{d}\gamma}{\mathrm{d}c}=-b$

代入吉布斯等温方程式

$$\Gamma=-\dfrac{c}{RT}\cdot\dfrac{\mathrm{d}\gamma}{\mathrm{d}c}=-\dfrac{c}{RT}\cdot(-b)=\dfrac{bc}{RT} \qquad ①$$

又因为　　　　$b=\dfrac{\gamma^*-\gamma}{c}$，　　　　代入①得　　　　$\Gamma=\dfrac{\gamma^*-\gamma}{RT}$

7.19　25℃时，将少量的某表面活性剂物质溶解在水中，当溶液的表面吸附达到平衡后，实验测得该溶液的浓度为 $0.20\,\mathrm{mol\cdot m^{-3}}$。用一很薄的刀片快速刮去已知面积的该溶液的表面薄层，测得在表面层中活性剂的吸附量为 $3\times10^{-6}\,\mathrm{mol\cdot m^{-2}}$。已知 25℃时纯水的表面张力为 $0.07286\,\mathrm{N\cdot m^{-1}}$，假设在很稀的浓度范围内，溶液的表面张力与溶液浓度呈线性关系。试计算上述溶液的表面张力。

解： 因为 $\Gamma=-\dfrac{c}{RT}\cdot\dfrac{\mathrm{d}\gamma}{\mathrm{d}c}$，故

$\dfrac{\mathrm{d}\gamma}{\mathrm{d}c}=-\dfrac{RT\Gamma}{c}=\left(-\dfrac{8.314\times298.15\times3\times10^{-6}}{0.20}\right)\mathrm{J\cdot mol^{-1}\cdot m}$

$\qquad=-0.03718\,\mathrm{J\cdot mol^{-1}\cdot m}$

又因为溶液的表面张力 γ 与溶液浓度 c 呈线性关系，且溶质为表面活性剂，在一定浓度范围内，随着溶质溶度增大而溶液表面张力下降，由此得出

$$\gamma=\gamma_0-bc$$

将上式对 c 微分，得 $\dfrac{\mathrm{d}\gamma}{\mathrm{d}c}=-b$

所以　　　　　　　　　$b=-\left(\dfrac{\mathrm{d}\gamma}{\mathrm{d}c}\right)=0.03718\,\mathrm{J\cdot mol^{-1}\cdot m}$

于是　　　　　　　　　$\gamma=\gamma_0-bc=72\times10^{-3}-0.03748c$

当 $c=0.2\,\mathrm{mol\cdot m^3}$ 时，该溶液的表面张力 γ 为

$$\gamma=(72\times10^{-3}-0.03718\times0.2)\mathrm{N\cdot m^{-1}}=6.456\times10^{-2}\,\mathrm{N\cdot m^{-1}}$$

第8章

化学动力学

基本知识点归纳及总结

一、反应速率

1. 反应速率的表示方法

（1）转化速率的定义

$$\dot{\xi} = \frac{\mathrm{d}\xi}{\mathrm{d}t} = \frac{1}{\nu_B}\frac{\mathrm{d}n_B}{\mathrm{d}t}$$

转化速率与物质 B 的选择无关，而与化学计量式的写法有关。

（2）单位体积的反应速率

对于体积一定的密闭系统

$$v = \frac{1}{V}\frac{\mathrm{d}\xi}{\mathrm{d}t} = \frac{1}{\nu_B}\frac{\mathrm{d}n_B/V}{\mathrm{d}t} = \frac{1}{\nu_B}\frac{\mathrm{d}c_B}{\mathrm{d}t}$$

注意：对于任一反应 $a\mathrm{A} + b\mathrm{B} \longrightarrow y\mathrm{Y} + z\mathrm{Z}$，有 $v = \dfrac{v_A}{a} = \dfrac{v_B}{b} = \dfrac{v_Y}{y} = \dfrac{v_Z}{z}$。

2. 基元反应的质量作用定律

对于基元反应 $\qquad a\mathrm{A} + b\mathrm{B} \longrightarrow y\mathrm{Y} + z\mathrm{Z}$

其质量作用定律表示为 $\qquad v = kc_A^a c_B^b$

3. 反应速率方程

反应速率方程表示了化学体系中反应速率与反应物浓度间的函数关系，通常可以表示为

$$v = c_A^\alpha c_B^\beta \cdots$$

式中，α 和 β 分别为反应物 A 和 B 的反应分级数，而各分级数之和 n，即 $n = \alpha + \beta$ 则为反应总级数。反应级数的确定可以采用微分法、尝试法和半衰期法。

二、简单级数反应的速率公式

级数	速率方程		特征		
	微分式	积分式	k 的单位	直线关系	$t_{1/2}$
0	$-\dfrac{\mathrm{d}c_A}{\mathrm{d}t} = k_0$	$c_{A,0} - c_A = k_0 t$	［浓度］［时间］$^{-1}$	c_A-t	$\dfrac{c_{A,0}}{2k_0}$

级数	速率方程		特征		
	微分式	积分式	k 的单位	直线关系	$t_{1/2}$
1	$-\dfrac{dc_A}{dt}=k_1 c_A$	$\ln\dfrac{c_{A,0}}{c_A}=k_1 t$	［时间］$^{-1}$	$\ln c_A$-t	$\dfrac{\ln 2}{k_1}$
2	$-\dfrac{dc_A}{dt}=k_2 c_A^2$	$\dfrac{1}{c_A}-\dfrac{1}{c_{A,0}}=k_2 t$	［浓度］$^{-1}$［时间］$^{-1}$	$\dfrac{1}{c_A}$-t	$\dfrac{1}{k_2 c_{A,0}}$
3	$-\dfrac{dc_A}{dt}=k_3 c_A^3$	$\dfrac{1}{2}\left(\dfrac{1}{c_A^2}-\dfrac{1}{c_{A_0}^2}\right)=k_3 t$	［浓度］$^{-2}$［时间］$^{-1}$	$\dfrac{1}{c_A^2}$-t	$\dfrac{3}{2k_3 c_{A,0}^2}$
n	$-\dfrac{dc_A}{dt}=k_n c_A^n$	$\dfrac{1}{(n-1)}\left(\dfrac{1}{c_A^{n-1}}-\dfrac{1}{c_{A_0}^{n-1}}\right)=k_n t$	［浓度］$^{1-n}$［时间］$^{-1}$	$\dfrac{1}{c_A^{n-1}}$-t	$\dfrac{2^{n-1}-1}{(n-1)k_n c_{A,0}^{n-1}}$

三、温度对反应速率的影响——阿伦尼乌斯方程

微分式
$$\frac{d\ln k}{dT}=\frac{E_a}{RT^2}$$

积分式
$$\ln k=-\frac{E_a}{RT}+\ln A \ \text{或} \ \ln\frac{k_2}{k_1}=\frac{E_a}{R}\left(\frac{1}{T_1}-\frac{1}{T_2}\right)$$

指数式
$$k=A e^{-\frac{E_a}{RT}}$$

四、典型复合反应

1. 对行反应

最简单的 1-1 级对峙反应 $A \underset{k_{-1}}{\overset{k_1}{\rightleftharpoons}} B$ 速率方程积分形式

$$\ln\frac{c_{A,0}-c_{A,e}}{c_A-c_{A,e}}=(k_1+k_{-1})t$$

1-1 级对峙反应的半衰期指的是反应物 A 的距平衡浓度差等于起始时的最大距平衡浓度差一半时所需的时间：$t_{1/2,e}=\dfrac{\ln 2}{k_1+k_{-1}}$

2. 平行反应

最简单的一级平行反应，即 $A \begin{array}{c} \overset{k_1}{\longrightarrow}B \\ \underset{k_2}{\longrightarrow}C \end{array}$

速率方程积分形式 $\ln\dfrac{c_{A,0}}{c_A}=(k_1+k_2)t$

注意：当平行反应的每一个反应的反应级数均相同时，任意时刻两产物浓度之比等于反应速率常数之比。

3. 连串反应

最简单的由两个单向一级反应组成的连串反应 $A \overset{k_1}{\longrightarrow} B \overset{k_2}{\longrightarrow} C$

速率方程的积分形式 $c_C=c_{A,0}\left(1-\dfrac{k_2}{k_2-k_1}e^{-k_1 t}+\dfrac{k_1}{k_2-k_1}e^{-k_2 t}\right)$

五、复合反应速率的近似处理方法

1. 选取控制步骤法

当其中某一步反应的速率很慢，就将它的速率近似作为整个反应的速率，这个慢步骤为连串反应的速率控制步骤。控制步骤与其他各串联步骤的速率相差倍数越多，则此规律就越准确。

2. 稳态近似法

稳态是物质的浓度不随时间的变化而变化的状态。在连串反应中，若中间产物 B 很活泼，极易继续反应，则 B 一旦生成，就会立即经下一步反应掉，所以系统中 B 基本上没积累，c_B 很小，此时 B 可认为处于稳态，其 c-t 曲线的斜率为零，即

$$\frac{dc_B}{dt} = 0$$

将这种近似方法用来得到复合反应速率方程，即为稳态近似法。

3. 平衡态近似法

如果复合反应中包含有对峙反应，且假定该对峙反应易于达到平衡，则该复合反应的速率方程可以借助平衡常数进一步简化。假如有一复合反应为

$$A+B \underset{快平衡}{\overset{K_c}{\rightleftharpoons}} C \overset{k_1}{\underset{慢}{\longrightarrow}} D$$

便可使用平衡态近似法进行处理。

六、基元反应速率理论

1. 简单碰撞理论

简单碰撞理论借助于气体分子运动论，把气相中的双分子反应看作是两个分子剧烈碰撞的结果。该理论主要基于以下假设：气体分子是无内部结构的刚性球体，气体分子必须通过碰撞，且碰撞动能大于或等于某临界能的活化碰撞才能发生反应，此时单位时间单位体积中发生的活化碰撞即为反应速率。据此，对于异类气相双分子反应的反应速率应为

$$-\frac{dC_A}{dt} = Z_{AB}q$$

C_A 为分子浓度，Z_{AB} 为 A、B 分子间的碰撞数，q 为活化碰撞分数。

（1）双分子碰撞频率

假定分子 A 和 B 都是硬球，A、B 分子的直径分别是 d_A 和 d_B，当分子碰撞时，分子中心的最小间距为 $d_{AB} = \dfrac{d_A + d_B}{2}$；并令 $\mu = \dfrac{M_A M_B}{M_A + M_B}$，$\mu$ 称为折合摩尔质量，M_A、M_B 分别为 A、B 分子的摩尔质量。则在单位时间、单位体积内所有运动着的 A、B 分子相碰的总次数为

$$Z_{AB} = d_{AB}^2 \left(\frac{8\pi k_B T}{\mu}\right)^{\frac{1}{2}} C_A C_B$$

（2）有效碰撞分数

$$q = e^{-\frac{E_c}{RT}}$$

（3）双分子气体反应的碰撞速率

异种分子
$$-\frac{dC_A}{dt} = d_{AB}^2 \left(\frac{8\pi k_B T}{\mu}\right)^{\frac{1}{2}} e^{-\frac{E_c}{RT}} C_A C_B$$

同种分子
$$-\frac{dC_A}{dt} = 16 r_A^2 \left(\frac{\pi k_B T}{m_A}\right)^{\frac{1}{2}} e^{-\frac{E_c}{RT}} C_A^2$$

（4）双分子气体反应的速率常数表达式

异种分子
$$k = L d_{AB}^2 \left(\frac{8\pi k_B T}{\mu}\right)^{\frac{1}{2}} e^{-\frac{E_c}{RT}}$$

同种分子
$$k = 16 L r_A^2 \left(\frac{\pi k_B T}{m_A}\right)^{\frac{1}{2}} e^{-\frac{E_c}{RT}}$$

（5）实验活化能

根据实验活化能的定义
$$E_a = RT^2 \frac{d\ln k}{dT}$$

将反应速率常数代入得
$$E_a = RT^2 \left(\frac{1}{2T} + \frac{E_c}{RT^2}\right) = E_c + \frac{1}{2}RT$$

2. 过渡状态理论

过渡状态理论，又称活化络合物理论。该理论的主要论点大致如下：当两个具有足够能量的反应物分子相互接近时，分子的价键会发生重排，系统的势能也会随时变化，能量经过重新分配后，反应物最终经过过渡状态变成产物分子，处于过渡状态的反应系统称为活化络合物。活化络合物以单位时间 ν 次的频率分解为产物，此速率即为该基元反应的速率。

双分子反应的速率常数的热力学公式（艾林方程）
$$k = \frac{k_B T}{hc^{\ominus}} e^{-\frac{\Delta^{\neq} G_c^{\ominus}}{RT}} = \frac{k_B T}{hc^{\ominus}} e^{\frac{\Delta^{\neq} S_c^{\ominus}}{R}} \cdot e^{-\frac{\Delta^{\neq} H_c^{\ominus}}{RT}}$$

例题分析

例题 8.1 实验发现：在等温条件下 NO 分解反应的半衰期 $t_{1/2}$ 与 NO 的初始压力 p_0 成反比。不同温度 t 时测得如下数据：

$t/℃$	694	757	812
p_0/kPa	39.20	48.00	46.00
$t_{1/2}/s$	1520	212	53

试求：（1）反应在 694℃时的速率常数；（2）$t=t_{1/2}$ 时反应混合物中 N_2 的摩尔分数；（3）活化能。

解：根据题意，由二级反应半衰期公式 $t_{1/2} = \frac{1}{k_p p_0}$

（1）$k_p(967K) = \frac{1}{1520s \times 39.20 \times 10^3 Pa} = 1.678 \times 10^{-8} \ Pa^{-1} \cdot s^{-1}$

（2）由反应式 $NO(g) \longrightarrow \frac{1}{2} N_2(g) + \frac{1}{2} O_2(g)$ 可知，在等温等容条件下，系统总压力

不变，即 $p(\text{总})=p_0$。当 $t=t_{1/2}$ 时 NO 的压力为 $p_0/2$，故 $p(N_2)=p_0/4$，所以

$$x(N_2)=p(N_2)/p(\text{总})=0.25$$

（3）同（1）的方法，可计算出

$$k_p(1030K)=9.827\times10^{-8}\ Pa^{-1}\cdot s^{-1}$$

$$k_p(1085K)=4.102\times10^{-7}\ Pa^{-1}\cdot s^{-1}$$

根据阿伦尼乌斯公式 $E_a=\dfrac{RT_1T_2}{T_2-T_1}\ln\dfrac{k(T_2)}{k(T_1)}$

分别代入前两组和后两组数据，得

$$E_a(1)=232kJ\cdot mol^{-1},E_a(2)=241kJ\cdot mol^{-1},E_a(\text{平均})=237kJ\cdot mol^{-1}$$

例题 8.2 某化学物质分解 30% 即无效，今在 50℃、60℃ 和 70℃ 测得它每小时分解 0.07%、0.16% 和 0.35%。浓度改变不影响每小时分解的百分数。

（1）求出该物质分解反应的速率常数与温度的关系；

（2）若该物质在 25℃ 室温保存，计算其有效期。

解：（1）由题意可知，浓度改变不影响该物质每小时的分解率，故该反应为一级反应，则

$$k(323K)=\frac{1}{t}\ln\frac{c_0}{c}=\frac{1}{1h}\ln\frac{1}{1-0.0007}=7\times10^{-4}h^{-1}$$

$$k(333K)=\frac{1}{t}\ln\frac{c_0}{c}=\frac{1}{1h}\ln\frac{1}{1-0.0016}=1.6\times10^{-3}h^{-1}$$

$$k(343K)=\frac{1}{t}\ln\frac{c_0}{c}=\frac{1}{1h}\ln\frac{1}{1-0.0035}=3.51\times10^{-3}h^{-1}$$

将所得数据变换如下：

T/K	323	333	343
$\dfrac{1}{T/K}\times10^3$	3.096	3.003	2.915
$k\times10^3/h^{-1}$	0.7	1.6	3.51
$\ln k$	−7.264	−6.438	−5.652

作 $\ln k$-$\dfrac{1}{T}$ 图，得一直线，其相关系数为 0.9999，斜率为 −8906，截距为 20.31，所得速率常数与温度的关系为

$$\ln k=-\frac{8906}{T/K}+20.31$$

（2）将 298K 代入上式，有

$$\ln k(298K)=-\frac{8906}{T/K}+20.31=-9.5760$$

$$k(298K)=6.94\times10^{-5}h^{-1}$$

其有效期为

$$t=\frac{1}{k}\ln\frac{1}{1-0.3}=\frac{1}{6.94\times10^{-5}h^{-1}}\ln\frac{1}{0.7}$$

$$=5.2\times10^3h(\text{约 7 个月})$$

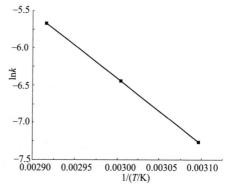

例题 8.3 某一级对行反应 $A \underset{k_{-1}}{\overset{k_1}{\rightleftharpoons}} B$ 的正向反应速率常数 $k_1=10^{-4}\,\text{s}^{-1}$，逆向反应速率常数 $k_{-1}=2.5\times10^{-5}\,\text{s}^{-1}$，反应开始时只有反应物 A。求：（1）A 和 B 浓度相等所需的时间；（2）经过 6000s 后 A 和 B 的浓度。

解：（1）设 $c_A=c_B=\dfrac{c_{A,0}}{2}$ 的时间为 t，由

$$K=\frac{k_1}{k_{-1}}=\frac{c_{B,e}}{c_{A,e}}=\frac{c_{A,0}-c_{A,e}}{c_{A,e}}=\frac{10^{-4}\,\text{s}^{-1}}{2.5\times10^{-5}\,\text{s}^{-1}}=4$$

得

$$c_{A,e}=\frac{c_{A,0}}{5}$$

将其代入

$$\ln\frac{c_{A,0}-c_{A,e}}{c_A-c_{A,e}}=(k_1+k_{-1})t$$

有

$$\ln\frac{c_{A,0}-\dfrac{c_{A,0}}{5}}{\dfrac{c_{A,0}}{2}-\dfrac{c_{A,0}}{5}}=(k_1+k_{-1})t$$

解得

$$t=7847\text{s}$$

（2）　将 6000s 代入 $\ln\dfrac{c_{A,0}-\dfrac{c_{A,0}}{5}}{c_A-\dfrac{c_{A,0}}{5}}=(10^{-4}+2.5\times10^{-5})\times6000$

解得
$$c_A=0.578c_{A,0}\qquad c_B=c_{A,0}-c_A=0.422c_{A,0}$$

例题 8.4 测知某药物在体内吸收，消除过程符合一级连续反应，其吸收速率常数 $k_A=1.0\,\text{h}^{-1}$，消除速率常数 $k_E=0.231\,\text{h}^{-1}$，药物起始浓度 $c_{A,0}=0.128\,\text{mg·mL}^{-1}$。

（1）试求血药浓度达到最高峰时所需时间及最高血药浓度；

（2）8h 后血药浓度可否保持在有效浓度 $0.025\,\text{mg·mL}^{-1}$ 以上？

解：（1）对于一级连续反应，有

$$t_m=\frac{\ln k_E/k_A}{k_E-k_A}=\frac{\ln\dfrac{0.231}{1.0}}{0.231\,\text{h}^{-1}-1.0\,\text{h}^{-1}}=\left(\frac{-1.4653}{-0.769}\right)\text{h}=1.91\text{h}$$

$$c_m=c_{A,0}\left(\frac{k_A}{k_E}\right)^{k_E/k_E-k_A}=0.0824\,\text{mg·mL}^{-1}$$

（2）　　　　　将 $t=8\text{h}$ 代入 $\ln c_A=\ln c_{A,0}+k_A t$

得
$$c_A=4.29\times10^{-5}\,\text{mg·mL}^{-1}$$

即 8h 后血药浓度不能保持在有效浓度以上。

例题 8.5 某气相反应 $2A\longrightarrow2B+C$ 的反应机理分如下两步进行：

$$A\overset{k_1}{\longrightarrow}B+D(\text{自由基})$$

$$A+D(\text{自由基})\overset{k_2}{\longrightarrow}B+C$$

（1）证明反应速率可表示为 $v = -\dfrac{1}{2}\dfrac{dc_A}{dt} = k_1 c_A$

（2）若速率常数 $k_1(s^{-1})$ 与温度 $T(K)$ 有如下关系：$\ln k_1 = 8 - \dfrac{2406}{T}$，求此反应的活化能 E_a 和 298.2K 时 A 消耗的半衰期 $t_{1/2}$。

解：（1）
$$-\frac{dc_A}{dt} = k_1 c_A + k_2 c_A c_D \qquad ①$$

对自由基 D 采用稳态法处理 $\dfrac{dc_D}{dt} = k_1 c_A - k_2 c_A c_D = 0$

可得
$$k_1 c_A = k_2 c_A c_D$$

代入式①，得
$$-\frac{dc_A}{dt} = 2k_1 c_A$$

则反应速率
$$v = -\frac{1}{2}\frac{dc_A}{dt} = k_1 c_A$$

（2）将反应速率常数与温度的关系式 $\ln k_1 = 8 - \dfrac{2406}{T}$ 与阿伦尼乌斯公式 $\ln k = -\dfrac{E_a}{RT} + A$ 比较可得 $E_a = 2406R = 20.00 \text{kJ} \cdot \text{mol}^{-1}$。

由速率常数的单位可知，该反应为一级反应，当 $T = 298.2K$ 时，代入式 $\ln k_1 = 8 - \dfrac{2406}{T}$ 中求得 $k_1 = 0.93 \text{s}^{-1}$，故半衰期
$$t_{1/2} = \frac{\ln 2}{k_1} = \frac{0.693}{0.93 \text{s}^{-1}} = 0.74 \text{s}$$

例题 8.6　乙醛的光解机理拟定如下：

（1）$CH_3CHO + h\nu \xrightarrow{I_a} CH_3 \cdot + CHO \cdot$

（2）$CH_3 \cdot + CH_3CHO \xrightarrow{k_2} CH_4 + CH_3CO \cdot$

（3）$CH_3CO \cdot \xrightarrow{k_3} CO + CH_3 \cdot$

（4）$CH_3 \cdot + CH_3 \cdot \xrightarrow{k_4} C_2H_6$

试导出 CO 的生成速率表达式和 CO 的量子产率表达式。

解：利用稳态近似法可得
$$\frac{dc_{CH_3CO\cdot}}{dt} = k_2 c_{CH_3\cdot} c_{CH_3CHO} - k_3 c_{CH_3CO\cdot} = 0 \qquad ①$$

$$\frac{dc_{CH_3\cdot}}{dt} = I_a - k_2 c_{CH_3\cdot} c_{CH_3CHO} + k_3 c_{CH_3CO\cdot} - 2k_4 c_{CH_3\cdot}^2 = 0 \qquad ②$$

由①+②得
$$c_{CH_3\cdot} = \left(\frac{I_a}{2k_4}\right)^{1/2}$$

由①得
$$k_2 c_{CH_3\cdot} c_{CH_3CHO} = k_3 c_{CH_3CO\cdot}$$

所以
$$\frac{dc_{CO}}{dt} = k_3 c_{CH_3CO\cdot} = k_2 c_{CH_3\cdot} c_{CH_3CHO}$$

$$=k_2\left(\frac{I_a}{2k_4}\right)^{1/2}c_{CH_3CHO}$$

$$\varphi_{CO}=\frac{r_{CO}}{I_a}=k_2c_{CH_3CHO}/(2k_4I_a)^{1/2}$$

例题 8.7 试证明 E_a 与 $\Delta_r^{\neq}H_m^{\ominus}$ 间有如下关系：

（1）对 n 分子气相反应 $E_a=\Delta_r^{\neq}H_m^{\ominus}+nRT$

（2）对凝聚相反应 $E_a=\Delta_r^{\neq}H_m^{\ominus}+RT$

证明： 由过渡态理论，有 $\quad k=\dfrac{k_BT}{h}K_c^{\neq}$

又因 $$\left(\frac{\partial\ln K_c^{\neq}}{\partial T}\right)=\frac{\Delta_r^{\neq}U_m^{\ominus}}{RT^2}$$

根据阿伦尼乌斯公式有 $$\frac{\mathrm{d}\ln k}{\mathrm{d}T}=\frac{E_a}{RT^2}$$

所以 $$E_a=RT^2\frac{\mathrm{d}\ln k}{\mathrm{d}T}$$

$$\ln k=\ln\frac{k_B}{h}+\ln T+\ln K_c^{\neq}$$

$$\frac{\mathrm{d}\ln k}{\mathrm{d}T}=\frac{1}{T}+\frac{\Delta_r^{\neq}U_m^{\ominus}}{RT^2}$$

故 $$E_a=RT^2\left(\frac{1}{T}+\frac{\Delta_r^{\neq}U_m^{\ominus}}{RT^2}\right)=RT+\Delta_r^{\neq}H_m^{\ominus}-\Delta(pV)$$

（1）如果是理想气体，则 $pV=nRT$ ，$\Delta(pV)-\sum_B\nu_B^{\neq}RT$

$\sum_B\nu_B^{\neq}$ 是反应物形成活化络合物时气态物质的物质的量的变化，即 $\sum_B\nu_B^{\neq}=1-n$

所以 $\quad E_a=RT+\Delta_r^{\neq}H_m^{\ominus}-(1-n)RT=\Delta_r^{\neq}H_m^{\ominus}+nRT$

（2）对于凝聚相反应，$\Delta(pV)$ 很小，故有 $E_a=\Delta_r^{\neq}H_m^{\ominus}+RT$

例题 8.8 某分子的气相二聚反应的活化能为 $100.2\mathrm{kJ\cdot mol^{-1}}$，其反应速率常数可表示为：

$$k=\left[9.20\times10^9\times\exp\left(-\frac{100.2\times10^3\mathrm{J\cdot mol^{-1}}}{RT}\right)\right]\mathrm{mol^{-1}\cdot dm^3\cdot s^{-1}}。$$

（1）用过渡态理论计算 600.2K 时的指前因子。已知 $\Delta_r^{\neq}S_m^{\ominus}=-60.8$ $\mathrm{J\cdot K^{-1}\cdot mol^{-1}}$；

（2）用碰撞理论计算 600.2K 时的指前因子；

$$d_{AA}=5.00\times10^{-10}\mathrm{~m}，M=5.40\times10^{-2}\mathrm{~kg\cdot mol^{-1}}$$

（3）求碰撞理论中的概率因子 P。

解：（1）由过渡态理论知

$$k=\frac{k_BT}{h}e^n(c^{\ominus})^{1-n}\exp\left(\frac{\Delta_r^{\neq}S_m^{\ominus}}{R}\right)\exp\left(-\frac{E_a}{RT}\right)$$

$$A=\frac{k_BT}{h}e^n(c^{\ominus})^{1-n}\exp\left(\frac{\Delta_r^{\neq}S_m^{\ominus}}{R}\right)$$

$$=\left[\frac{1.38\times10^{-23}\times600.2}{6.63\times10^{-34}}\times2.718^2\times\exp\left(\frac{-60.8}{8.314}\right)\right]\mathrm{mol^{-1}\cdot dm^3\cdot s^{-1}}$$

$$= 6.15 \times 10^{10}\,\mathrm{mol^{-1} \cdot dm^3 \cdot s^{-1}}$$

（2）由碰撞理论知

$$k = 2\pi d_{AA}^2 L \sqrt{\frac{RTe}{\pi M}} \exp\left(-\frac{E_a}{RT}\right)$$

$$A = 2\pi d_{AA}^2 L \sqrt{\frac{RTe}{\pi M}}$$

$$= \left[2 \times 3.14 \times (5.00 \times 10^{-10})^2 \times (6.023 \times 10^{23}) \times \left(\frac{8.314 \times 600.2 \times 2.718}{3.14 \times 5.40 \times 10^{-2}}\right)^{1/2}\right]\,\mathrm{mol^{-1} \cdot m^3 \cdot s^{-1}}$$

$$= 2.67 \times 10^8\,\mathrm{mol^{-1} \cdot m^3 \cdot s^{-1}} = 2.67 \times 10^{11}\,\mathrm{mol^{-1} \cdot dm^3 \cdot s^{-1}}$$

（3）求概率因子 P

$$P = \frac{A_{实验}}{A_{理论}} = \frac{9.20 \times 10^9\,\mathrm{mol^{-1} \cdot dm^3 \cdot s^{-1}}}{2.67 \times 10^{11}\,\mathrm{mol^{-1} \cdot dm^3 \cdot s^{-1}}} = 0.0345$$

思 考 题

1. "吉布斯自由能为很大负值的化学反应，它的反应速率一定很大。"这种说法是否正确？请举例说明。

答：不正确。例如室温下氢气和氧气生成水的反应吉布斯函数值为 $-237.19\,\mathrm{kJ \cdot mol^{-1}}$，但是反应速率却很慢。

2. 用物质的量浓度与用压力表示浓度时，对速率常数的值有无影响？

答：对一级反应没影响，对其他级数反应有影响。

3. 基元反应 $A + B \longrightarrow P$ 是否可写作 $2A + 2B \longrightarrow 2P$？

答：不可以，因为前者是二分子反应，后者是四分子反应。

4. 零级反应是否是基元反应？具有简单级数的反应是否一定是基元反应？

答：否，因为没有零分子反应。否，例如 $H_2(g) + I_2(g) \Longrightarrow 2HI(g)$ 是二级反应，但是是一个复杂反应。

5. 符合质量作用定律的反应一定是基元反应吗？

答：不是。例如 $H_2(g) + I_2(g) \Longrightarrow 2HI(g)$ 是二级反应符合质量作用定律，但是是一个复杂反应。

6. 某一反应进行完全所需要的时间是有限的，且等于 c_0/k（c_0 为反应物起始浓度），则该反应是几级反应？

答：零级反应。这是零级反应的特征。

7. 对一级反应来说，当反应完成了 $1/e$（即 $c = c_0/e$）时，所需的时间称为反应的"平均寿命"。用 τ 表示。试证明 $k_\tau = 1$。

答：由一级反应速率公式：

$$\ln\frac{c_0}{c} = kt, \quad k\tau = \ln\frac{c_0}{c_0/e} = \ln e = 1$$

8. 实验室中将 H_2 和 Cl_2 混合，在强光照或点燃下均会发生爆炸，但工厂中用 H_2 和 Cl_2 合成 HCl 时采用两条管子分别引出 H_2 和 Cl_2，可以让 Cl_2 在 H_2 中"安静地燃烧"，如何解释这一现象？

答：H_2 和 Cl_2 会发生链反应而发生爆炸。引出后短时内发生的链反应有限，放得热可以有序释放。

9. 对于吸热的对峙反应，不论从热力学（反应平衡位置）还是动力学（反应速率）来讲，升高反应都对正反应有利吗？如果是，依据是什么？

答：是。对于热力学利用范特霍夫方程，吸热反应，平衡常数 $K = k_1/k_{-1}$ 增大，有利于正反应，对于动力学利用阿伦尼乌斯方程，通常活化能为正，温度升高 k_1 增大，即不论从热力学（反应平衡位置）还是动力学（反应速率）来讲，升高反应温度都对正反应有利。

10. 一个具有复杂机理的反应，其正、逆向反应的速率控制步骤是否一定相同？

答：不一定。对复合反应，虽然正、逆向反应由相同的基元反应步骤组成，各基元反应步骤正、逆向的活化能不同，因而速率常数也不同，其速率控制步骤不一定相同。

11. 从反应机理推导速率方程通常有哪几种方法？各有什么适用条件？

答：选取控制步骤法，稳态近似法，平衡态近似法。

选取控制步骤法需要是连串反应，且其中一步的速度相比其他步骤的速度很慢。中间产物非常活泼并因而以极小的浓度存在时，运用稳态近似法是适宜的。对于存在速控步骤的复合反应，速控步骤之前的各步对峙反应均认为是易于达到平衡的，运用平衡态近似法是适宜的。

12. 碰撞理论中的域能 E_c 的物理意义是什么？与 Arrehenius 活化能 E_a 在数值上有何关系？

答：碰撞理论中的阈能 E_c 是指碰撞粒子的相对平动能在连心线上的分量必须大于这个 E_c 的值，碰撞才是有效的，所以 E_c 也称为临界能。$E_c = E_a - \dfrac{1}{2}RT$。

13. 如何判断溶液中反应是扩散控制，还是活化控制？

答：活化能小的是扩散控制，活化能大的是活化控制。

14. 在光的作用下，$O_2 \longrightarrow O_3$，生成 $1\text{mol } O_3$，吸收 3.011×10^{23} 个光子，问量子效率是多少？

答：300%。生成 $1\text{mol } O_3$ 有 $1.5\text{mol } O_2$ 发生反应，此时吸收光的物质的量为 0.5mol。而量子效率 φ 的公式为 $\varphi = \dfrac{\text{发生反应的物质的量}}{\text{吸收光子的物质的量}} = \dfrac{1.5}{0.5} = 3 = 300\%$。

15. 为什么催化剂不能使 $\Delta_r G_m > 0$ 的反应进行，而光化学反应却可以？

答：催化剂虽然可以改变反应途径，降低活化能，提高反应速率，但不能改变系统的吉布斯函数变化，故不能改变反应的方向，即不能使 $\Delta_r G_m > 0$ 的反应进行。而光化学反应，当反应物分子吸收光能而活化，光能转变为化学能，使系统的吉布斯函数升高。因此 $\Delta_r G_m > 0$ 的反应在光照条件下可以进行。这与给系统做电功而使 $\Delta_r G_m > 0$ 的反应能够进行的道理是一样的。

概 念 题

1. 反应 $2N_2O_5 \longrightarrow 4NO_2 + O_2$ 的速率常数单位是 s^{-1}。对该反应的下述判断哪个正确？

（A）单分子反应　　　　　　　　　（B）双分子反应

(C) 复合反应 　　　　　　　　　　　(D) 不能确定

2. 反应 $A+B \longrightarrow C+D$ 的速率方程为 $r=kc_A c_B$，则反应为

(A) 双分子反应 　　　　　　　　　　(B) 是二级反应但不一定是双分子反应

(C) 不是双分子反应 　　　　　　　　(D) 是对 A、B 各为一级的双分子反应

3. 某具有简单级数反应的速率常数的单位是 $mol \cdot dm^{-3} \cdot s^{-1}$，该化学反应的级数为

(A) 3 级　　　　　　(B) 2 级　　　　　　(C) 1 级　　　　　　(D) 0 级

4. 在反应 $A \xrightarrow{k_1} B \xrightarrow{k_2} C$，$A \xrightarrow{k_3} D$ 中，活化能 $E_1 > E_2 > E_3$，C 是所需要的产物，从动力学角度考虑，为了提高 C 的产量，选择反应温度时，应选择

(A) 适中反应温度 　　　　　　　　　(B) 较低反应温度

(C) 较高反应温度 　　　　　　　　　(D) 任意反应温度

5. 某反应速率常数与各基元反应速率常数的关系为 $k = k_2 \left(\dfrac{k_1}{2k_4} \right)^{\frac{1}{2}}$，则该反应的表观活化能 E_a 与各基元反应活化能的关系

(A) $E_a = E_2 + \dfrac{1}{2} E_1 - E_4$ 　　　　　(B) $E_a = E_2 + \dfrac{E_1 - E_4}{2}$

(C) $E_a = E_2 + (E_1 - 2E_4)^{\frac{1}{2}}$ 　　　　　(D) $E_a = E_2 + E_1 - E_4$

6. 某反应的活化能为 $290 kJ \cdot mol^{-1}$，加入催化剂后活化能为 $236 kJ \cdot mol^{-1}$，设加入催化剂前后指前因子不变，则在 773K 时加入催化剂后速率常数增大为原来的多少倍？

(A) 2.3×10^{-5} 　　(B) 4.3×10^3 　　(C) 4.46×10^3 　　(D) 2.24×10^{-4}

7. 对行反应 $A \underset{k_{-1}}{\overset{k_1}{\rightleftharpoons}} B$，当温度一定时由纯 A 开始，下列说法中哪一点是不对的？

(A) 起始时 A 的消耗速率最快

(B) 反应进行的净速率是正逆二向反应速率之差

(C) k_1/k_{-1} 的值是恒定的

(D) 达到平衡时正逆二向的速率常数相等

8. 有关链反应的特点，以下哪种说法是不正确的？

(A) 链反应一开始速率就很大

(B) 链反应一般都有自由原子或自由基参加

(C) 很多链反应对痕量物质敏感

(D) 单链反应进行过程中，传递物消耗与生成的速率相等

9. 气体反应碰撞理论的要点是

(A) 气体分子可看成刚性分子，一经碰撞即可发生反应

(B) 反应分子必须在一定方向上进行碰撞才能发生反应

(C) 反应分子只要迎面碰撞就能发生反应

(D) 反应分子具有足够能量的迎面碰撞才能发生反应

10. 关于阈能，下列说法中正确的是

(A) 阈能的概念只适用于基元反应

(B) 阈能值与温度有关

(C) 阈能是宏观量、实验值

(D) 阈能是活化分子相对平动能的平均值

11. 反应过渡态理论认为

（A）反应速率取决于活化络合物的生成

（B）反应速率取决于活化络合物分解为产物的分解速率

（C）用热力学方法可算出速率常数

（D）活化络合物和产物间可建立平衡

12. 下列关于催化剂的描述，哪一点是不正确的？

（A）催化剂只能缩短反应达到平衡的时间，不能改变平衡的状态

（B）催化剂在反应前后物理和化学性质均不发生改变

（C）催化剂不改变平衡常数

（D）加入催化剂不能实现热力学上不可能进行的反应

13. 光化学反应的量子效率

（A）一定大于 1　　　　　　　　　　（B）一定等于 1

（C）一定小于 1　　　　　　　　　　（D）大于 1，小于 1，等于 1 都有可能

14. 某一反应在一定条件下的平衡转化率为 25%，当加入适合的催化剂后，反应速率提高 10 倍，其平衡转化率将

（A）大于 25%　　　　　　　　　　（B）小于 25%

（C）不变　　　　　　　　　　　　（D）不确定

答案：

1. C　2. B　3. D　4. C　5. B　6. C　7. D　8. A　9. D　10. A

11. B　12. B　13. D　14. C

提示：

1. C　根据反应速率常数的单位 s^{-1}，表明是一级反应；反应速度只与反应物浓度的一次方成正比的反应就是一级反应。复杂反应是由基元反应组成的反应类型，反应级数由实验确定，而不是按照质量作用定律得出。

2. B　反应分子数与反应级数是两个完全不同的概念。反应级数是对总反应而言的，是实验结果，它可正、可负，可为零或分数。由速率方程可知该反应为二级反应。反应分子数是对微观基元反应而言的，是必然存在的，其数值只能是一、二或三。由于题中没有给出该反应是否基于反应，所以不能说是双分子反应。故 B 正确。

3. D　根据速率常数单位可确定该反应为零级反应。

4. C　根据公式 $\dfrac{\mathrm{d}\ln k}{\mathrm{d}T}=\dfrac{E_a}{RT^2}$ 可得 $\dfrac{\mathrm{d}\ln(k_2/k_3)}{\mathrm{d}T}=\dfrac{E_{a,2}-E_{a,3}}{RT^2}$，即升高温度对活化能高的反应有利。

5. B　两边取自然对数，然后代入阿伦尼乌斯公式可得答案 B。

6. C　根据公式 $k=A\mathrm{e}^{-\frac{E_a}{RT}}$ 可得：$k_2/k_1=\mathrm{e}^{\frac{-E_{a2}+E_{a1}}{RT}}=\mathrm{e}^{\frac{(-236+290)\times1000}{8.314\times773}}=4.46\times10^3$

7. D　平衡时速率相等，但速率常数不一定相等，速率和速率常数是两个不同的概念。

8. A　链引发阶段速率较小。

9. D　碰撞理论要点：（1）分子为硬球型；（2）反应分子 A 和 B 必须碰撞才能发生反应；（3）只有碰撞能量超过或等于某临界能或阈能的活化碰撞才能发生反应（普通分子的平均能量），且空间方位适宜的活化分子的碰撞，即"有效碰撞"才能起反应。

11. B　势能面的计算说明从反应物到产物的历程中经历了一个称为活化络合物的过渡

态；反应物与活化络合物能按达成热力学平衡的方式处理；活化络合物通过不对称伸缩振动转化为产物，这一步转化是反应的决速步。

12. B　催化剂能显著改变反应速率，而反应前、后本身的组成和质量、化学性质不改变。催化剂实际上参与了化学反应，并改变了反应机理，使 E_a 下降，反应速率加快，其物理形貌常会发生变化。但催化剂没有改变反应的始终态，即不会改变平衡状态。

习题解答

8.1　某物质按一级反应进行分解。已知反应完成 40% 需时 50min，试求：（1）以 s 为单位的速率常数；（2）完成 80% 反应所需时间。

解：
$$(1)\ k = \frac{1}{t}\ln\frac{1}{1-x} = \frac{1}{50\times60\,\text{s}}\ln\frac{1}{0.60} = 1.7\times10^{-4}\,\text{s}^{-1}$$

$$(2)\ t = \frac{1}{k}\ln\frac{1}{1-x} = \frac{1}{1.7\times10^{-4}\,\text{s}^{-1}}\ln\frac{1}{0.20} = 9.47\times10^{3}\,\text{s}$$

8.2　N_2O_5 在 25℃时分解反应的半衰期为 5.70h，且与 N_2O_5 的初始压力无关。试求此反应在 25℃条件下完成 90% 所需时间？

解：半衰期与起始压力无关，所以是一级反应
$$t = \frac{1}{k}\ln\frac{1}{1-x} = \frac{t_{1/2}}{\ln2}\ln\frac{1}{1-0.90} = \frac{5.70\text{h}}{\ln2}\ln\frac{1}{1-0.90} = 18.9\text{h}$$

8.3　25℃时，酸催化蔗糖转化反应
$$C_{12}H_{22}O_{11}（蔗糖）+ H_2O \longrightarrow C_6H_{12}O_6（葡萄糖）+ C_6H_{12}O_6（果糖）$$
的动力学数据如下（蔗糖的初始浓度 c_0 为 1.0023 mol·dm^{-3}，时刻 t 的浓度为 c）：

t/min	0	30	60	90	130	180
(c_0-c)/(mol·dm^{-3})	0	0.1001	0.1946	0.2770	0.3726	0.4676

试用作图法证明此反应为一级反应。求算速率常数及半衰期；问蔗糖转化 95% 所需时间？

解：根据一级反应速率方程式的积分式
$$\ln(c_A/[c]) = -kt + \ln(c_{A,0}/[c])$$

以 $\ln(c_A/[c])$ 对 t 作图，如为一直线则该反应为一级反应。题中不同时刻对应的 c_0-c 是蔗糖的转化量，令其为 x，所以不同时刻对应的蔗糖浓度 c 为 $c = c_0 - x$。将题给数据处理如下：

t/min	0	30	60	90	130	180
c/(mol·dm^{-3})	1.0023	0.9022	0.8077	0.7253	0.6297	0.5347
$\ln c$/(mol·dm^{-3})	0.0023	−0.1029	−0.2136	−0.3212	−0.4625	−0.6260

以 $\ln(c/[c])$ 对 t 作图，结果如右图所示，证明蔗糖转化为一级反应。

直线的斜为 $m = \dfrac{0.0023-(-0.6260)}{(0-180)\text{min}} = -3.49\times10^{-3}\,\text{min}^{-1}$

所以速率常数 $k = -m = 3.49 \times 10^{-3} \, \text{min}^{-1}$

半衰期 $t_{1/2} = \dfrac{\ln 2}{k} = \dfrac{0.6931}{3.49 \times 10^{-3} \, \text{min}^{-1}} = 199 \, \text{min}$

设蔗糖起始浓度 c_0 转化 95% 时所需时间为 t

由公式 $\ln(c/c_0) = -kt$

代入数据得 $t = -\ln(c/c_0)/k$

$$= -\ln(0.05c_0/c_0)/(3.49 \times 10^{-3} \, \text{min}^{-1})$$

$$= 859 \, \text{min}$$

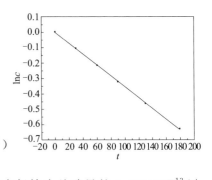

8.4 碳的放射性同位素 ^{14}C 在自然界树木中的分布基本保持为总碳量的 1.10×10^{-13}%。某考古队在一个山洞中发现一些古代木头燃烧的灰烬，经分析 ^{14}C 的总含量为总碳量的 9.87×10^{-14}%。已知 ^{14}C 的半衰期为 5700 年，试计算这灰烬距今约有多少年？

解： 放射性同位素的衰变是一级反应，设燃烧时树木刚枯死，它含有 ^{14}C 约为 1.1010^{-13}%，则

$$k_1 = \frac{\ln 2}{t_{1/2}} = \frac{\ln 2}{5700 \text{ 年}} = 1.22 \times 10^{-4} \text{ 年}^{-1}$$

$$t = \frac{1}{k_1} \ln \frac{c_0}{c}$$

$$= \frac{1}{1.22 \times 10^{-4} \text{ 年}^{-1}} \ln \frac{1.10 \times 10^{-13}}{9.87 \times 10^{-14}} = 888.5 \text{ 年}$$

8.5 假设某污水中含有放射性同位素碘-129，已知其蜕变反应速率常数为 $1.4 \times 10^{-15} \, \text{s}^{-1}$，试求碘-129 的半衰期，若分解掉 90% 所需时间为多少？

解： 放射性元素蜕变为一级反应，已知 $k = 1.4 \times 10^{-15} \, \text{s}^{-1}$，所以

$$t_{1/2} = \frac{\ln 2}{k} = \frac{\ln 2}{1.4 \times 10^{-15} \, \text{s}^{-1}} = 4.95 \times 10^{14} \, \text{s}$$

$$= 1952 \text{ 万年}$$

分解掉 90% 所需时间

$$t = \frac{1}{k} \ln \frac{1}{1-y} = \frac{1}{k} \ln \frac{1}{1-0.9} = \frac{1}{1.4 \times 10^{-15} \, \text{s}^{-1}} \ln \frac{1}{1-0.9} = 1.645 \times 10^{15} \, \text{s}$$

$$= 5216 \text{ 万年}$$

8.6 某抗生素在人体血液中分解呈现简单级数的反应，如果病人在上午 8 点注射一针抗生素，然后在不同时刻 t 测定抗生素在血液中的质量浓度 ρ [单位以 $\text{mg}/(100\text{cm}^3)$ 表示]，得到如下数据：

t/h	4	8	12	16
$\rho/[\text{mg}/(100\text{cm}^3)]$	0.480	0.326	0.222	0.151

试计算：

（1）该分解反应的级数；

（2）求反应的速率常数 k 和半衰期 $t_{1/2}$；

（3）若抗生素在血液中质量浓度不低于 $0.37 \, \text{mg}/(100\text{cm}^3)$ 才为有效，求反应注射第二针的时间。

解: 确定该反应级数有多种方法, 可以用 $\ln\dfrac{c_0}{c}$-t 或 $\dfrac{c_0}{c}$-t 作图, 看哪一个成线性关系; 也可以代入一级或二级反应的定积分式, 看哪一个速率常数基本为定值。

(1) 这题有一个特点是实验的间隔时间相同, 若是一级反应, 则 $\dfrac{c_0}{c}=e^{k_1 t}$ 应为定值。将实验数据代入 $\dfrac{c_0}{c}$, 得

$$\frac{0.480}{0.326}=\frac{0.326}{0.222}=\frac{0.222}{0.151}\approx 1.470$$

说明等式左边基本是一常数, 所以该反应为一级。

(2) 代入一级反应的定积分式, 求速率常数的平均值

$$k_1=\frac{1}{t}\ln\frac{c_0}{c}$$

$$\overline{k_1}=\frac{1}{4h}\ln 1.470=0.096h^{-1}$$

$$t_{1/2}=\frac{\ln 2}{\overline{k_1}}=\frac{\ln 2}{0.096h^{-1}}=7.22h$$

(3) 利用一级反应的积分式

$$t=\frac{1}{k}\ln\frac{c_0}{c}=\frac{1}{0.96h^{-1}}\times\ln\frac{0.480}{0.370}=2.71h$$

注射第二针的时间约为 $t=2.7+4.0=6.7h$

该题也可以先计算抗生素的初始浓度

$$\ln\frac{c_0}{c}=k_1 t$$

$$\ln\frac{c_0}{0.480mg/(100cm^3)}=0.096h^{-1}\times 4.0h$$

解得抗生素的初始浓度 $c_0=0.705mg/(100cm^3)$

$$t=\frac{1}{k_1}\ln\frac{c_0}{c}=\frac{1}{0.096h^{-1}}\ln\frac{0.705}{0.370}=6.72h$$

8.7 偶氮甲烷的热分解反应 $CH_3NNCH_3(g)\longrightarrow C_2H_6(g)+N_2(g)$ 为一级反应。在恒温 278℃、于真空密封的容器中放入偶氮甲烷, 测得其初始压力为 21332Pa, 经 1000s 后总压力为 22732Pa, 求 k 及 $t_{1/2}$。

解:
$$CH_3NNCH_3 \xrightarrow[\text{等容}]{278℃} C_2H_6(g)+N_2(g)$$

$t=0$ $p_0=21332Pa$ 0 0

$t=1000s$ p_0-p p p

$$p_总=p_0+p=22732Pa$$
$$p=p_总-p_0=(22372-21332)Pa=1400Pa$$

对于一级等容反应

$$k=\ln[p_0/(p_0-p)]/t$$
$$=\ln[21332/(21332-1400)]/1000s$$

$$= 6.788 \times 10^{-5} \, \text{s}^{-1}$$

$$t_{1/2} = \frac{\ln 2}{k} = \frac{\ln 2}{6.788 \times 10^{-5} \, \text{s}^{-1}} = 10211 \, \text{s}$$

8.8 某物质 A 分解反应为二级反应，当反应进行到 A 消耗了 1/3 时，所需时间为 2 min，若继续反应掉同样量的 A，应需多长时间？

解： 这是起始物浓度相等的二级反应，其半衰期与转化掉 $\dfrac{3}{4}$ 所需时间之比 $t_{1/2} : t_{3/4} = 1 : 3$，这同样适用于其他转化分数的关系，即 $t_{1/3} : t_{2/3} = 1 : 3$，所以

$$t_{1/3} = t_{1/3} \times 3 = 2 \, \text{min} \times 3 = 6 \, \text{min}$$

8.9 在 T、V 恒定条件下，反应 A（g）＋B（g）$\longrightarrow$ D（g）为二级反应、当 A、B 的初始浓度皆为 $1 \, \text{mol} \cdot \text{dm}^{-3}$ 时，经 10min 后 A 反应掉 25%，求反应的速率系数 k。

解： 二级反应：

$$\text{A（g）} + \text{B（g）} \xrightarrow{\text{等容}} \text{D（g）}$$

$t = 0$	$c_{A,0}$	$c_{B,0}$	0
$t = 10 \, \text{min}$	c_A	c_B	c_D

$c_{A,0} = c_{B,0} = 1 \, \text{mol} \cdot \text{dm}^{-3}$，$c_A = c_B = c_{A,0}(1 - 0.25) = 0.75 \, \text{mol} \cdot \text{dm}^{-3}$，故

$$k = \left(\frac{1}{c} - \frac{1}{c_0} \right) / t = \frac{(c_0 - c)}{t c_0 c}$$

$$= \frac{(1 - 0.75) \, \text{mol} \cdot \text{dm}^{-3}}{(10 \times 1 \times 0.75) \, \text{mol}^2 \cdot \text{dm}^6 \cdot \text{min}}$$

$$= 0.0333 \, \text{mol}^{-1} \cdot \text{dm}^3 \cdot \text{min}^{-1}$$

8.10 在 781K，初压力分别为 10132.5Pa 和 101325Pa 时，HI(g) 分解成 H_2 和 I_2(g) 的半衰期分别为 135min 和 13.5min。试求此反应的级数及速率系数。

解： $2\text{HI(g)} \xrightarrow[\text{V 恒定}]{T = 781\text{K}} \text{H}_2\text{(g)} + \text{I}_2\text{(g)}$

HI（S）的初始压力   反应的半衰期

$p_{0,1} = 10132.5 \, \text{Pa}$ $t_{1/2,1} = 135 \, \text{min}$

$p_{0,2} = 101325 \, \text{Pa}$ $t_{1/2,2} = 13.5 \, \text{min}$

$$t_{1/2} = \frac{2^{n-1} - 1}{(n-1) k_p p_0^{n-1}} = \frac{B}{p_0^{n-1}}$$

式中，k_p 是用压力表示的速率常数；$B = (2^{n-1} - 1) / [(n-1) k_p]$，对于在指定温度下的指定反应，$B$ 为常量。

$$t_{1/2,1} = B / p_{0.1}^{n-1} \qquad (1)$$

$$t_{1/2,2} = B / p_{0.2}^{n-1} \qquad (2)$$

式（2）除以式（1）后，等式两边再取对数，整理可得

$$n = 1 + \frac{\ln(t_{1/2,2} / t_{1/2,1})}{\ln(p_{0.1} / p_{0.2})} = 1 + \frac{\ln(13.5/13.5)}{\ln(10132.5/101325)}$$

$$= 1 + (\ln 0.1)/(\ln 0.1) = 1 + 1 = 2$$

对于二级反应，其速率系数

$$k_p(\text{HI}) = \frac{1}{t_{1/2}\,p_0(\text{HI})} = \frac{1}{10132.5\text{Pa} \times 135\text{min}}$$

$$= 7.31 \times 10^{-7}(\text{Pa·min})^{-1}$$

8.11　已知某反应的速率方程可表示为 $v = kc_A^\alpha c_B^\beta c_C^\gamma$，请根据下列实验数据，分别确定该反应对各反应物的级数 α，β，γ 的值和计算速率常数 k。

$v/10^{-3}\text{mol·dm}^{-3}\text{·s}^{-1}$	5.0	5.0	2.5	14.1
$c_{A_0}/\text{mol·dm}^{-3}$	0.010	0.010	0.010	0.020
$c_{B_0}/\text{mol·dm}^{-3}$	0.005	0.005	0.010	0.005
$c_{C_0}/\text{mol·dm}^{-3}$	0.010	0.015	0.010	0.010

解： 该题的反应物起始浓度有不少是相同的，将其代入速率方程，消去相同项，从速率之比可以分别求出各反应级数，按表中列的次序相比，将第一列与第四列数据代入速率方程并相比得：

$$\frac{v_1}{v_4} = \frac{kc_{A,1}^\alpha c_{B,1}^\beta c_{C,1}^\gamma}{kc_{A,4}^\alpha c_{B,4}^\beta c_{C,4}^\gamma} = \frac{5.0}{14.1} = \frac{k(0.010)^\alpha(0.005)^\beta(0.010)^\gamma}{k(0.020)^\alpha(0.005)^\beta(0.010)^\gamma} = \left(\frac{1}{2}\right)^\alpha$$

解得　　$\alpha = 1.5$

同理将第一列数据与第三列数据代入速率方程并相比得

$$\frac{5.0}{2.5} = \frac{k(0.010)^\alpha(0.005)^\beta(0.010)^\gamma}{k(0.010)^\alpha(0.010)^\beta(0.010)^\gamma} = \left(\frac{5}{10}\right)^\beta$$

解得　　$\beta = -1$

将第一列与第二列数据代入速率议程并相比得

$$\frac{5.0}{5.0} = \frac{k(0.010)^\alpha(0.005)^\beta(0.010)^\gamma}{k(0.010)^\alpha(0.010)^\beta(0.010)^\gamma} = \left(\frac{10}{5}\right)^\gamma$$

解得　　$\gamma = 0$

将各组实验数据代入速率方程，计算速率常数，以第一组数据为例有

$$k = \frac{r}{c_{A,1}^\alpha c_{B,1}^\beta c_{C,1}^\gamma} = \frac{5.0 \times 10^{-5}\text{mol·dm}^{-3}\text{·s}^{-1}}{(0.010\text{mol·dm}^{-3})^{1.5} \times (0.005\text{mol·dm}^{-3})^{-1}}$$

$$= 0.025(\text{mol·dm}^{-3})^{1/2}\text{·s}^{-1}$$

8.12　某同学买了一台国产电压力锅，说明书上标注为 70kPa 高压快煮，请你帮他算一算用这个压力锅煮熟一个鸡蛋比常压下煮一个鸡蛋少用多少分钟？已知卵白蛋白的热变作用为一级反应，活化能为 85kJ·mol^{-1}，常压下煮熟一个鸡蛋需要 10min，水的正常汽化热为 40.66kJ·mol^{-1}。

解： 设高压下水的沸点为 T_2，根据克拉佩龙-克劳修斯方程，得

$$\ln\frac{171.325\text{kPa}}{101.325\text{kPa}} = \frac{40.66\text{kJ·mol}^{-1}}{8.314\text{J·mol}^{-1}\text{·K}^{-1}}\left(\frac{1}{373.15\text{K}} - \frac{1}{T_2}\right) \tag{1}$$

设常压下的速率常数为 k_1，高压下的速率常数为 k_2，根据阿伦尼乌斯公式，得

$$\ln\frac{k_2}{k_1} = \frac{85\text{kJ·mol}^{-1}}{8.314\text{J·mol}^{-1}\text{·K}^{-1}}\left(\frac{1}{373.15\text{K}} - \frac{1}{T_2}\right) \tag{2}$$

（1）除以（2），可得 $k_2/k_1 = 3$，根据一级反应速率方程的积分形式，得 $k_1 t_1 = k_2 t_2$，

所以 $t_2 = \dfrac{t_1}{3} = \dfrac{10}{3} \mathrm{min}$，故高压锅煮熟一个鸡蛋可节省 $\left(10 - \dfrac{10}{3}\right) \mathrm{min} = 6.67 \mathrm{min}$。

8.13 某溶液中含有 NaOH 及 $CH_3COOC_2H_5$，浓度均为 $0.01 \mathrm{mol \cdot dm^{-3}}$。在 298K 时，反应经 10min 有 39% 的 $CH_3COOC_2H_5$ 分解，而在 308K 时，反应 10min 有 55% 的 $CH_3COOC_2H_5$ 分解。该反应速率方程为 $v = kc_{NaOH}c_{CH_3COOC_2H_5}$。试计算：

(1) 在 298K 和 308K 时反应的速率常数；

(2) 在 288K 时，反应 10min，$CH_3COOC_2H_5$ 分解的分数；

(3) 在 293K 时，若有 50% 的 $CH_3COOC_2H_5$ 分解，所需的时间。

解： 这是一个 $a = b$ 的二级反应，根据已知条件需反复使用 Arrhenius 经验式的定积分公式

(1) 利用 $a = b$ 的二级反应的定积分式，计算不同温度时的速率常数

$$k = \frac{1}{tc_0} \frac{y}{1 - y}$$

$$k(298K) = \frac{1}{10\mathrm{min} \times 0.01 \mathrm{mol \cdot dm^{-3}}} \times \frac{0.39}{1 - 0.39} = 6.39 \mathrm{mol^{-1} \cdot dm^3 \cdot min^{-1}}$$

$$k(308K) = \frac{1}{10\mathrm{min} \times 0.01 \mathrm{mol \cdot dm^{-3}}} \times \frac{0.55}{1 - 0.55} = 12.22 \mathrm{mol^{-1} \cdot dm^3 \cdot min^{-1}}$$

(2) 先求反应的活化能

$$\ln \frac{k(T_2)}{k(T_1)} = \frac{E_a}{R} \left(\frac{1}{T_1} - \frac{1}{T_2} \right)$$

$$\ln \frac{k(308K)}{k(298K)} = \frac{E_a}{8.314 \mathrm{J \cdot mol^{-1} \cdot K^{-1}}} \left(\frac{1}{298K} - \frac{1}{308K} \right) = \ln \frac{12.22}{6.39}$$

解得
$$E_a = 49.47 \mathrm{kJ \cdot mol^{-1}}$$

再求 288 K 时的速率常数

$$\ln \frac{k(308K)}{k(288K)} = \frac{49.47 \mathrm{kJ \cdot mol^{-1}}}{8.314 \mathrm{J \cdot mol^{-1} \cdot K^{-1}}} \left(\frac{1}{288K} - \frac{1}{308K} \right) = \ln \frac{12.22 \mathrm{mol^{-1} \cdot dm^3 \cdot min^{-1}}}{k(288K)}$$

解得
$$k(288K) = 3.19 \mathrm{mol^{-1} \cdot dm^3 \cdot min^{-1}}$$

代入
$$k = \frac{1}{tc_0} \times \frac{y}{1 - y}$$

$$3.19 \mathrm{mol^{-1} \cdot dm^3 \cdot min^{-1}} = \frac{1}{10\mathrm{min} \times 0.01 \mathrm{mol \cdot dm^{-3}}} \times \frac{y}{1 - y}$$

解得
$$y = 0.24$$

(3) 先求 293 K 时的速率常数

$$\ln \frac{k(308K)}{k(293K)} = \frac{49.47 \mathrm{kJ \cdot mol^{-1}}}{8.314 \mathrm{J \cdot mol^{-1} \cdot K^{-1}}} \left(\frac{1}{293K} - \frac{1}{308K} \right) = \ln \frac{22.22 \mathrm{mol^{-1} \cdot dm^3 \cdot min^{-1}}}{k(293K)}$$

解得
$$k(293K) = 4.55 \mathrm{mol^{-1} \cdot dm^3 \cdot min^{-1}}$$

分解 50% 所需的时间就是半衰期，利用 $a = b$ 的二级反应的半衰期公式求半衰期为

$$t_{1/2} = \frac{1}{c_0 k(293K)} = \frac{1}{0.01 \mathrm{mol \cdot dm^{-3}} \times 4.55 \mathrm{mol^{-1} \cdot dm^3 \cdot min^{-1}}} = 22.0 \mathrm{min}$$

即 $CH_3COOC_2H_5$ 分解 50% 所需的时间为 22.0 min。

8.14 甲酸在金表面上的分解反应在 140℃ 及 185℃ 时速率常数分别为 $5.5 \times 10^{-4} \mathrm{s^{-1}}$

及 $9.2 \times 10^{-3} \ s^{-1}$。试求此反应的活化能。

解：由阿伦尼乌斯公式

$$\ln \frac{k(T_2)}{k(T_1)} = \frac{E_a(T_2 - T_1)}{kT_1 T_2}$$

$$E_a = \frac{kT_2 T_1}{(T_2 - T_1)} \ln \frac{k(T_2)}{k(T_1)} = \frac{8.314 \text{J} \cdot \text{mol}^{-1} \cdot \text{K}^{-1} \times 413 \text{K} \times 458 \text{K}}{45 \text{K}} \ln \frac{9.2 \times 10^{-3}}{5.5 \times 10^{-4}}$$

$$= 98.4 \text{kJ} \cdot \text{mol}^{-1}$$

8.15　环氧乙烷的分解是一级反应，380℃的半衰期为 363min，反应的活化能为 217.57 kJ·mol^{-1}。试求该反应在 450℃条件下完成 75% 所需时间。

解：一级反应 $k(653\text{K}) = \ln2/t_{1/2} = 1.91 \times 10^{-3} \ \text{min}^{-1}$，由

$$\frac{k(T_2)}{k(T_1)} = \exp\left[\frac{E_a(T_2 - T_1)}{kT_1 T_2}\right]$$

得　　$\ln[k(723\text{K})/\text{min}^{-1}] = \dfrac{217.57 \times 10^3 \text{J} \cdot \text{mol}^{-1} \times 70\text{K}}{8.314 \text{J} \cdot \text{mol}^{-1} \cdot \text{K}^{-1} \times 653\text{K} \times 723\text{K}} + \ln(1.91 \times 10^{-3})$

$$k(723\text{K}) = 9.25 \times 10^{-2} \ \text{min}^{-1}$$

$$t_{3/4} = 2t_{1/2} = \frac{2\ln2}{9.25 \times 10^{-2} \ \text{min}^{-1}} = 15.0 \text{min}$$

8.16　在水溶液中，2-硝基丙烷与碱作用为二级反应。其速率常数与温度的关系为

$$\lg(k/\text{mol}^{-1} \cdot \text{dm}^3 \cdot \text{min}^{-1}) = 11.9 - \frac{3163}{T/\text{K}}$$

试求反应的活化能，并求出当两种反应物的初始浓度均为 $8.0 \times 10^{-3} \ \text{mol} \cdot \text{dm}^{-3}$，10℃ 时反应的半衰期为多少？

解：将题给公式与阿伦尼乌斯公式 $\ln k = B - \dfrac{E_a}{2.303RT}$ 比较可得：

$$E_a = (3163 \times 2.303 \times 8.314) \text{J} \cdot \text{mol}^{-1} = 60.56 \text{kJ} \cdot \text{mol}^{-1}$$

在 10℃ 时，$\lg k = 11.90 - 3163/283 = 0.7233$

$$k(283\text{K}) = 5.288 \text{mol}^{-1} \cdot \text{dm}^3 \cdot \text{min}^{-1}$$

$$t_{1/2} = \frac{1}{kc_0} = \frac{1}{5.288 \text{mol}^{-1} \cdot \text{dm}^3 \cdot \text{min}^{-1} \times 8.0 \times 10^{-3} \text{mol} \cdot \text{dm}^{-3}} = 23.64 \text{min}$$

8.17　在 673K 时，设反应 $NO_2 = NO + 1/2O_2$ 可以进行完全，产物对反应速率无影响，经实验证明该反应是二级反应 $-\dfrac{\text{d}c_{NO_2}}{\text{d}t} = kc_{NO_2}^2$，$k$ 与温度 T 之间的关系为

$$\ln(k/\text{mol}^{-1} \cdot \text{dm}^3 \cdot \text{s}^{-1}) = 20.27 - \frac{12886.7}{T/\text{K}}$$

（1）求此反应的指前因子 A 及实验活化能 E_a；

（2）若在 673 K 时，将 $NO_2(g)$ 通入反应器，使其压力为 26.66kPa，发生上述反应，当反应器中的压力达到 32.0kPa 时所需的时间。

解：（1）阿伦尼乌斯公式为　　$k = A\exp(-E_a/RT)$

其对数形式为　　　　　　　　　　$\ln k = -\dfrac{E_a}{RT} + \ln A$

与已知条件对比，得 $\ln(A/[A]) = 20.27$ 对于二级反应指前因子的单位为 $[A] = \text{mol}^{-1} \cdot \text{dm}^3 \cdot \text{s}^{-1}$

所以 $A = e^{20.27} mol^{-1} \cdot dm^3 \cdot s^{-1} = 6.36 \times 10^8 mol^{-1} \cdot dm^3 \cdot s^{-1}$

$\dfrac{E_a}{R} = 12886.7K \Rightarrow E_a = 12886.7K \times 8.314J \cdot K^{-1} \cdot mol^{-1} = 107.1kJ \cdot mol^{-1}$

（2） $NO_2(g) \xrightarrow{k} NO(S) + \dfrac{1}{2}O_2(g)$

$t=0$	p_0 $\qquad$ 0	0
$t=t$	$p_0 - p$ $\qquad$ p	$\dfrac{1}{2}p$

$$p_{总} = p_0 + \dfrac{1}{2}p = 32.0kPa$$

$$p = 2 \times (32.0 - 26.66)kPa = 10.68kPa$$

在 673K 时 $\quad \ln k = -\dfrac{12886.7}{673} + 20.27 = 1.122$

$$k = 3.07 mol^{-1} \cdot dm^3 \cdot s^{-1}$$

$$k_p = \dfrac{k_c}{RT} = \dfrac{3.07 mol^{-1} \cdot dm^3 \cdot s^{-1}}{8.314J \cdot mol^{-1} \cdot K^{-1} \times 673K} = 5.49 \times 10^{-7} Pa^{-1} \cdot s^{-1}$$

二级反应的积分式为 $\qquad \dfrac{1}{p_0 - p} - \dfrac{1}{p_0} = k_p t$

当 $p = 10.68kPa$ 时，所需时间为

$$t = \dfrac{1}{k_p}\left(\dfrac{1}{p_0 - p} - \dfrac{1}{p_0}\right)$$

$$= \dfrac{1}{5.49 \times 10^{-7} Pa^{-1} \cdot s^{-1}}\left[\dfrac{1}{(26.66 - 10.68)kPa} - \dfrac{1}{26.66kPa}\right]$$

$$= 45.7s$$

8.18 氢气是一种绿色无污染的未来燃料，其应用的关键是有效的贮存。科研人员使用掺杂 Pd 的 Li_3N 制备了高活性的固体贮氢材料 $Li_3NPd_{0.03}$。21 ~70℃范围内，温度一定时，一定质量该材料发生氢化反应 $Li_3N + H_2 \rightleftharpoons Li_2NH + LiH$，材料增加质量比与时间成线性关系。其反应速率与温度关系如图所示，直线斜率为 -3397。

（1）判断该反应为几级反应；

（2）求该反应的活化能；

（3）求反应温度分别在 21℃、70℃时，材料增加相同的质量，两者消耗的时间比；

（4）科学家认为氢化反应的能垒主要来自吸附的氢原子从 Pd 到 N 原子的扩散能垒，密度泛函（DFT）计算发现，扩散能垒为 0.257eV，试计算理论与实验值的相对误差。

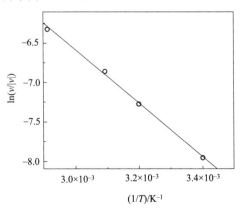

解：（1）因为材料增加质量比与时间成线性关系，根据速率方程的积分形式，得该反应为零级反应。

（2）对于零级反应 $\ln v = \ln k$，由阿伦尼乌斯的不定积分公式 $\ln v = \ln k = -\dfrac{E_a}{RT} + \ln A$，

可知：$E_a/R = 3397K$，故 $E_a = 28.24 \text{kJ·mol}^{-1}$。

（3）根据阿伦尼乌斯的定积分公式可知：$\ln\dfrac{k_{70}}{k_{21}} = \dfrac{E_a}{R}\left(\dfrac{1}{294K} - \dfrac{1}{343K}\right) \Rightarrow \dfrac{k_{70}}{k_{21}} \approx 5.2$

由零级反应积分方程可知，反应到相同的程度速率与时间成反比，故 $\dfrac{v_{70}}{v_{21}} = \dfrac{t_{21}}{t_{70}} \approx 5.2$

（4）理论计算扩散反应的活化能为：

$$E_c = 0.257 \times 1.60 \times 10^{-19} \times 6.02 \times 10^{23} \times 10^{-3} \text{kJ·mol}^{-1}$$
$$= 24.75 \text{kJ·mol}^{-1}$$

相对误差为 $\dfrac{28.24 - 24.75}{28.24} \times 100\% = 12.23\%$。

8.19　当有 I_2 存在作为催化剂时，氯苯（C_6H_5Cl）与 Cl_2 在 $CS_2(l)$ 溶液中发生如下的平行反应（均为二级反应）：

$$C_6H_5Cl + Cl_2 \longrightarrow \begin{cases} o\text{-}C_6H_4Cl_2 + HCl \\ p\text{-}C_6H_4Cl_2 + HCl \end{cases}$$

设在温度和 I_2 的浓度一定时，C_6H_5Cl 与 Cl_2 在 $CS_2(l)$ 溶液中的起始浓度均为 0.5mol·dm^{-3}，30min 后，有 15% 的 C_6H_5Cl 转变为 $o\text{-}C_6H_4Cl_2$，有 25% C_6H_5Cl 转变为 $p\text{-}C_6H_4Cl_2$。试计算两个反应的速率常数 k_1 和 k_2。

解： 平行反应有两个速率常数，必须抓住平行反应的特点，找出两个速率常数之间的关系，才能分别求解，该反应开始时生成物的浓度为零，设 30min 后 $o\text{-}C_6H_4Cl_2$ 的浓度关系为 x_1，$p\text{-}C_6H_4Cl_2$ 的浓度为 x_2，则

$$x_1 = 0.5 \text{mol·dm}^{-3} \times 15\% = 0.075 \text{mol·dm}^{-3}$$
$$x_2 = 0.5 \text{mol·dm}^{-3} \times 25\% = 0.125 \text{mol·dm}^{-3}$$
$$x = x_1 + x_2 = 0.20 \text{mol·dm}^{-3}$$

总反应速率是两个平行反应的速率之和，即

$$v = \frac{dx}{dt} = \frac{dx_1}{dt} + \frac{dx_2}{dt} = k_1(c_0 - x)^2 + k_2(c_0 - x)^2 = (k_1 + k_2)(c_0 - x)^2$$

$$\int_0^x \frac{dx}{(c_0 - x)^2} = (k_1 + k_2)\int_0^t dt$$

积分得　　$\dfrac{1}{c_0 - x} - \dfrac{1}{c_0} = (k_1 + k_2)t$

$$k_1 + k_2 = \frac{1}{t}\left(\frac{1}{c_0 - x} - \frac{1}{c_0}\right)$$
$$= \frac{1}{30\text{min}} \times \left[\frac{1}{(0.5 - 0.2)\text{mol}^{-1}\cdot\text{dm}^3} - \frac{1}{5\text{mol}^{-1}\cdot\text{dm}^3}\right]$$
$$= 0.044 \text{mol}^{-1}\cdot\text{dm}^3\cdot\text{min}^{-1}$$

$$k_1/k_2 = x_1/x_2 = 0.075 \text{mol·dm}^{-3}/0.125 \text{mol·dm}^{-3} = 0.6$$

解得　　　　　　$k_1 = 1.65 \times 10^{-2} \text{mol}^{-1}\cdot\text{dm}^3\cdot\text{min}^{-1}$

$$k_2 = 2.75 \times 10^{-2} \text{mol}^{-1}\cdot\text{dm}^3\cdot\text{min}^{-1}$$

8.20 某液相反应 $A \underset{k_{-1}}{\overset{k_1}{\rightleftharpoons}} B$，其正逆反应均为一级反应，已知

$$\lg(k_1/s^{-1}) = 4.0 - \frac{2000}{(T/K)}$$

$$\lg K_c = -4.0 + \frac{2000}{(T/K)}$$

反应开始时 $c_{A,0} = 0.5\ mol \cdot dm^{-3}$，$c_{B,0} = 0.05\ mol \cdot dm^{-3}$，求

(1) 逆反应的活化能；

(2) 400K 下，反应经 10s 时 A、B 的浓度；

(3) 400K 下，反应达平衡时 A、B 的浓度。

解：(1) 已知 $K_c = k_1/k_{-1}$，等式两边取对数并考虑速率常数的单位，整理得

$$\lg(k_{-1}/s^{-1}) = \lg(k_1/s^{-1}) - \lg K$$

$$= \left(-\frac{2000}{T} + 4.0\right) - \left(\frac{2000}{T} - 4.0\right)$$

$$= -\frac{4000}{T} + 8.0$$

$$\frac{d\ln k_{-1}}{dT} = 2.303 \frac{d\lg k_{-1}}{dT} = 2.303 \times \frac{4000}{T^2}$$

根据 Arrhenius 经验式的微分式 $\dfrac{d\ln k_{-1}}{dT} = \dfrac{E_{a,-1}}{RT^2}$

所以 $E_{a,-1} = RT^2 \dfrac{d\ln k_{-1}}{dT} = RT^2 \times 2.303 \times \dfrac{4000}{T^2} = 76.59\ kJ \cdot mol^{-1}$

(2) 当 $T = 400K$ 时

$$\lg k_1 = -\frac{2000}{400} + 4.0 = -1.0 \qquad k_1 = 0.1\ s^{-1}$$

$$\lg K_c = \frac{2000}{400} - 4.0 = 1.0 \qquad K_c = 10$$

$$k_{-1} = \frac{k_1}{k_c} = \frac{0.1}{10} = 0.01\ s^{-1}$$

$$A \underset{k_{-1}}{\overset{k_1}{\rightleftharpoons}} B$$

$$t = 0 \qquad a \qquad\qquad b$$
$$t = t \qquad a-x \qquad\quad b+x$$
$$v = \frac{dx}{dt} = k_1(a-x) - k_{-1}(b+x)$$

代入已知数据

$$\frac{dx}{dt} = [0.1 \times (0.5-x) - 0.01 \times (0.05+x)]s^{-1} = (0.0495 - 0.11x)s^{-1}$$

$$\int_0^x \frac{dx}{0.0495 - 0.11x} = \int_0^t dt$$

积分得

$$\ln\frac{0.0495}{0.0495 - 0.11x} = 0.11t = 0.11 \times 10 = 1.1$$

解得
$$x = 0.30 \text{mol} \cdot \text{dm}^{-3}$$

剩余 A 和 B 的浓度为
$$a - x = (0.50 - 0.30) \text{mol} \cdot \text{dm}^{-3} = 0.20 \text{mol} \cdot \text{dm}^{-3}$$
$$b + x = (0.05 + 0.30) \text{mol} \cdot \text{dm}^{-3} = 0.35 \text{mol} \cdot \text{dm}^{-3}$$

（3）达平衡时
$$\frac{\mathrm{d}x}{\mathrm{d}t} = 0, \quad k_1(a - x_e) = k_{-1}(b + x_e)$$
$$0.1 \text{s}^{-1} \times (0.5 - x_e) \text{mol} \cdot \text{dm}^{-3} = 0.01 \text{s}^{-1} \times (0.05 + x_e) \text{mol} \cdot \text{dm}^{-3}$$
$$x_e = 0.45 \text{mol} \cdot \text{dm}^{-3}$$

剩余 A 和 B 的浓度为
$$a - x = (0.50 - 0.45) \text{mol} \cdot \text{dm}^{-3} = 0.05 \text{mol} \cdot \text{dm}^{-3}$$
$$b + x = (0.05 + 0.45) \text{mol} \cdot \text{dm}^{-3} = 0.50 \text{mol} \cdot \text{dm}^{-3}$$

8.21 某一气相反应 $A(g) \underset{k_2}{\overset{k_1}{\rightleftharpoons}} B(g) + C(g)$，已知在 298K 时，$k_1 = 0.21 \text{s}^{-1}$，$k_2 = 5 \times 10^{-9} \text{Pa}^{-1} \cdot \text{s}^{-1}$，当温度升至 310K 时，$k_1$ 和 k_2 值均增加 1 倍，试求：

（1）298K 时平衡常数 K_p；

（2）正、逆反应的实验活化能；

（3）反应的 $\Delta_r H_m$；

（4）在 298K 时，A 的起始压力为 101.325kPa，若使总压力达到 151.99kPa 时，问需时若干？

解：对峙反应的平衡常数 K_p 就等于正逆反应速率常数之比。在相同的升温区内，正逆反应速率常数的变化值相同，说明正逆反应的活化能相同。这是一个反应前后气体分子数不同的反应，所以焓的变化值与热力学能的变化值不相等。

（1）$K_p = \dfrac{k_1}{k_2} = \dfrac{0.21 \text{s}^{-1}}{5 \times 10^{-9} \text{Pa}^{-1} \cdot \text{s}^{-1}} = 4.2 \times 10^7 \text{Pa}$

（2）$E_{a, 正} = E_{a, 逆} = E_a \qquad \ln \dfrac{k(T_2)}{k(T_1)} = \dfrac{E_a}{R} \left(\dfrac{1}{T_1} - \dfrac{1}{T_2} \right)$

$$\ln 2 = \frac{E_a}{8.314 \text{J} \cdot \text{mol}^{-1} \cdot \text{K}^{-1}} \left(\frac{1}{298 \text{K}} - \frac{1}{310 \text{K}} \right)$$
$$E_a = 44.36 \text{kJ} \cdot \text{mol}^{-1}$$

（3）根据平衡常数与温度的关系式，因在相同的温度区间内正、逆反应速率常数的变化值相同，所以

$$\frac{\mathrm{d}\ln K_p}{\mathrm{d}T} = \frac{\Delta_r H_m}{RT^2} = 0 \qquad \Delta_r H_m = 0$$

（4）
$$A(g) \underset{k_2}{\overset{k_1}{\rightleftharpoons}} B(g) + C(g)$$

$$t = 0 \qquad p_{A.0} \qquad 0 \qquad 0$$

$$t = t \qquad p_{A.0} - p \qquad p \qquad p$$

$$p_{总} = p_{A.0} + p = 151.99 \text{kPa}, \qquad p = 50.665 \text{kPa}$$

$$v = \frac{dp}{dt} = v_{正} - v_{逆} = k_1(p_{A.0} - p) - k_2 p^2 = k_1(p_{A.0} - p)（因 k_1 \gg k_2）$$

$$\int_0^p \frac{dp}{p_{A.0} - p} = k_1 \int_0^t dt$$

$$\ln \frac{p_{A.0}}{p_{A.0} - p} = k_1 t$$

$$t = \frac{1}{k_1} \ln \frac{p_{A.0}}{p_{A.0} - p} = \frac{1}{0.21 s^{-1}} \ln \frac{101.325 kPa}{(101.325 - 50.665) kPa} = 3.3 s$$

8.22 等温、等容气相反应 $2NO + O_2 \longrightarrow 2NO_2$ 的机理为

$$2NO \underset{k_2}{\overset{k_1}{\rightleftharpoons}} N_2O_2（快速平衡）$$

$$N_2O_2 + O_2 \xrightarrow{k_3} 2NO_2（慢）$$

上述三个基元反应的活化能分别为 $80 kJ \cdot mol^{-1}$、$200 kJ \cdot mol^{-1}$、$80 kJ \cdot mol^{-1}$。

（1）根据机理导出题给反应以 O_2 的消耗速率表示的速率方程；

（2）当温度升高时，反应的速率将如何变化？

解： 当反应达到稳定状态时 $c(N_2O_2) / c(NO)^2 = k_1/k_2$

所以
$$c(N_2O_2) = (k_1/k_2)c(NO)^2$$

$$-\frac{dc(O_2)}{dt} = k_3 c(O_2) c(N_2O_2)$$

$$= (k_1 k_3/k_2) c(O_2) c(NO)^2$$

$$= k c(O_2) c(NO)^2$$

由上式可知，题给反应的级数 $n = 1 + 2 = 3$，即三级反应。上式中 $k = k_1 k_3/k_2$，取对数后再对 T 微分，可得

$$\frac{d\ln k}{dT} = \frac{d\ln k_1}{dT} + \frac{d\ln k_3}{dT} - \frac{d\ln k_2}{dT}$$

$$\frac{E_a}{RT^2} = \frac{E_1}{RT^2} + \frac{E_3}{RT^2} - \frac{E_2}{RT^2} = \frac{E_1 + E_3 - E_2}{RT^2}$$

题给反应的表观活化能
$$E_a = E_1 + E_3 - E_2 = (80 + 80 - 200) kJ \cdot mol^{-1} = -40 kJ \cdot mol^{-1}$$

$$\frac{d\ln k}{dT} = \frac{E_a}{RT^2} < 0$$

所以当温度升高时，反应速率必然下降。

8.23 求具有下列机理的某气相反应的速率方程

$$A \underset{k_{-1}}{\overset{k_1}{\rightleftharpoons}} B \qquad B + C \xrightarrow{k_2} D$$

B 为活泼物质，可运用稳态近似法。证明此反应在高压下为一级反应，低压下为二级反应。

解： 稳态近似法的关键是认为活泼中间产物在反应过程中其浓度不变，即其净速率为零。

设以产物 D 的生成速率表示上述复合反应的速率，即

$$\frac{\mathrm{d}c_D}{\mathrm{d}t} = k_2 c_B c_C \tag{1}$$

因 B 的活泼性质，其净速率为

$$\frac{\mathrm{d}c_B}{\mathrm{d}t} = k_1 c_A - k_{-1} c_B - k_2 c_B c_C = 0$$

亦即

$$k_1 c_A = k_{-1} c_B + k_2 c_B c_C$$

$$c_B = \frac{k_1 c_A}{k_{-1} + k_2 c_C} \tag{2}$$

将（2）代入式（1）中，整理得

$$\frac{\mathrm{d}c_D}{\mathrm{d}t} = \frac{k_2 k_1 c_A c_C}{k_{-1} + k_2 c_C}$$

所谓高压下，亦即 c_C、c_A 浓度很大，致使 $k_2 c_C \gg k_{-1}$，于是 $k_{-1} + k_2 c_C \approx k_2 c_C$

所以

$$\frac{\mathrm{d}c_D}{\mathrm{d}t} = k_1 c_A \text{（一级反应）}$$

相反在低压力下，即 $k_2 c_C \ll k_{-1}$，则

$$k_{-1} + k_2 c_C \approx k_{-1}$$

所以

$$\frac{\mathrm{d}c_D}{\mathrm{d}t} = \frac{k_2 k_1}{k_{-1}} c_A c_C = k c_A c_C \text{（二级反应）}$$

8.24 反应 $2A + B_2 \longrightarrow 2AB$ 的速率方程为 $\frac{\mathrm{d}c_{AB}}{\mathrm{d}t} = k c_A c_{B_2}$。假设反应机理如下：

$$A + B_2 \xrightarrow{k_1, E_1} AB + B$$

$$A + B \xrightarrow{k_2, E_2} AB$$

$$2B \xrightarrow{k_3, E_3} B_2$$

并假定 $k_2 \gg k_1 \gg k_3$。（1）请按上述机理，引入合理近似后，导出速率方程；（2）导出表观活化能 E_a 与各基元反应活化能的关系。

解：

$$\frac{\mathrm{d}c_{AB}}{\mathrm{d}t} = k_1 c_A c_{B_2} + k_2 c_A c_B \tag{1}$$

$$\frac{\mathrm{d}c_B}{\mathrm{d}t} = k_1 c_A c_{B_2} - k_2 c_A c_B - 2k_3 c_B^2 \tag{2}$$

因为 $k_2 \gg k_1$，对 B 应用稳态近似法 $\frac{\mathrm{d}c_B}{\mathrm{d}t} = 0$，由式（2）得

$$k_1 c_A c_{B_2} - k_2 c_A c_B - 2k_3 c_B^2 = 0 \tag{3}$$

因 $k_2 \gg k_1$，B 为活泼中间产物，c_B 应很小，又因为 $k_2 \gg k_1 \gg k_3$，式（3）最后一项可略去，则

$$k_1 c_A c_{B_2} - k_2 c_A c_B = 0 \tag{4}$$

将（4）代入（1）得

$$\frac{\mathrm{d}c_{AB}}{\mathrm{d}t} = 2k_1 c_A c_{B_2} = k c_A c_{B_2} \tag{5}$$

其中

$$k = 2k_1 \tag{6}$$

而
$$-\frac{\mathrm{d}c_{B_2}}{\mathrm{d}t}=k_1c_Ac_{B_2}-k_3c_B^2 \tag{7}$$

同理，因 c_B 小，且 $k_1\gg k_3$，上式右端第二项略去，则

$$-\frac{\mathrm{d}c_{B_2}}{\mathrm{d}t}=k_1c_Ac_{B_2} \tag{8}$$

比较（7）与（8）得
$$-\frac{\mathrm{d}c_{B_2}}{\mathrm{d}t}=\frac{1}{2}\frac{\mathrm{d}c_{AB}}{\mathrm{d}t} \tag{9}$$

（2）由式（9）　$\dfrac{\mathrm{d}\ln k}{\mathrm{d}t}=\dfrac{\mathrm{d}\ln k_1}{\mathrm{d}t}$，则 $\dfrac{E_a}{RT^2}=\dfrac{E_1}{RT^2}$，所以 $E_a=E_1$

8.25 某环氧烷受热分解，反应机理如下

$$RH \xrightarrow{k_1} R\cdot+H\cdot$$

$$R\cdot \xrightarrow{k_2} \cdot CH_3+CO$$

$$RH+\cdot CH_3 \xrightarrow{k_3} R\cdot+CH_4$$

$$R\cdot+\cdot CH_3 \xrightarrow{k_4} 稳定产物$$

证明反应速率方程为 $\dfrac{\mathrm{d}c_{CH_4}}{\mathrm{d}t}=kc_{RH}$

证明： 因为
$$\frac{\mathrm{d}c_{CH_4}}{\mathrm{d}t}=k_3c_{RH}c_{\cdot CH_3} \tag{1}$$

求算中间产物 $\cdot CH_3$ 的浓度 $c_{\cdot CH_3}$，用稳态法

$$\frac{\mathrm{d}c_{\cdot CH_3}}{\mathrm{d}t}=k_2c_{R\cdot}-k_3c_{RH}c_{\cdot CH_3}-k_4c_{R\cdot}c_{\cdot CH_3}=0 \tag{2}$$

又引出中间产物 $R\cdot$ 的浓度 $c_{R\cdot}$，再用稳态法

$$\frac{\mathrm{d}c_{R\cdot}}{\mathrm{d}t}=k_1c_{RH}-k_2c_{R\cdot}+k_3c_{RH}c_{\cdot CH_3}-k_4c_{R\cdot}c_{\cdot CH_3}=0 \tag{3}$$

（2）+（3）得 $k_1c_{RH}-2k_4c_{R\cdot}c_{\cdot CH_3}=0$

所以
$$c_{R\cdot}=\frac{k_1}{2k_4}\cdot\frac{c_{RH}}{c_{\cdot CH_3}} \tag{4}$$

将（4）代入（2）中

$$\frac{k_1k_2}{2k_4}\cdot\frac{c_{RH}}{c_{\cdot CH_3}}-k_3c_{RH}c_{\cdot CH_3}-\frac{k_1}{2}c_{RH}=0$$

所以
$$\frac{k_1k_2}{2k_4}\cdot\frac{1}{c_{\cdot CH_3}}-k_3c_{\cdot CH_3}-\frac{k_1}{2}=0$$

最后可得 $c_{\cdot CH_3}$ 的一元二次方程，其解 $c_{\cdot CH_3}=f(k_i)$

所以
$$\frac{\mathrm{d}c_{CH_4}}{\mathrm{d}t}=k_3f(k_i)c_{RH}=kc_{RH}$$

8.26 实验发现高温下 DNA 双螺旋分解为两个单链，冷却时两个单链上互补的碱基配对，又恢复双螺旋结构，此为连续反应，动力学过程如下

其中双配对碱基不稳定，解离比形成快，形成三配对碱基最慢，一旦形成，此后形成完整双

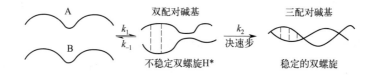

螺旋结构的各步骤都十分迅速。已知实验测得该总反应的速率常数 $k_{实}=10^6\,\mathrm{mol}^{-1}\cdot\mathrm{dm}^3\cdot\mathrm{s}^{-1}$。不稳定双螺旋 H^* 形成的平衡常数

$$K=k_1/k_{-1}=c_{H^*}/c_A c_B=0.1\,\mathrm{mol}^{-1}\cdot\mathrm{dm}^3$$

试写出该反应的速率方程，并求出决速步的速率常数 k_2。

解：根据速控步骤法，$v=k_2 c_{H^*}$，根据快平衡，$c_{H^*}=Kc_A c_B$，代入上式得

$$v=k_2 K c_A c_B=k_{实}\,c_A c_B$$

$$故\ k_2 K=k_{实}$$

$$解得\ k_2=10^7\,\mathrm{s}^{-1}。$$

8.27　反应 $H_2+I_2\longrightarrow 2HI$ 的机理为

$$I_2+M\xrightarrow{k_1}2I\cdot+M\qquad E_{a,1}=150.6\,\mathrm{kJ\cdot mol}^{-1}$$

$$2I\cdot+H_2\xrightarrow{k_2}2HI\qquad E_{a,2}=20.9\,\mathrm{kJ\cdot mol}^{-1}$$

$$2I\cdot+M\xrightarrow{k_3}I_2+M\qquad E_{a,3}=0$$

（1）推导该反应的速率方程；

（2）计算反应的表观活化能。

解：（1）以产物的生成速率表示的方程为

$$\frac{\mathrm{d}c_{HI}}{\mathrm{d}t}=2k_2 c_{H_2}c_{I\cdot}^2$$

对活泼自由基 $I\cdot$ 可采用稳态近似法处理

$$\frac{\mathrm{d}c_{I\cdot}}{\mathrm{d}t}=k_1 c_{I_2}c_M-2k_2 c_{H_2}c_{I\cdot}^2-2k_3 c_M c_{I\cdot}^2=0$$

即　$c_{I\cdot}^2=\dfrac{k_1 c_{I_2}c_M}{2k_2 c_{H_2}+2k_3 c_M}$

因为 $E_{a,3}=0$，$E_{a,2}>0$，所以 $k_2 c_{H_2}\ll k_3 c_M$，即 $k_2 c_{H_2}+k_3 c_M\approx k_3 c_M$

所以　　　　$\dfrac{\mathrm{d}c_{HI}}{\mathrm{d}t}=2k_2 c_{H_2}c_{I\cdot}^2$

$$=\frac{2k_2 c_{H_2}k_1 c_{I_2}c_M}{2k_2 c_{H_2}+2k_3 c_M}\approx\frac{k_1 k_2 c_{H_2}c_{I_2}}{k_3}$$

$$=k_{表观}\,c_{H_2}c_{I_2}$$

（2）　　　　　　　$k_{表观}=\dfrac{k_1 k_2}{k_3}$

所以　　$E_{表观}=E_{a,1}+E_{a,2}-E_{a,3}=(150.6+20.9-0)\,\mathrm{kJ\cdot mol}^{-1}=171.5\,\mathrm{kJ\cdot mol}^{-1}$

8.28　在 300K 条件下将 $1\mathrm{g}\ N_2$ 及 $0.1\mathrm{g}\ H_2$ 在体积 $1.00\mathrm{dm}^3$ 的容器中混合。已知 N_2 和

H_2 分子的碰撞直径分别为 3.5×10^{-10} m 及 2.5×10^{-10} m。试求此容器中每秒内两种分子间的碰撞次数。

解：根据碰撞理论，N_2 和 H_2 分子之间的碰撞次数为

$$Z_{AB} = d_{AB}^2 \left\{ 8\pi RT \left[\frac{1}{M(H_2)} + \frac{1}{M(N_2)} \right] \right\}^{\frac{1}{2}} \frac{N(H_2)}{V} \cdot \frac{N(N_2)}{V}$$

其中 $\dfrac{N(H_2)}{V} = \dfrac{m(H_2)L}{M(H_2)V} = 3.01 \times 10^{25} \, \text{m}^{-3}$，$\dfrac{N(N_2)}{V} = \dfrac{m(N_2)L}{M(N_2)V} = 2.15 \times 10^{25} \, \text{m}^{-3}$

$$Z_{AB} = \left\{ \left(\frac{3.5 + 2.5}{2} \right)^2 \times 10^{-20} \times \left[8 \times 3.14 \times 8.314 \times 300 \times \left(\frac{1}{2} + \frac{1}{28} \right) \times 10^3 \right]^{1/2} \times 3.01 \times 2.15 \times 10^{50} \right\} \, \text{m}^{-3} \cdot \text{s}^{-1}$$

$$= 3.4 \times 10^{35} \, \text{m}^{-3} \cdot \text{s}^{-1}$$

$$= 3.4 \times 10^{32} \, \text{dm}^{-3} \cdot \text{s}^{-1}$$

8.29 实验测得反应 $H_A + H_B H_C \longrightarrow H_C + H_A H_B$ 的活化能 $E_a = 31.4 \, \text{kJ} \cdot \text{mol}^{-1}$；指前因子 $A = 8.45 \times 10^{10} \, \text{mol} \cdot \text{dm}^{-3} \cdot \text{s}^{-1}$。另外已知 H 及 H_2 的碰撞直径分别为 7.4×10^{-11} m 及 2.5×10^{-10} m。试分别用阿伦尼乌斯方程和简单碰撞理论公式计算上述反应在 300K 条件下的速率常数，并将结果进行比较。

解：（1）由阿伦尼乌斯方程，有

$$k = A \exp\left(-\frac{E_a}{RT} \right) = 8.45 \times 10^{10} \, \text{mol}^{-1} \cdot \text{dm}^3 \cdot \text{s}^{-1} \times \exp\left(\frac{-31.4 \times 10^3}{8.314 \times 300} \right)$$

$$= 2.88 \times 10^5 \, \text{mol}^{-1} \cdot \text{dm}^3 \cdot \text{s}^{-1}$$

（2）由碰撞理论，单位体积、单位时间内 H 与 H_2 的碰撞数，即频率因子为

$$Z_{AB}^0 = \pi_1 d_{AB}^2 \left[\frac{8RT}{\pi} \left(\frac{1}{M_H} + \frac{1}{M_{H_2}} \right) \right]^{1/2}$$

$$= \left\{ 3.14 \times \left(\frac{7.4 \times 10^{-11} + 2.5 \times 10^{-10}}{2} \right)^2 \left[\frac{8 \times 8.314 \times 300}{3.14} \times \left(1 + \frac{1}{2} \right) \times 10^3 \right]^{1/2} \right\} \, \text{分子}^{-1} \cdot \text{m}^3 \cdot \text{s}^{-1}$$

$$= 2.54 \times 10^{-16} \, \text{分子}^{-1} \cdot \text{m}^3 \cdot \text{s}^{-1}$$

$$= 2.54 \times 10^{-13} \, \text{分子}^{-1} \cdot \text{dm}^3 \cdot \text{s}^{-1}$$

$$k = L Z_{AB}^0 \exp\left(\frac{-E_c}{RT} \right) = L Z_{AB}^0 e^{1/2} \exp\left(-\frac{E_a}{RT} \right) = 8.61 \times 10^5 \, \text{mol}^{-1} \cdot \text{dm}^3 \cdot \text{s}^{-1}$$

由于 H 和 H_2 的结构比较简单，可近似看作刚性球体，无空间方位影响，因此碰撞理论的计算值与实验值符合得比较好，数量级相同。

8.30 乙醛气相热分解为二级反应，活化能为 $190.4 \, \text{kJ} \cdot \text{mol}^{-1}$，乙醛分子的直径为 5×10^{-10} m。

（1）试计算 101.325kPa、800K 下的分子碰撞数；

（2）计算 800K 时以乙醛浓度变化表示的速率常数。

解：用 A 表示乙醛分子，$M_A = 44.052 \times 10^{-3} \, \text{kg} \cdot \text{mol}^{-1}$。

（1）将理想气体状态方程变形为 $p = \dfrac{nRT}{V} = c_A RT$，则

$$C_A = L c_A = \frac{Lp}{RT}$$

$$= [6.022 \times 10^{23} \times 101325 / (8.314 \times 800)] \, \text{m}^{-3}$$

$$= 9.174 \times 10^{24} \, \text{m}^{-3}$$

根据已有结论，有

$$Z_{AA}=8r_A^2\left(\frac{\pi k_B T}{m_A}\right)^{1/2}C_A^2=8\left(\frac{d_A}{2}\right)^2\left(\frac{\pi k_B T}{M_A/L}\right)^{1/2}C_A^2$$

$$=\left[8\times\left(\frac{5\times10^{-10}}{2}\right)^2\left[\frac{\pi\times(1.318\times10^{-23})\times800}{44.052\times10^{-3}/(6.022\times10^{23})}\right]^{1/2}\times(9.174\times10^{24})^2\right]m^{-3}\cdot s^{-1}$$

$$=2.831\times10^{34}\,m^{-3}\cdot s^{-1}$$

（2）乙醛气相分解反应为二级反应（同类分子反应 2A → 产物）

$$-\frac{dC_A}{dt}=16r_A^2\left(\frac{\pi k_B T}{m_A}\right)^{1/2}\exp\left(\frac{E_c}{RT}\right)C_A^2 \text{ 及 } C_A=Lc_A$$

得

$$-\frac{dc_A}{dt}=16r_A^2\left(\frac{\pi k_B T}{m_A}\right)^{1/2}L\exp\left(\frac{E_c}{RT}\right)c_A^2=kc_A^2$$

故 $k=16r_A^2\left(\frac{\pi k_B T}{m_A}\right)^{1/2LL}\exp\left(-\frac{E_c}{RT}\right)=16\left(\frac{d_A}{2}\right)^2\left(\frac{\pi k_B T}{M_A/L}\right)^{1/2}L\exp\left(-\frac{E_c}{RT}\right)$

$$=16\left(\frac{d_A}{2}\right)^2\left(\frac{\pi k_B T}{M_A}\right)^{1/2}L^{3/2}\exp\left(-\frac{E_c}{RT}\right)$$

$$=\left\{16\times\left(\frac{5\times10^{-10}}{2}\right)^2\left[\frac{3.1416\times(1.381\times10^{-23})\times800}{44.052\times10^{-3}}\right]^{1/2}\times\right.$$

$$\left.(6.022\times10^{23})^{3/2}\exp\left(-\frac{190.4\times10^3}{800\times8.314}\right)\right\}m^3\cdot mol^{-1}\cdot s^{-1}$$

$$=1.533\times10^{-4}\,m^3\cdot mol^{-1}\cdot s^{-1}$$

$$=0.1533\,dm^3\cdot mol^{-1}\cdot s^{-1}$$

8.31 在 $H_2(g)+Cl_2(g)\longrightarrow HCl(g)$ 的光化学反应中，用 480nm 的光照射，量子效率约为 1×10^6，试估算每吸收 1J 辐射能将产生 $HCl(g)$ 多少摩尔？

解： 每吸收 1J 辐射能所吸收的光子的物质的量为

$$n(\text{光})=\frac{1}{Lhc/\lambda}$$

$$=\left(\frac{1\times480\times10^{-9}}{6.022\times10^{23}\times6.6261\times10^{-34}\times3\times10^8}\right)mol=4.01\times10^{-6}\,mol$$

发生反应的反应物的物质的量为

$$n'=\varphi\times n(\text{光})=(1\times10^6\times4.01\times10^{-6})mol=4.01\,mol$$

再根据反应方程式

$$H_2(g)+Cl_2(g)=\!=\!=2HCl(g)$$

消耗掉 4.01mol 的反应物，可得到 2×4.01 mol = 8.02mol 的 HCl。

8.32 有两个级数相同的反应，其活化能数值相同，但二者的活化熵相差 60.00J·$mol^{-1}\cdot K^{-1}$。试求此两反应在 300K 时的速率常数之比。

解： 根据公式

$$k=\frac{k_B T}{h}(c^\ominus)^{-1}\exp\left(\frac{\Delta^{\neq}S_c^\ominus}{R}\right)\exp\left(-\frac{\Delta^{\neq}H_c^\ominus}{RT}\right)$$

$$\frac{k_1}{k_2}=\exp\left[\frac{\Delta^{\neq}S_c^\ominus(1)-\Delta^{\neq}S_c^\ominus(2)}{R}\right]=\exp\left(\frac{60.00}{8.314}\right)=1.36\times10^3$$

8.33 已知反应 $2NO(g)\longrightarrow N_2(g)+O_2(g)$ 在 1423K 时和 1681K 时，速率常数分别

为 1.843×10^{-3} $\text{mol}^{-1} \cdot \text{dm}^3 \cdot \text{s}^{-1}$、$5.743 \times 10^{-2}$ $\text{mol}^{-1} \cdot \text{dm}^3 \cdot \text{s}^{-1}$。试计算此反应的活化焓和活化熵，并根据过渡状态理论的公式计算反应在 1373 K 时的速率常数。

解： 根据公式

$$k = \frac{k_B T}{h}(c^{\ominus})^{-1} \exp\left(\frac{\Delta^{\neq} S_c^{\ominus}}{R}\right) \exp\left(-\frac{\Delta^{\neq} H_c^{\ominus}}{RT}\right)$$

取对数

$$\ln\left(\frac{k}{T}\frac{hc^{\ominus}}{k_B}\right) = -\frac{\Delta^{\neq} H_c^{\ominus}}{RT} + \frac{\Delta^{\neq} S_c^{\ominus}}{R}$$

设反应的活化焓，活化熵不随温度变化，则

$$\ln\frac{k(T_2)}{k(T_1)} - \ln\frac{T_2}{T_1} = \frac{\Delta^{\neq} H_c^{\ominus}}{R}\left(\frac{1}{T_1} - \frac{1}{T_2}\right)$$

$$\Delta^{\neq} H_c^{\ominus} = \frac{RT_1 T_2}{T_2 - T_1}\left(\ln\frac{k(T_2)}{k(T_1)} - \ln\frac{T_2}{T_1}\right)$$

$$= \left(\frac{8.314 \times 1423 \times 1681}{1681 - 1423}\ln\frac{5.741 \times 10^{-2} \times 1423}{1.843 \times 10^{-3} \times 1681}\right)\text{J} \cdot \text{mol}^{-1}$$

$$= 2.52 \times 10^5 \, \text{J} \cdot \text{mol}^{-1}$$

$$\Delta^{\neq} S_c^{\ominus} = \frac{\Delta^{\neq} H_c^{\ominus}}{T} + R\ln\left(\frac{khc^{\ominus}}{k_B T}\right)$$

$$= \left(\frac{2.52 \times 10^5}{1423} + 8.314\ln\frac{1.843 \times 10^{-3} \times 6.626 \times 10^{-34} \times 1}{1.38 \times 10^{-23} \times 142}\right)\text{J} \cdot \text{K}^{-1} \cdot \text{mol}^{-1}$$

$$= -133 \, \text{J} \cdot \text{K}^{-1} \cdot \text{mol}^{-1}$$

373K 时的速率常数为

$$k = \frac{k_B T}{h}(c^{\ominus})^{-1} \exp\left(\frac{\Delta^{\neq} S_c^{\ominus}}{R}\right) \exp\left(-\frac{\Delta^{\neq} H_c^{\ominus}}{RT}\right)$$

$$= \left[\frac{1.38 \times 10^{-23} \times 1373}{6.626 \times 10^{-34} \times 1} \times \exp\left(\frac{-133}{8.314}\right) \times \exp\left(\frac{-2.52 \times 10^5}{8.314 \times 1373}\right)\right]\text{mol}^{-1} \cdot \text{dm}^3 \cdot \text{s}^{-1}$$

$$= 8.34 \times 10^{-4} \, \text{mol}^{-1} \cdot \text{dm}^3 \cdot \text{s}^{-1}$$

8.34 某反应在催化剂存在时，反应的活化能降低了 $41.840 \, \text{kJ} \cdot \text{mol}^{-1}$，反应温度为 625.0K，测得反应速率常数增加为无催化剂时的 1000 倍，试通过计算，并结合催化剂的基本特征说明该反应中催化剂是怎样使反应速率系数增加的？

解： 由阿伦尼乌斯方程 $k = A \text{e}^{-E_a/RT}$，该反应有催化剂存在时 $k'_A = A' \text{e}^{-E'_a/RT}$ 无催化剂时 $k_A = A_0 \text{e}^{-E_a/RT}$，则

$$\frac{k'_A}{k_A} = \frac{A' \exp(-E'_a/RT)}{A_0 \exp(-E_a/RT)} = \frac{A'}{A_0}\exp\left[\frac{(E_a - E'_a)}{RT}\right]$$

$$= \frac{A'}{A_0}\exp\left[\frac{41480}{8.314 \times 625.0}\right]$$

所以 $1000 = \frac{A'}{A_0} \times 3140$，即 $\frac{A'}{A_0} = \frac{1}{3.14}$。

根据催化剂的基本特征，催化剂的加入为反应开辟了一条活化能降低的新途径，与原途径同时发生，上述计算表明，由于加入催化剂，活化能降低，可使反应速率增加到 3140 倍，但实际却只增加到 1000 倍，这是由于有、无催化剂存在时两者的反应不同，故有催化剂存

在时指前因子是无催化剂存在时指前因子的$\frac{1}{3.14}$，总的结果是有催化剂时仅反应的速率系数增加到原来的 1000 倍。

8.35　一氯乙酸在水溶液中进行分解，反应式如下

$$CH_2ClCOOH + H_2O \longrightarrow CH_2OHCOOH + HCl$$

今用 $\lambda = 253.7nm$ 的光照射浓度为 $0.500mol \cdot dm^{-3}$ 的一氯乙酸样品 $0.823dm^3$，照射时间为 837min 时，样品吸收能量 $E = 34.36J$，此时测定 Cl^- 的浓度为 $2.825 \times 10^{-5} mol \cdot dm^{-3}$，当用同样的样品在暗室中进行实验时，发现每分钟有 3.5×10^{-10} mol 的 Cl^- 生成，试计算反应的量子效率。

解：量子效率 $\varphi = \dfrac{\text{光解反应产生的}Cl^- \text{的物质的量}\ n(Cl^-)}{\text{吸收光子的物质的量}(n_1)}$

$$n(Cl^-) = 2.825 \times 10^{-5} mol \cdot dm^{-3} \times 0.823dm^3 - 3.50 \times 10^{-10} mol \cdot min^{-1} \times 837min$$
$$= 2.30 \times 10^{-5} mol$$

1mol 光子的能量为

$$E_m = Lh\frac{c}{\lambda} = \left(6.022 \times 10^{23} \times 6.626 \times 10^{-34} \times \frac{2.977 \times 10^8}{253.7 \times 10^{-9}}\right) J \cdot mol^{-1}$$
$$= 4.714 \times 10^5 J \cdot mol^{-1}$$

所以吸收光子物质的量为

$$n_1 = \frac{E}{E_m} = \frac{34.36J}{4.714 \times 10^5 J \cdot mol^{-1}} = 7.289 \times 10^{-5} mol$$

$$\varphi = \frac{n(Cl^-)}{n_1} = \frac{2.30 \times 10^{-5} mol}{7.289 \times 10^{-5} mol} = 0.316$$

第9章
胶体化学

基本知识点归纳及总结

一、胶体系统定义及特点

胶体分散系统是指分散相粒子大小在 $1 \sim 1000$ nm 之间的分散系统，主要包括溶胶和高分子溶液两大类。

溶胶的特点：高度分散性、不均匀（多相）性和聚结（热力学）不稳定性。

二、胶体系统的性质

1. 光学性质（散射现象－丁铎尔效应）

瑞利公式
$$I = \frac{9\pi^2 V^2 C}{2\lambda^4 l^2} \left(\frac{n^2 - n_0^2}{n^2 + 2n_0^2} \right)^2 (1 + \cos^2\theta) I_0$$

散射光强度 I 与入射光的波长的四次方 λ^4 成反比，与单位体积溶胶中的粒子数目 C 成正比，与单个胶粒体积的平方 V^2 成正比。

2. 动力学性质

（1）布朗运动

爱因斯坦-布朗位移公式
$$\overline{x} = \sqrt{\frac{RT}{L} \cdot \frac{t}{3\pi\eta r}}$$

（2）扩散

菲克第一扩散定律
$$\frac{dn}{dt} = -DA \frac{dc}{dx}$$

对球形粒子，扩散系数 D 的表达式为
$$D = \frac{RT}{L} \cdot \frac{1}{6\pi\eta r}$$

上式结合爱因斯坦-布朗位移公式，得
$$D = \frac{\overline{x}^2}{2t}$$

（3）沉降和沉降平衡

贝林公式
$$n_2 = n_1 \exp \left[-\frac{L}{RT} \cdot \frac{4}{3}\pi r^3 (\rho_0 - \rho)(h_2 - h_1)g \right]$$

或 $$\ln\frac{n_2}{n_1}=-\frac{gLV}{RT}(\rho_0-\rho)(h_2-h_1)$$

3. 电学性质

（1）溶胶的电动现象主要包括四种：电泳、电渗、流动电势和沉降电势。

（2）溶胶粒子带电的原因：吸附作用、电离作用、晶格取代。

（3）胶团的结构

以 $AgNO_3$ 过量的 AgI 溶胶为例：

$$\big[\underbrace{\underbrace{(AgI)_m}_{\text{胶核}} n\,Ag^+\cdot(n-x)\,NO_3^-}_{\text{胶粒}}\big]^{x+}\cdot x\,NO_3^-$$

$$\underbrace{\phantom{\big[(AgI)_m n\,Ag^+\cdot(n-x)\,NO_3^-\big]^{x+}\cdot x\,NO_3^-}}_{\text{胶团}}$$

三、溶胶的稳定与聚沉

1. 溶胶的稳定

稳定的主要原因：溶胶粒子带电、布朗运动和溶剂化作用。

2. 溶胶的聚沉

（1）电解质的聚沉作用

① 舒尔采-哈迪规则：对溶胶起聚沉作用的主要是与胶粒带相反电荷的离子，反离子价数越高则聚沉值越小，聚沉能力越强。若以一价负离子为比较标准，反离子为一、二、三价的电解质，其聚沉能力有如下关系

$$Me^+:Me^{2+}:Me^{3+}=1^6:2^6:3^6=1:64:729$$

② 同价反离子，聚沉能力也不相同。同价正离子，离子半径越小，聚沉能力越弱；同价负离子，离子半径越小，聚沉能力越大。

③ 在相同反离子的情况下，与溶胶同电性离子的价数越高，电解质的聚沉能力越弱。如，胶粒带正电，反离子为 SO_4^{2-}，则聚沉能力 $Na_2SO_4>MgSO_4$。

（2）两种相反电荷的溶胶相互混合，也会发生聚沉。

（3）高分子化合物的聚沉作用

高分子化合物可通过搭桥效应、脱水效应、电中和效应使胶体发生聚沉。

例题分析

例题 9.1 在实验中，用相同的方法制备两份浓度不同的硫溶胶，测得两份硫溶胶的散射光强度之比为 $I_1/I_2=10$。已知第一份溶胶的浓度 $c_1=0.10\ mol\cdot dm^{-3}$，设入射光的频率和强度等实验条件都相同，试求第二份溶胶的浓度 c_2。

解： 由瑞利公式可知 $$\frac{I_1}{I_2}=\frac{c_1}{c_2}$$

所以 $$c_2=c_1\frac{I_2}{I_1}=\left(0.10\times\frac{1}{10}\right)mol\cdot dm^{-3}=0.01\,mol\cdot dm^{-3}$$

例题 9.2 290.2K 时，某憎液溶胶粒子的半径 $r=2.12\times10^{-7}\ m$，分散介质的黏度 $\eta=1.10\times10^{-3}\ Pa\cdot s$。在电子显微镜下观测粒子的布朗运动，实验测出在 60s 的间隔内，粒子的平均位移 $\overline{x}=1.046\times10^{-5}\ m$。求阿伏伽德罗常数 L 及该溶胶的扩散系数 D 各为若干？

解：由粒子平均位移公式 $\bar{x}=\sqrt{\dfrac{RT}{L}\cdot\dfrac{t}{3\pi\eta r}}$ 可知，阿伏伽德罗常数 L 为

$$L=\frac{RTt}{3(\bar{x})^2\pi r\eta}$$

$$=\left[\frac{8.314\times290.2\times60}{3\pi(1.046\times10^{-5})^2\times2.12\times10^{-7}\times1.10\times10^{-3}}\right]\text{mol}^{-1}$$

$$=6.02\times10^{23}\,\text{mol}^{-1}$$

扩散系数

$$D=\frac{(\bar{x})^2}{2t}$$

$$=\left[\frac{(1.046\times10^{-5})^2}{2\times60}\right]\text{m}^2\cdot\text{s}^{-1}$$

$$=9.118\times10^{-13}\,\text{m}^2\cdot\text{s}^{-1}$$

例题 9.3　在超显微镜下观测汞溶胶的沉降平衡，在高度为 5×10^{-2} m 处，1dm^3 中含有 4×10^5 个胶粒；在高度 5.02×10^{-2} m 处，1dm^3 中含有 2×10^3 个胶粒。实验温度为 293.2K，汞和分散介质的密度分别为 $13.6\times10^3\,\text{kg}\cdot\text{m}^{-3}$ 和 $1.0\times10^3\,\text{kg}\cdot\text{m}^{-3}$，设粒子为球形。试求汞离子的摩尔质量 M 和粒子的平均半径 r 各为多少？

解：由贝林公式 $\ln\dfrac{n_2}{n_1}=-\dfrac{gLV}{RT}(\rho_0-\rho)(h_2-h_1)$ 可得

$$\ln\frac{n_2}{n_1}=-\frac{gM}{RT}\left(1-\frac{\rho}{\rho_0}\right)(h_2-h_1)$$

所以

$$M=\frac{-RT}{g(1-\rho/\rho_0)(h_2-h_1)}\ln\frac{n_2}{n_1}$$

$$=\left[\frac{-8.314\times293.2\times\ln\dfrac{2\times10^3}{4\times10^5}}{9.81\times\left(1-\dfrac{1.0\times10^3}{13.6\times10^3}\right)(5.02-5.0)}\right]\text{kg}\cdot\text{mol}^{-1}$$

$$=710.5\times10^4\,\text{kg}\cdot\text{mol}^{-1}$$

对于球形粒子，$M=\dfrac{4}{3}\pi r^3\rho L$，所以

$$r=\left(\frac{3M}{4\pi\rho L}\right)^{\frac{1}{3}}$$

$$=\left[(3\times710.5\times10^4)/(4\pi\times13.6\times10^3\times6.022\times10^{23})\right]^{\frac{1}{3}}\text{m}$$

$$=5.92\times10^{-8}\,\text{m}$$

例题 9.4　已知某溶胶的黏度 $\eta=0.001\text{Pa}\cdot\text{s}$，其粒子的密度近似 $\rho=1\times10^3\,\text{kg}\cdot\text{m}^{-3}$，在 1s 时间内粒子在 x 轴方向的平均位移 $\bar{x}=1.4\times10^{-5}$ m，试计算

（1）298 K 时，胶体的扩散系数 D；

（2）胶粒的平均直径 d；

（3）胶团的摩尔质量 M。

解：(1) $D = \dfrac{(\bar{x})^2}{2t} = \left[\dfrac{(1.4 \times 10^{-5})^2}{2 \times 1}\right] \mathrm{m \cdot s^{-1}} = 9.8 \times 10^{-11} \mathrm{m \cdot s^{-1}}$

(2) 因为 $D = \dfrac{RT}{L} \cdot \dfrac{1}{6\pi \eta r}$ ，故

$r = \dfrac{RT}{L} \cdot \dfrac{1}{6\pi \eta D} = \left(\dfrac{8.314 \times 298}{6.022 \times 10^{23}} \times \dfrac{1}{6\pi \times 0.001 \times 9.8 \times 10^{-11}}\right) \mathrm{m} = 2.23 \times 10^{-9} \mathrm{m}$

则胶粒的平均直径 $d = 4.46 \times 10^{-9} \mathrm{m}$。

(3) $M = \dfrac{4}{3}\pi r^3 \rho L = \left(\dfrac{4}{3}\pi \times 2.23 \times 10^{-9} \times 1 \times 10^3 \times 6.022 \times 10^{23}\right) \mathrm{kg \cdot mol^{-1}}$

$\qquad = 27.8 \mathrm{kg \cdot mol^{-1}}$

例题 9.5　以等体积的 $0.08 \mathrm{mol \cdot dm^{-3}}$ KI 和 $0.14 \mathrm{mol \cdot dm^{-3}}$ AgNO 溶液混合制备 AgI 溶胶，试写出该溶胶的胶团结构示意式，并比较电解质 $CaCl_2$、$MgSO_4$、$NaSO_4$、$NaNO_3$ 对该溶胶聚沉能力的强弱。

解：制备 AgI 溶胶时，$AgNO_3$ 过量，胶核吸附 Ag^+ 而形成正溶胶。胶团结构为

$$\left[\underbrace{\underbrace{(AgI)}_{\text{胶核}} m \, n\mathrm{Ag^+} \cdot (n-x)\mathrm{NO_3^-}}^{x+} \cdot x\mathrm{NO_3^-}\right]$$

胶核

胶粒

胶团

由于 AgI 为正溶胶，起聚沉作用的主要是负离子。根据舒尔采-哈迪规则，在所给电解质中，二价负离子的聚沉能力强，即 $MgSO_4$、$Na_2SO_4 > NaNO_3$、$CaCl_2$。再根据感胶离子序，$Cl^- > NO_3^-$，即 $CaCl_2$ 的聚沉能力大于 $NaNO_3$ 的聚沉能力。$MgSO_4$ 和 $NaSO_4$ 具有相同的负离子，再比较正离子：同离子价数越高，聚沉能力越弱，所以 Na_2SO_4 的聚沉能力大于 $MgSO_4$ 的聚沉能力。则四种电解质的聚沉能力由强到弱的顺序为：$Na_2SO_4 > MgSO_4 > CaCl_2 > NaNO_3$。

思 考 题

1. 如何定义胶体系统？胶体系统的主要特征是什么？

答：胶体分散系统是指分散相粒子大小在 $1 \sim 1000 \mathrm{nm}$ 之间的分散系统。其主要特征包括高度分散性、（不均匀）多相性和聚结（热力学）不稳定性。

2. 粗制的溶胶如何净化？

答：渗析（电渗析）。

3. 丁铎尔效应是由光的什么作用引起的？其强度与入射光波长有什么关系？粒子大小在什么范围内可以观察到丁铎尔效应？

答：丁铎尔效应是由光的散射作用引起的。其强度与入射光波长的四次方呈反比。粒子大小在 $1 \sim 1000 \mathrm{nm}$ 范围内可以观察到丁铎尔效应。

4. 为什么危险信号灯用红色，雾灯用黄色？

答：因为红光和黄光的波长比较长，散射作用比较弱，穿透性比较强。

5. 影响胶粒电泳速率的主要因素有哪些？电泳现象说明什么问题：

答：影响胶粒电泳速率的主要因素有胶粒带电多少、粒子大小、温度、黏度等。电泳现

象说明胶体粒子带电。

6. 溶胶是热力学不稳定系统，却能够在相当长的时间范围内稳定存在，主要原因是什么？

答： 分散相粒子的带电、溶剂化作用及布朗运动是溶胶能够稳定存在的三个主要原因。

7. 电泳和电渗有何异同点？流动电势和沉降电势有何不同？这些现象有何应用？

答： 电泳和电渗的相同点是都在外电场作用下，分散相与分散介质发生相对位移。不同的是电泳是胶粒在分散介质中定向移动，而电渗是分散相固定而分散介质通过多孔性固体发生定向移动。

流动电势和沉降电势的相同点都是在外力作用下，分散相与分散介质发生相对位移而产生电势。不同的是流动电势是在外力作用下，迫使液体通过多孔隔膜定向移动而使多孔隔膜两端所产生的电势差；沉降电势是分散相粒子在重力场或离心力场的作用下迅速移动时，在移动方向的两端所产生的电势差。

这些现象的应用略。

8. 什么是 ζ 电势？如何确定 ζ 电势的正、负号？ζ 电势在数值上一定要少于热力学电势吗？请说明原因。

答： 滑动面与液体内部电势为零的地方的电势差即为 ζ 电势。可根据胶体粒子的电泳方向进行判断。ζ 电势在数值上一定要少于热力学电势。因为滑动面在固体表面的外层，更接近溶液。

9. 胶粒带电的主要原因是什么？

答： 吸附作用、电离作用和晶格取代。

10. 破坏溶胶最有效的方法是什么？试说明原因。

答： 破坏溶胶最有效的方法是电解质的聚沉作用。因为加入电解质，与胶粒带相反电荷的离子（反离子），会压缩扩散层，使扩散层变薄，减小 ζ 电势，斥力势能降低，发生聚沉。

11. 高分子溶液和（憎液）溶胶有哪些异同？

答： 高分子溶液分散相和分散介质没有相界面，是均匀分布的真溶液，属于均相的热力学稳定系统。而（憎液）溶胶，有很大的相界面，很高的表面能，因此是热力学不稳定系统。另外，溶胶对电解质非常敏感，而对于高分子溶液，只有加入足够多的电解质时，才能发生高分子溶液的盐析作用。

12. 请解释：

（1）江河入海处为什么常形成三角洲？

（2）加明矾为何能使浑浊的水澄清？

（3）使用不同型号的墨水，为什么有时会使钢笔堵塞而写不出来？

（4）重金属离子中毒的病人，为什么喝了牛奶可使症状减轻？

（5）请尽可能多地列举出日常生活中遇到的有关胶体的现象及其应用。

答：（1）河流本身携带的泥沙入海前多以胶体形式存在，由于入海口处海水中含大量电解质，使得胶体溶液发生聚沉，泥沙沉淀，而河道中间的水流速度快，靠近两岸的慢，沉淀下来的泥沙在水流的作用下便形成三角洲。

（2）浑浊的水中主要存在的泥沙胶体粒子带负电荷，而明矾会和水发生作用生成带正电的氢氧化铝胶体粒子，而两种带电性相反的胶体粒子混合时会发生聚沉，从而使浊水变清。

（3）墨水是胶体，不同型号的墨水往往所带电性不同，如果混用会发生胶体粒子聚沉，从而导致钢笔堵塞。

（4）重金属离子对蛋白质有聚沉作用，从而使蛋白质变性。牛奶里有蛋白质，重金属离子与牛奶中的蛋白质结合生成沉淀，所以喝了牛奶可使症状减轻。

（5）略。

-------------------------------- 习题解答 --------------------------------

9.1　当温度为 298.15K，介质黏度 $\eta=0.001$Pa·s，胶粒半径 $r=2\times10^{-7}$ m 时，假定粒子只有扩散运动，计算球形胶粒移动 4.00×10^{-4} m 时，所需时间是多少？

解：因为

$$D=\frac{RT}{L}\cdot\frac{1}{6\pi\eta r}$$

$$=\left[\frac{8.314\times298.15}{6.02\times10^{23}}\times\frac{1}{6\times3.14\times0.001\times2\times10^{-7}}\right]m^2\cdot s^{-1}$$

$$=1.09\times10^{-12}\,m^2\cdot s^{-1}$$

所以

$$t=\frac{(\bar{x})^2}{2D}=\left[\frac{(4.00\times10^{-4})^2}{2\times1.09\times10^{-12}}\right]s=\left[\frac{16\times10^{-8}}{2\times1.09\times10^{-12}}\right]s=7.34\times10^4\,s$$

9.2　某溶胶中粒子的平均直径为 4.2nm，设其黏度和纯水相同。已知 298K 纯水黏度 $\eta=1.0\times10^{-3}$ Pa·s^{-1}，试计算：（1）298K 时胶体的扩散系数 D；（2）在 1s 里，由于布朗运动粒子沿 x 轴方向的平均位移（$\bar{x}$）。

解：（1）$D=\dfrac{RT}{L}\cdot\dfrac{1}{6\pi\eta r}$

$$=\left[\frac{8.314\times298.15}{6.02\times10^{23}}\times\frac{1}{6\times3.14\times1.0\times10^{-3}\times\left(\frac{4.2}{2}\right)\times10^{-9}}\right]m^2\cdot s^{-1}$$

$$=1.04\times10^{-10}\,m^2\cdot s^{-1}$$

（2）$(\bar{x})^2=2Dt=[2\times1.04\times10^{-10}\times1]\,m^2=2.08\times10^{-10}\,m^2$

所以　　$\bar{x}=1.44\times10^{-5}\,m$

9.3　在 298K 时，某粒子半径为 3×10^{-8} m 的金溶胶，在地心力场中达沉降平衡后，在高度相距 1.0×10^{-4} m 的某指定体积内粒子数分别为 277 和 166。已知金的密度为 1.93×10^4 kg·m^{-3}，分散介质的密度为 1×10^3 kg·m^{-3}，试计算阿伏伽德罗常数 L 的值为多少？

解：根据沉降平衡时粒子数随高度分布的分布定律

$$\ln\frac{n_2}{n_1}=-\frac{gLV}{RT}(\rho_0-\rho)(h_2-h_1)$$

$$V=\frac{4}{3}\pi r^3=\left[\frac{4}{3}\times3.14\times(3\times10^{-8})^3\right]m^3=113.04\times10^{-24}\,m^3$$

所以

$$L=\frac{RT}{gV(\rho_0-\rho)(h_2-h_1)}\ln\frac{n_1}{n_2}$$

$$=\left[\frac{8.314\times298.15}{9.80\times113.04\times10^{-24}\times(19.3-1)\times10^3\times1.0\times10^{-4}}\ln\frac{277}{166}\right]mol^{-1}$$

$$=6.25\times10^{23}\,mol^{-1}$$

9.4　已知水和玻璃界面的 ζ 电势为 -0.050V，试问在 298K 时，在直径为 1.0mm、长为 1m 的毛细管两端加 40V 的电压，则介质水通过该毛细管的电渗速率为若干？设水的黏度

为 $0.001 kg \cdot m^{-1} \cdot s^{-1}$，介电常数 $\varepsilon = 8.89 \times 10^{-9} C \cdot V^{-1} \cdot m^{-1}$。

解： 电泳、电渗均为带电液-固相相对运动的速度，因此其计算公式相同，即

$$v = \varepsilon E \zeta / 4\eta = \left[\frac{8.89 \times 10^{-9} \times \frac{40}{1} \times (-0.05)}{0.001} \right] m \cdot s^{-1} = 1.778 \times 10^{-6} m \cdot s^{-1}$$

9.5 某带正电荷溶胶，KNO_3 作为沉淀剂时，聚沉值为 $50 \times 10^{-3} mol \cdot dm^{-3}$，若用 K_2SO_4 溶液作为沉淀剂，其聚沉值大约为多少？

解： 由于溶胶带正电荷，所以使溶胶聚沉的反离子为负电荷。由题意知，KNO_3 作为沉淀剂时，即 NO_3^- 的聚沉值为 $50 \times 10^{-3} mol \cdot dm^{-3}$，由舒尔采-哈迪价数规则可知聚沉能力与反离子价数的六次方成正比，即 SO_4^{2-} 的聚沉能力是 NO_3^- 的 64 倍，所以

$$K_2SO_4 \text{ 的聚沉值} = \left(\frac{50 \times 10^{-3}}{64} \right) mol \cdot dm^{-3} = 0.78 \times 10^{-3} mol \cdot dm^{-3}$$

9.6 在碱性溶液中用 HCHO 还原 $HAuCl_4$ 以制备金溶胶，反应可表示为：

$$HAuCl_4 + 5NaOH \longrightarrow NaAuO_2 + 4NaCl + 3H_2O$$

$$2NaAuO_2 + 3HCHO + NaOH \longrightarrow 2Au + 3HCOONa + 2H_2O$$

(1) 此处 $NaAuO_2$ 是稳定剂，试写出胶团结构式。

(2) 已知该金溶胶中含 Au(s) 微粒的质量浓度 $\rho(Au) = 1.00 kg \cdot m^{-3}$，金原子的半径 $r_1 = 1.46 \times 10^{-10} m$，纯金的密度 $\rho = 19.3 \times 10^3 kg \cdot m^{-3}$。假设每个金微粒皆为球形，其半径 $r_2 = 1.00 \times 10^{-8} m$。试求：

a. 每立方厘米溶胶中含有多少金胶粒？

b. 每立方厘米溶胶中，胶粒的总表面积为多少？

c. 每个胶粒含有多少金原子？

解： (1) $\{(Au)_m \, n AuO_2^- \cdot (n-x) Na^+\}^{x-} \cdot x Na^+$

(2) a. 若能求出每立方厘米中所含胶粒的质量 $m(\text{总})$ 及每一个胶粒的质量 m，则每立方厘米中的胶粒数 n 便可求得。

每立方厘米含胶粒质量　$m(\text{总}) = 1.00 \times 10^{-6} kg$

每个金胶粒的质量为 m，因其为球形粒子，故

$$m = V \times \rho = \frac{4}{3}\pi r_2^3 \times \rho$$

$$= \left[\frac{4}{3} \times 3.14 \times (1 \times 10^{-8})^3 \times 19.3 \times 10^3 \right] kg = 8.084 \times 10^{-20} kg$$

每立方厘米溶胶中所含的胶粒数 n 为

$$n = \frac{m(\text{总})}{m} = \frac{1.00 \times 10^{-6}}{8.084 \times 10^{-20}} = 1.24 \times 10^{13}$$

b.　$A_s(\text{总}) = A_s \times n$

$$= 4\pi r_2^2 \times n = [4 \times 3.14 \times (1 \times 10^{-8})^2 \times 1.24 \times 10^{13}] m^2$$

$$= 0.0157 m^2$$

c. 如粗略估算，则可用每个胶粒的体积被每一个金原子的体积去除，所得个数 n' 是胶粒中假设全为金原子填充，完全没有空隙时之金原子数。

$$n' = \frac{V(胶粒)}{V(原子)} = \frac{\frac{4}{3}\pi r_2^3}{\frac{4}{3}\pi r_1^3} = \left(\frac{r_2}{r_1}\right)^3 = \left(\frac{1\times10^{-8}}{1.46\times10^{-10}}\right)^3 = 3.21\times10^5$$

但是，当考虑到即使球形原子一个挨一个排列，原子间是存在空隙的。这时用胶粒的质量除以每一个金原子质量相对上一方法可能更好一些。由（2）中计算知

$$m(胶粒) = 8.08\times10^{-20}\,kg$$

所以，每个胶粒中金原子的个数

$$n(原子) = \frac{m(胶粒)}{m(原子)} = \frac{8.08\times10^{-20}}{197.0\times10^{-3}/6.02\times10^{23}} = 2.47\times10^5$$

9.7 将 $0.012dm^3$、$0.02mol\cdot dm^{-3}$ 的 KCl 溶液和 $0.10dm^3$、$0.005mol\cdot dm^{-3}$ 的 $AgNO_3$ 溶液混合以制备 AgCl 溶胶，写出溶胶的胶团结构式。

解： 由题意可知，制备 AgCl 溶胶过程中 $AgNO_3$ 过量，故 AgCl 溶胶的胶团结构为

$$\{(AgCl)_m n Ag^+ \cdot (n-x)NO_3^-\}^{x+} \cdot x NO_3^-$$

9.8 写出 $FeCl_3$ 水解得到的 $Fe(OH)_3$ 溶胶的结构。已知稳定剂为 $FeCl_3$。

解： 由题意得，$Fe(OH)_3$ 溶胶带正电，优先吸附 Fe^{3+}，反离子为 Cl^-，则其胶团结构为

$$\{[Fe(OH)_3]_m n Fe^{3+} \cdot 3(n-x)Cl^-\}^{3x+} \cdot 3x Cl^-$$

9.9 欲制备 AgI 的正溶胶。在浓度为 $0.016mol\cdot dm^3$，体积为 $0.025dm^3$ 的 $AgNO_3$ 溶液中最多只能加入 $0.005mol\cdot dm^{-3}$ 的 KI 溶液多少立方厘米？试写出该溶胶胶团结构的表示式。相同浓度的 $MgSO_4$ 及 $K_3Fe(CN)_6$ 两种溶液，哪一种更容易使上述溶胶聚沉？

解：
$$V(KI) = \left(\frac{0.016\times0.025}{0.005}\right)dm^3 = 0.08dm^3$$

胶团结构　　　$\{(AgI)_m n Ag^+ \cdot (n-x)NO_3^-\}^{x+} \cdot x NO_3^-$

胶体粒子带正电，其反离子带负电，所以含负三价 $[Fe(CN)_6]^{3-}$ 配离子的 $K_3Fe(CN)_6$ 比 $MgSO_4$ 聚沉能力更强，更易使 AgI 溶胶聚沉。

9.10 在三个烧瓶中分别盛 $0.02dm^3$ $Fe(OH)_3$ 溶胶，分别加入 NaCl、Na_2SO_4 和 Na_3PO_4 溶液使用其聚沉，至少需加电解质的数量为：（1）$1mol\cdot dm^{-3}$ 的 NaCl $0.021dm^3$；（2）$0.005mol\cdot dm^{-3}$ 的 Na_2SO_4 $0.125dm^3$；（3）$0.003mol\cdot dm^{-3}$ 的 Na_3PO_4 7.4×10^{-3} dm^3，试计算各电解质的聚沉值和它们的聚沉能力之比，从而可判断胶粒带什么电荷。

解：
$$聚沉值 = \frac{加入溶胶中电解质的物质的量}{溶胶体积 V(胶) + 电解质溶液体积 V(溶液)}$$

(1)NaCl 聚沉值 $= \left(\frac{1.00\times0.021}{0.02+0.021}\right)mol\cdot dm^{-3} = 0.512mol\cdot dm^{-3}$

(2)Na_2SO_4 聚沉值 $= \left(\frac{0.125\times5.0\times10^{-3}}{0.02+0.125}\right)mol\cdot dm^{-3} = 4.31\times10^{-3}mol\cdot dm^{-3}$

(3)Na_3PO_4 聚沉值 $= \left[\frac{3.333\times10^{-3}\times0.0074}{0.02+0.0074}\right]mol\cdot dm^{-3} = 9.0\times10^{-4}mol\cdot dm^{-3}$

三种电解质的聚沉值之比，即

$$NaCl : Na_2SO_4 : Na_3PO_4 = 512 : 4.31 : 0.90$$

三种电解质的聚沉能力之比为

$$\text{NaCl：Na}_2\text{SO}_4\text{：Na}_3\text{PO}_4 = \frac{1}{512}：\frac{1}{4.31}：\frac{1}{0.90} = 1：119：569$$

由于三种电解质的阳离子是相同的，而聚沉能力却随着阴离子的电荷从 -1 变化到 -3 而急剧增强，表明对 $Fe(OH)_3$ 溶胶起聚沉作用的反离子是阴离子，所以 $Fe(OH)_3$ 溶胶带正电荷。

9.11 如下图所示，在 27℃ 时，膜内某高分子水溶液的浓度为 0.1mol·dm^{-3}，膜外 NaCl 浓度为 0.5mol·dm^{-3}，R^+ 代表不能透过膜的高分子正离子，试求平衡后溶液的渗透压为多少？

R^+，Cl^-		Na^+，Cl^-
0.1，0.1		0.5，0.5

解： 计算唐南平衡时溶液渗透压的关键是根据平衡条件算出膜两侧每种离子的浓度，根据题给条件写出渗透平衡后，膜两边离子的浓度分别为：

               左边   右边

$$c(R^+) = 0.1\text{mol·dm}^{-3} \qquad c'(Na^+) = (0.5-x)\text{mol·dm}^{-3}$$

$$c(Cl^-) = (0.1+x)\text{mol·dm}^{-3} \qquad c'(Cl^-) = (0.5-x)\text{mol·dm}^{-3}$$

$$c(Na^+) = x\text{mol·dm}^{-3}$$

渗透平衡时，对 NaCl 存在以下关系（唐南平衡）：

$$c(Na^+)·c(Cl^-) = c'(Na^+)·c'(Cl^-)$$

即 $\qquad\qquad\qquad x(0.1+x) = (0.5-x)^2$

解得 $\qquad\qquad\qquad x = 0.2273\text{mol·dm}^{-3}$

膜两边离子浓度差为

$$\sum c_B(左) - \sum c_B(右) = [0.1+0.2273+(0.1+0.2273)-2\times(0.5-0.2273)]\text{mol·dm}^{-3}$$

$$= 0.1092\text{mol·dm}^{-3}$$

渗透压 Π 为

$$\Pi = [\sum c_B(左) - \sum c_B(右)]·RT$$

$$= [0.1092\times10^3\times8.314\times300.15]\text{kPa}$$

$$= 272.5\text{kPa}$$

参考文献

［1］　沈文霞，淳远，王喜章．物理化学核心教程学习指导．2版．北京：科学出版社，2016.

［2］　邵谦，陈伟，杨静．物理化学简明教程．3版．北京：化学工业出版社，2024.

［3］　何明中，金继红，王君霞．物理化学学习指导与题解．武汉：华中科技大学出版社，2011.

［4］　范崇正，杭瑚，蒋淮渭．物理化学概念辨析解题方法应用实例．5版．合肥：中国科学技术出版社，2002.

［5］　程兰征，章燕豪．物理化学．3版．上海：上海科技出版社，2006.

［6］　傅玉普，林青松，王新平等．物理化学学习指导．4版．大连：大连理工大学出版社，2008.

［7］　北京化工大学．物理化学例题与习题．2版．北京：化学工业出版社，2018.

［8］　朱传征．物理化学习题精解．北京：科学出版社，2001.

［9］　郭林，王凯平．物理化学学习与解题指南．武汉：华中科技大学出版社，2005.

［10］　李文斌．物理化学习题解析．天津：天津大学出版社，2006.

［11］　印永嘉，王雪琳，奚正楷．物理化学简明教程例题与习题．2版．北京：高等教育出版社，2009.

［12］　侯文华，淳远，姚天扬．物理化学习题集．北京：高等教育出版社，2018.

［13］　侯文华，吴强，郭琳，彭路明等．物理化学学习辅导．北京：高等教育出版社，2022.

［14］　边文思，孟祥曦，程丽园等．物理化学同步辅导及习题全解．北京：中国水利水电出版社，2010.